실용
CAM/CNC 가공

박원규 · 현동훈 · 이훈 지음

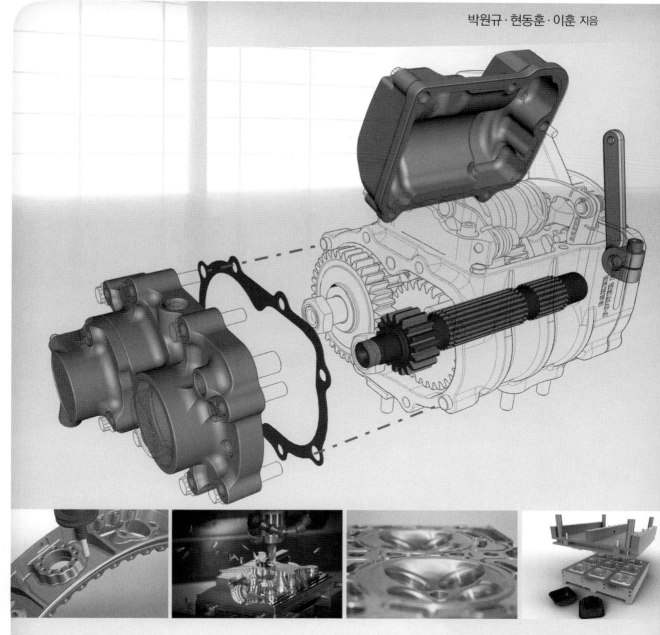

청문각

머리말

　최근 글로벌 기업들은 제품과 서비스의 융합, 공정과 서비스의 융합 등 기존 제조업에 새로운 아이디어와 서비스를 결합해 다양한 고부가가치의 비즈니스를 창출해내는 추세의 환경 속에서 우리나라의 제조업은 국가산업의 중심축으로 자리매김하고 있다. 특히 자동차, 조선, 반도체 등의 주력산업과 신성장 동력 산업의 세계적인 경쟁력을 확보하고, 미래시장의 선점을 위해서는 한층 더 기술개발이 요구되고 있다.

　생산현장에서는 원가 절감을 위해 재료비나 기계의 감가상각비, 인건비 등 여러 가지로 연구노력하고 있는데, 특히 중요시되는 것이 자동화, 성력화, 무인화의 생산기술이다. 이러한 생산시스템의 구축을 하는 데 핵심적인 역할을 하는 CNC 공작기계의 활용은 무엇보다도 중요하다고 할 수 있다.

　이 책의 구성은 1장 CNC 공작기계의 총론에서는 기계운용을 위한 기본적인 사항을, 2장과 3장에서는 CNC 선반과 머시닝센터의 프로그래밍 기법 및 운용방법에 대하여 자세히 설명하였다. 4장에서는 프로그래밍의 자동화편으로 NC 자동 프로그래밍에 있어서 CAD/CAM 시스템의 활용 개요를 간단히 다루었으며, 현재 생산현장에서 많이 사용되고 있는 Unigraphics CAD/CAM 시스템 NX 9.0을 이용한 프로그래밍의 자동화를 예제를 따라 할 수 있게 쉽게 설명하였다.

　이 책을 통하여 CNC 공작기계와 CAM을 공부하고자 하는 공학도나 현장의 기술자 분들께 보탬이 되었으면 하는 마음 간절하며, 부족함에 대하여 많은 지도편달을 부탁드린다.

　끝으로 본서의 자료제공과 격려를 보내주신 일본의 上坂 淳一 교수님께 감사드리며, 출간에 힘써주신 청문각 관계자 여러분께 깊은 감사를 드린다.

2016. 2.

저 자

차례

04 프로그래밍의 자동화

01 CNC 공작기계 총론

1.1 CNC 공작기계의 개요

　NC란 Numerical Control의 약자로, 수치(numerical)로 제어(control)한다는 의미이다. 그래서 재래식 공작기계에 수치제어를 적용한 기계를 NC 공작기계(수치제어 공작기계)라 부른다. 또 미니컴퓨터의 출현으로 이를 조립해 넣은 NC가 출현하였는데, 컴퓨터를 내장한 NC이므로 Computerized NC 혹은 Computer NC라 부르고, 이것을 간략하게 CNC라 칭한다. 오늘날 NC 공작기계는 모두가 CNC 공작기계이다.

　그림 1-1은 CNC 공작기계의 예이다. CNC 공작기계는 프로그램을 번역하여 기계 본체

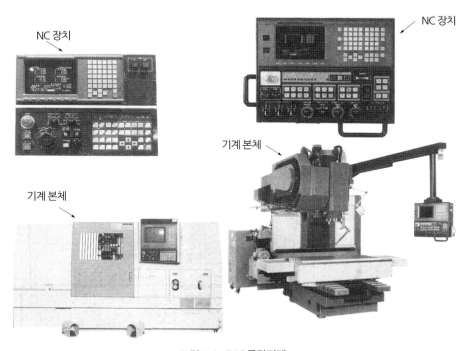

그림 1-1 CNC 공작기계

를 제어하는 NC 장치와 NC 장치의 지령에 의해 공작물을 가공하는 기계 본체로 구성되어 있다.

이 장에서는 위에서 말한 것처럼 CNC 공작기계의 개요를 설명하고자 한다.

1.1.1 CNC 공작기계의 작업

CNC 공작기계가 등장하면서 작업자의 작업 내용이 어떻게 변하였는가 범용 공작기계와 CNC 공작기계의 작업 내용을 비교해 보자. 그림 1-2와 1-3은 범용 공작기계 작업과 CNC 공작기계 작업 예이다. 범용 공작기계의 작업에서는 작업자는 도면을 보면서 수동 이송핸들을 돌려 공구를 공작물에 접근시켜서 원하는 절삭길이(깊이)를 주면서 수동 및 자동이송으로 공작물을 가공하고 작업 도중에 측정기로 측정하여 가공정밀도를 높이고 있다. CNC 공작기계는 공구나 공작물의 위치결정, 절삭길이, 이송 등의 동작은 CNC 장치의 전자회로에 의하여 자동적으로 제어된다. 이 때문에 작업자는 작업순서나 가공방법 등을 미리 프로그래밍해 놓아야 한다. 그래서 적성한 프로그램을 CNC 장치에 기억시키고, 가공개

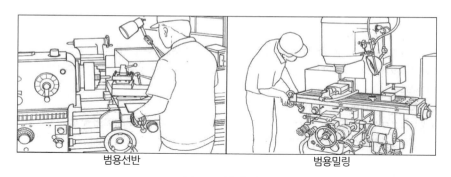

범용선반   범용밀링

그림 1-2 범용 공작기계

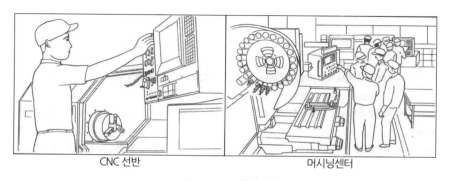

CNC 선반   머시닝센터

그림 1-3 CNC 공작기계

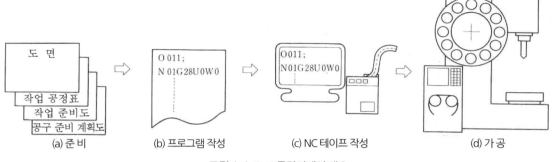

| (a) 준비 | (b) 프로그램 작성 | (c) NC 테이프 작성 | (d) 가공 |

그림 1-4 CNC 공작기계의 개요

시(cycle start) 버튼을 누르면 기계는 자동적으로 공작물을 원하는 형상으로 가공하게 된다. 그림 1-4는 CNC 공작기계의 작업 개요이다. 각각의 작업을 간단히 설명하면 다음과 같다.

(a) 준비

도면에서 가공에 필요한 정보를 얻고, 프로그램을 작성하기 쉽게 작업 공정표, 작업 준비도, 공구 준비 계획도 등에 적어 넣는다.

(b) 프로그램 작성

도면에서 읽은 정보를 CNC 장치가 이해할 수 있는 언어로 바꾸어 놓는다. 이 작업을 프로그래밍이라 부른다. 또 프로그램을 기억하는 용지를 프로세스 시트(process sheet)라 하고 프로그램은 프로세스 시트에 작성한다.

(c) NC 테이프 작성

NC 테이프는 프로그램을 종이 테이프에 천공한 것으로, NC 장치의 테이프 리더(tape reader)에 NC 테이프를 세트해서 프로그램을 CNC 장치에 읽혀 넣는다. 최근에는 CNC 장치의 기억용량(메모리)이 커져서 NC 테이프를 사용치 않고, 프로그램을 플로피 디스켓이나 온라인으로 직접 입력 및 가공을 한다.

(d) 가공

프로그램을 실행시키면, CNC 장치는 프로그램을 번역해 가면서 공작기계가 움직일 수 있도록 신호를 보낸다. 이 신호에 따라 공작기계는 공작물을 가공해 간다.

치수정밀도나 형상정밀도 등 가공불량은 작업자가 작성한 프로그램에 커다란 영향을 받는다. CNC 공작기계의 작업은 인간이 신체를 움직여서 작업하는 대신에 프로그램 작성이 매우 중요하다. 그러나 범용 공작기계의 경우와 마찬가지로 작업자의 기술, 기능향상이 절대적이지 않다.

1.1.2 CNC화되는 이유

왜 이처럼 CNC 공작기계가 보급되고 있는 것인가?

생산현장에서는 원가 절감을 위해 재료비나 기계의 감가상각비, 인건비 등 여러 가지로 연구, 노력하고 있다. 이러한 연구 중에서 특히 중요시되는 것이 자동화, 성력화, 무인화를 위한 생산 기술이다.

범용 공작기계에서는 작업자는 경험과 훈련에 따라 좀 더 나은 고능률, 고정밀한 가공기술 및 기능을 얻게 된다. 숙련자가 되려면 오랜 시간과 비용이 필요하다. 반면에 CNC 공작기계에서는 비교적 단기간에 고정밀 도면이나 능률면에서도 보통 요구되는 수준까지의 기술

표 1-1 **CNC 공작기계와 범용 공작기계의 특징**

CNC 공작기계	범용 공작기계
• 비교적 단기간에 기계조작이나 가공이 가능하다. • 가공정밀도에 안정성이 있고, 숙련도에 따른 가공정밀도의 실수가 적다. • 프로그래밍 등 작업 전 준비에 시간이 걸리므로 중량(中量) 이상의 생산에 적합하다. • 복잡형상의 부품, 다공정부품의 가공에 뛰어난 성능을 발휘한다. • 공정관리, 공구관리 등 작업이 표준화를 기할 수 있다. • 장시간 자동운전이 가능하므로 성력화, 무인화 등에 대응이 용이하다. • 설계변경, 재고의 감소 등 컴퓨터에 의해 생산관리가 용이하게 되어, 시스템화가 가능하다. • 기술의 진보에 따라 기계의 진부화가 빠르고, 설비비용이 많이 들고, 프로그램에 의존해서 작업 개선의 노력을 태만히 하게 되는 등 마이너스 요인이 있다는 것도 잊어서는 안 된다.	• 작업에 정통하고 숙련자라 불리기까지는 오랜 경험이 필요하다. • 고품질, 고정밀도를 요구하는 부품가공에서는 고도숙련이 필요하다. • 도면을 보면서 작업할 수가 있으므로 단품가공에 적합하다. • 특수가공에 의한 가공 등 요령이 필요한 작업에 적합하다. • 작업이 개성적으로 되기 쉬워 표준화가 어렵다. • 소재의 전 가공, 치구, 고정구의 제작 등 자동화를 위한 준비가 필요하다. • 가공 노하우의 축적과 전승시키기가 어렵다.

이나 기능을 습득할 수가 있다.

전적으로 그렇다는 것은 아니지만 같은 작업을 반복한다면, 프로그램에 의해 솜씨 있는 가공을 계속할 수가 있다. 이런 이유로 생산현장에 CNC 공작기계가 한창 도입되고 있는 것이다.

CNC 공작기계와 범용 공작기계의 특징을 비교하면 표 1-1과 같다.

1.1.3 CNC 공작기계의 이용

(1) 일반 기계기구 제조업

공작기계를 포함한 산업기계의 제조업 분야에서는 기계·장치 등의 구성부품이나 터빈 블레이드, 스크루, 볼나사, 압연롤 등 복잡한 형상의 부품가공에 CNC 공작기계를 이용하고 있다. 그림 1-5는 CNC 공작기계의 이용분야의 한 예이다.

동시 5축 제어에 의한 스크루가공　　　　　공기압축용의 스크루모터

그림 1-5 CNC 공작기계의 이용분야

(2) 자동차 제조업

자동차 부품가공에 CNC 공작기계를 이용은 물론 가전 제조업에서는 TV, 냉장고, 세탁기 등의 가전제품, 전화 등의 통신기기, 컴퓨터 부품, 반도체 소자나 집적회로, 게다가 발전기나 전동기라 하는 크고 작은 제품의 가공이나 각종 금형의 제조에 CNC 공작기계를 사용하고 있다. 그림 1-6은 CNC 공작기계의 가공부품의 예이다.

대기업은 물론 중소영세기업에서는 납기의 단축, 정밀도의 향상, 원가절감 등 주문회사

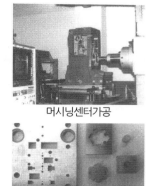

선반가공 머시닝센터가공

프로그래시브 금형 금형부품

그림 1-6 CNC 공작기계의 가공부품

로부터 엄격한 요청과 동시에 숙련자는 물론 일손부족의 해결책으로써, CNC 공작기계의 도입에 적극적으로 나서고 있다.

전국의 수많은 금형 제작 기업에서는 점점 CNC 공작기계의 도입이 증가하고, 이전의 숙련자 중심의 가공으로부터 CNC 공작기계 중심의 가공으로 변화하고 있는 추세이다. 생산 기계의 주력이 확실히 CNC 공작기계로 이행되고 있다.

1.1.4 생산 시스템화

대기업을 중심으로 CNC 공작기계와 로봇이 자동 반송장치 등을 조합시켜서 공구나 공작물을 착탈하는 작업준비를 자동화하고, 컴퓨터에 의해 장기간 연속 운전을 가능하게 한 FMC가 보급되고 있다. FMC는 Flexible Manufacturing Cell의 약자로서, 문자 그대로 가공부품의 다양화에 대응하는 생산 시스템이다.

그림 1-7은 CNC 선반과 머시닝센터와 로봇을 조합시킨 예이다. 이 FMC는 공작물의 가공순서를 컴퓨터에 입력시켜서, 로봇은 그 순서에 따라 공작물의 착탈을 행한다. CNC 선반이나 머시닝센터는 각각의 NC 프로그램에 의하여 공작물을 가공한다.

이렇게 한 생산 시스템에서 작업자는 공작물이나 공구를 준비하고, 운전 중에는 공작물의 정밀도 검사나 마무리 상태의 확인, 또 공구의 파손이나 마모상태를 조사하는 등 범용 공작기계와는 아주 다른 작업을 하게 된다.

그림 1-7 CNC 선반과 로봇 및 머시닝센터로 구성된 FMC의 예

한편 FMC를 기본적인 단위로써 그것을 조합시키고, 자동 반송차, 공구나 공작물의 자동창고, 사고 등을 감시하는 보전장치 등을 준비하고, 그것들 전체를 제어·관리하는 컴퓨터를 가진 생산 시스템을 FMS(Flexible Manufacturing System)라고 부른다.

FMS는 제품의 개성화, 다양화에 대응하기 위해 생산이 다품종 소량생산으로 변화되는 추세에 따라 고안된 자동생산 시스템이다. 그림 1-8은 FMS의 예이다.

이처럼 CNC 공작기계는 단독으로 이용하는 개별 생산기계로부터 공장 전체의 자동화에 공헌하는 생산기계로서, 중소영세기업으로부터 대기업까지 확대 보급되어 가고 있는 것이다.

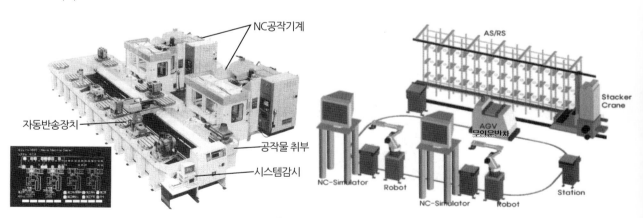

그림 1-8 FMS의 예

1.1.5 CNC 공작기계의 발전단계

(1) 제1단계 ⇨ NC

공작기계 한 대에 NC 장치 한 대로 단순 제어하는 단계이다.

(2) 제2단계 ⇨ CNC(Computer Numerical Control)

한 대의 공작기계가 ATC에 의하여 몇 종류의 가공을 행하는 기계, 즉 머시닝센터라 칭하는 공작기계로 복합기능을 수행하는 단계이다.

(3) 제3단계 ⇨ DNC(Direct Numerical Control)

한 대의 컴퓨터로 몇 대의 공작기계를 자동적으로 제어하는 시스템이다.

(4) 제4단계 ⇨ FMS(Flexible Manufacturing System)

여러 종류의 다른 NC 공작기계를 제어함과 동시에 생산관리도 같은 컴퓨터로 실시하여 기계공장 전체를 자동화한 시스템이다.

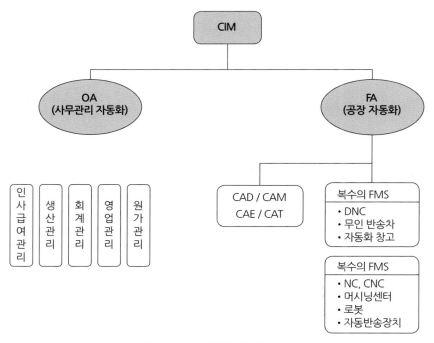

그림 1-9 자동화의 각 시스템 단계

(5) 제5단계 ⇨ CIM(Computer Integrated Manufacturing)

공장 내 분산되어 있는 여러 단위 공장의 FMS와 기술 및 경영 관리 시스템까지 모두 통합하여 종합적으로 관리하는 생산 시스템이다.

설계, 제조, 생산 관리의 모든 부분을 컴퓨터로 통합하여 생산 능력과 관리 효율을 극대화하려는 데 있다.

1.2 CNC 공작기계의 메커니즘과 제어방법

CNC 공작기계의 이송기구를 간단히 표시하면 그림 1-10과 같이 된다. CNC 장치로부터 X, Y, Z 각 축의 이동지령에 의하여 구동모터는 회전한다.

그래서 기계 본체의 이송나사의 회전과 함께 테이블이나 주축헤드가 이동하게 된다. 테이블에는 공작물이, 주축헤드에는 공구가 부착되어 있어, 이 공작물과 공구의 상대 위치를 제어해가면서 가공이 이루어진다.

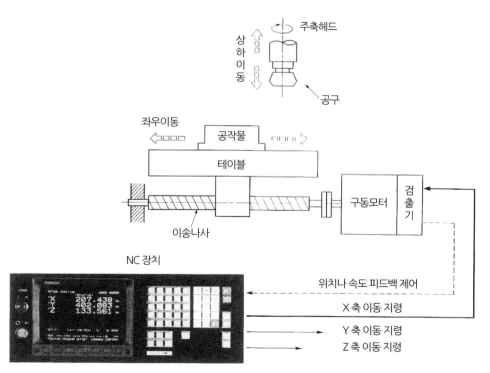

그림 1-10 CNC 공작기계의 이송기구

1.2절에서는 CNC 공작기계가 어떠한 메커니즘으로 구성되어 있으며, 가공을 위한 제어가 어떻게 이루어지는지에 대하여 공부한다.

1.2.1 서보기구

구동 모터의 회전에 따라 기계 본체의 테이블이나 주축헤드가 동작하는 기구(메커니즘)를 서보기구(servo mechanism)라 부른다. 서보기구에 요구되는 성능은 동작의 안정성과 응답성이다. 그러나 안정성과 응답성은 상반되는 성질이므로, 현재까지 이 두 가지의 성능 개선을 위한 기술 개발이 한창이다.

요즈음 CNC 공작기계의 구동모터는 AC 서보모터를 사용한다.

현재 각종 NC 공작기계의 서보기구의 제어방식은 다음의 네 가지로 분류할 수 있다.

① 개방회로방식(open loop system)
② 반 폐쇄회로방식(semi closed loop system)
③ 폐쇄회로방식(closed loop system)
④ 복합회로방식(hybrid servo system)

이러한 제어방식들은 피드백 장치의 유무에 따라 개방 및 폐쇄회로방식으로 구분된다. 그림 1-11은 서보기구의 제어방식의 구분을 나타낸다.

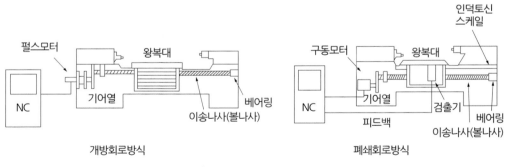

개방회로방식

폐쇄회로방식

그림 1-11 서보기구의 제어방식

위치검출 방법과 피드백 방법에 따라 각 제어방식의 특징을 설명하면 다음과 같다.

(1) 개방회로방식

그림 1-12는 개방회로방식이며, 제어모터에서 지령한 펄스(pulse)가 직접 기계에 전달되는 방식으로 검출기와 피드백(feedback)장치가 없으므로 정밀도가 떨어져서 NC 공작기계에서는 잘 사용하지 않는다.

그림 1-12 개방회로방식

(2) 반 폐쇄회로방식

그림 1-13은 반 폐쇄회로방식이며, 제어모터에서 지령한 펄스가 직접 기계에 전달되기 직전에 검출기가 위치를 검출하여 지령한 펄스와 비교하여 그 편차량을 피드백 장치가 제어기에 보내어 그 양만큼 다시 보내 주는 시스템으로 볼나사의 발달과 기계 강성이 좋아 CNC 공작기계에서 가장 많이 사용된다.

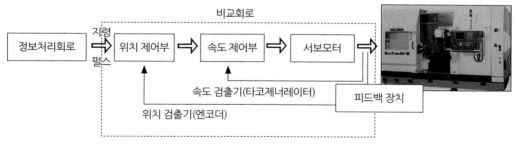

그림 1-13 반 폐쇄회로방식

(3) 폐쇄회로방식

그림 1-14는 폐쇄회로방식이며, 기계테이블에 붙어 있는 펄스코더의 검출스케일 등의 검출기로 위치나 속도를 검출하여 피드백 제어를 하기 때문에 고정밀도가공이 가능하며, 대형 공작기계에 많이 사용된다.

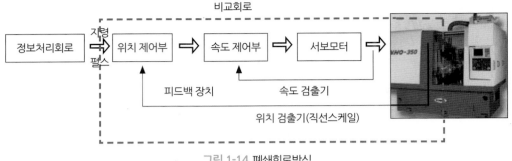

그림 1-14 폐쇄회로방식

(4) 복합회로방식

그림 1-15는 복합회로방식이며, 반 폐쇄와 폐쇄회로방식의 장점을 살린 시스템으로 기계의 강성, 습동면의 윤활이 없는 등 특별한 배려가 필요한 CNC 공작기계에 사용된다.

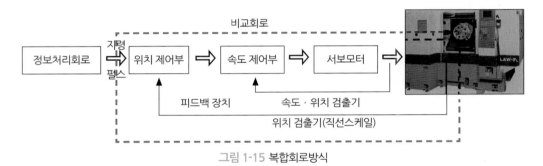

그림 1-15 복합회로방식

요즈음 CNC 공작기계가 고속화되어 가고 있기 때문에, 서보계의 응답속도가 늦어지게 되면 공작물의 코너부에 라운드가 발생하게 된다.

종래와 같은 피드백 제어에서는 그것을 방지할 수가 없었지만, 최근에는 서보계의 늦은

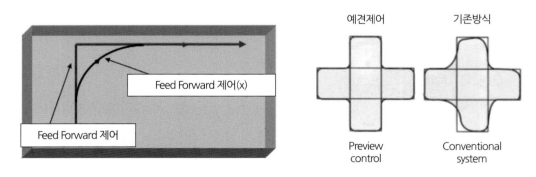

그림 1-16 피드 퍼워드 제어에 의한 코너부의 가공정밀도

응답속도를 미리 알아두어 이동지령에 가산하여 제어하고 있다. 이 제어방식을 피드백 제어와는 달리 피드 퍼워드(feed forward) 제어라 한다.

이 피드 퍼워드 제어에 의하여 코너부의 가공정밀도도 그림 1-16처럼 개선되었다.

1.2.2 볼나사

CNC 공작기계에서는 테이블이나 주축의 이동은 구동모터에 의해 이루어진다. 그렇기 때문에 이송량이나 이송속도는 구동모터의 회전과 더불어 이송나사의 정밀도로 정해진다. 결국 이송나사의 정밀도가 가공정밀도에 커다란 영향을 미치게 된다.

CNC 공작기계의 이송나사는 그림 1-17과 같은 볼나사(ball screw)를 채용하고 있다. 기구적으로는 복잡해지지만 점접촉에 의한 이송에 의해 테이블이나 주축의 이동이 부드럽게 되고 또 백래시(backlash)도 적어지며, 높은 정밀도로 이송량이나 이송속도를 제어할 수가 있다.

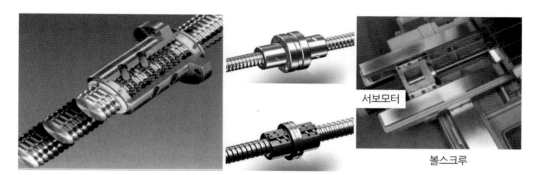

서보모터

볼스크루

그림 1-17 CNC 공작기계의 이송나사

볼나사를 사용해도 백래시는 발생한다. 그래서 볼나사에서는 예압을 걸어 줘 백래시를 제거하고 있다.

그림 1-18 및 1-19는 볼나사에 예압을 거는 방법이다. 또 테이블이나 주축의 (+), (−) 방향위치결정 오차로부터 백래시의 크기를 측정하고, 그것을 CNC 장치의 파리미터에 기억시켜 백래시를 제거하는 것을 백래시 보정 기능이라 한다.

볼나사는 볼나사의 높은 정밀성을 보장하기 위해 20℃의 일정 온도하에서 가공 및 연마 (또는 전조)하여 제조된다. 일반적으로 볼나사는 긴 내구성을 보장하기 위해 적절히 표면경화되고, 고강성을 위해 담금질(quenching)과 뜨임(tempering) 열처리된 합금강으로 만들어진

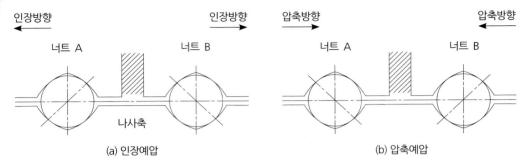

(a) 인장예압   (b) 압축예압

그림 1-18 볼나사의 백래시 제거를 위한 예압거는 법(1)

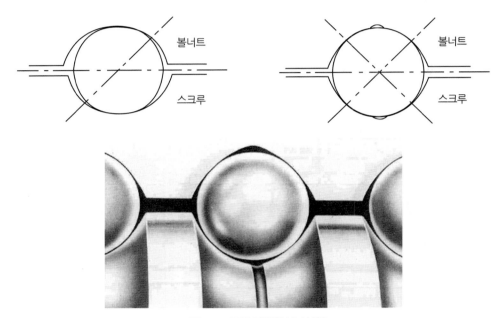

그림 1-19 고딕 아치형 볼나사(2)

다. 또 볼나사의 강구는 높은 운전 효율을 제공하기 위해 볼나사 안에서 회전한다. 너트와 나사 사이에 마찰 미끄럼운동을 하여 직선운동을 회전운동으로 변환시키는 것이 용이하다.

볼나사의 고딕 형상은 볼과 홈 사이에 최상의 접촉을 제공한다.

볼너트와 나사 사이에 공차를 제거하고 탄성 변형을 줄이기 위해 그림 1-18과 같이 적절한 예압이 볼나사에 가해진다면 볼나사는 훨씬 더 좋은 강성과 정도를 얻을 수 있다.

그리고 구동모터의 회전각도는 펄스전류에 의해 제어되는데, 펄스전류란 일정치 이상의 전압을 가진 순간적인 전류로, 이 펄스전류가 발생함으로써 구동모터가 일정각도 회전하게 되는 것이다. 연속적으로 회전하고 있는 것처럼 보이는 구동모터도 실제로는 일정각도의 회

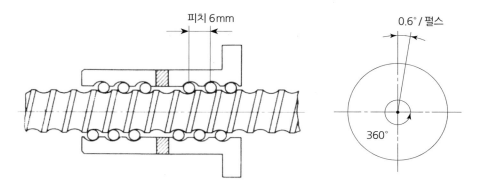

그림 1-20 볼나사의 회전각과 펄스

전을 반복하고 있다.

다음에 테이블 이동의 메커니즘을 조사해 보자.

그림 1-20처럼 테이블의 이송기구를 알기 쉽게 하기 위해 펄스모터의 경우로 설명하기로 하자.

1펄스당 1.2° 회전하는 펄스모터의 경우, 기어를 이용해 회전을 반으로 감속하게 되면 1펄스당 0.6° 회전하게 된다. 그래서 볼나사의 피치를 6mm로 하게 되면, 1펄스에 대한 테이블의 이동거리는 0.01mm(C=0.6÷360×6)가 된다. 1펄스 발생에 테이블은 0.01mm만큼 이동하게 된다.

예를 들어 테이블을 1.0mm/sec의 속도로 200.0mm 이동시킬 경우에는 매초 100(1.0÷0.01)펄스로 20,000(=200.0÷0.01)펄스를 발생시키면 되는 것이다. DC 서보모터에서는 펄스신호를 디지털 아날로그 변환회로에 의해 펄스량에 비례한 직류전류로 변환해서 회전시키고 있다. AC 서보모터에서는 교류의 주파수를 제어함으로써 회전속도를 제어하고 있다. 원리는 펄스모터의 경우와 같이 테이블 이송 메커니즘으로 보면 된다.

1.2.3 위치결정제어와 윤곽제어

서보기구에 의한 테이블이나 주축제어는 구동모터의 회전각에 따라 최소단위의 이동량이 결정된다. 이것을 최소설정단위(BLU: Basic Length Unit)라 부르며, 일반적으로는 10μm(0.01mm) 또는 1μm(0.001mm)로 설정되어 있다. 일반적인 CNC 공작기계의 최소설정단위는 0.001mm이다. 즉 구동모터에 의한 이동량의 설정단위가 테이블이나 주축의 최소이동량

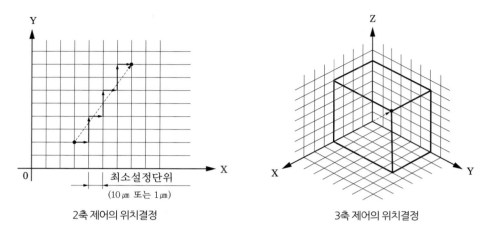

2축 제어의 위치결정

3축 제어의 위치결정

그림 1-21 공작기계의 2축과 3축의 위치결정

이 된다. 그래서 2축 제어 CNC 공작기계에서는 그림 1-21처럼 평면상의 격자점에 위치만 위치결정이 가능하게 되고, 또 3축 제어 CNC 공작기계에서는 그림처럼 입체상의 격자점 위치에 위치결정이 가능하게 된다.

CNC 공작기계에서는 공구가 공작물을 가공할 때, 기계의 구조에 따라 공구가 이동하는 경우와 공작물이 이동하는 경우가 있다. 가공방법이 다르다고 생각할지도 모르지만 가공은 공구와 공작물의 상대운동에 의해 이루어지므로 양쪽 다 같게 생각할 수 있다.

한편 프로그래밍은 그리기 쉽고, 이해가 용이하게 하기 위해 공작물은 정지해 있고 공구가 이동하는 경우의 예를 들어 본다. 앞으로는 공작물과 공구의 상대운동에 대해서 프로그래밍과 같이 공구가 이동한다고 생각해서 설명하고자 한다.

그래서 공구의 두 점 간의 이동은 그림 1-22처럼 위치결정제어와 윤곽제어 두 가지 경우

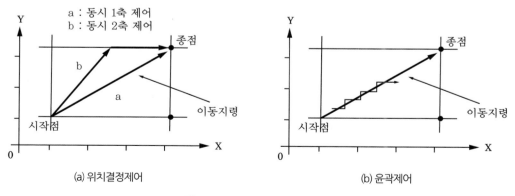

(a) 위치결정제어

(b) 윤곽제어

그림 1-22 CNC 공작기계의 동작제어

로 생각할 수 있다. 그림 1-22(a)의 경우는 시작점으로부터 종점까지의 이동지령은, 공구의 이동경로 지정을 특별히 필요로 하지 않는 급속 동작이다. 일반적으로 이것을 위치결정제어라 한다. 또 그림 1-22(b)의 경우는 시작점으로부터 종점까지 공구가 지정형상을 이탈하지 않고 단층 형상의 경로로 종점까지 이동하는 것이므로 이것을 윤곽제어라 한다. 윤곽제어는 동시에 제어할 수 있는 축수에 따라 직선 형상, 원 형상, 자유곡면 형상 등 여러 가지 가공이 가능하다.

그림 1-23은 윤곽제어에 의한 가공 예이다.

동시 1축 제어란 동시에 제어할 수 있는 축의 수가 1축인 제어방식으로, 그림 (a)처럼 구멍작업, 탭핑 등의 위치결정이 주가 된다. 동시 2축 제어란 동시에 제어할 수 있는 축의 수가 2축인 제어방식으로, 그림 (b)처럼 공작물의 윤곽 형상가공을 할 수 있다. 동시 2½축(2.5축) 제어란 그림 (c)처럼 3차원 형상의 공작물을 가공하는 경우에 이용되지만, 동시에 2축에 의하여 윤곽가공을 행하면서 제3축의 절입(깊이) 동작을 반복제어하는 방식이다. 뒤의 동시 3축 제어와 구별하기 위해 동시 2½축 제어라고 부른다. 동시 3축 제어란 동시에 제어 가능한 축의 수가 3축인 제어방식으로, 그림 (d)처럼 3차원 형상가공이 가능하다.

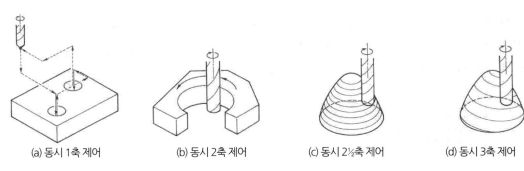

(a) 동시 1축 제어　　(b) 동시 2축 제어　　(c) 동시 2½축 제어　　(d) 동시 3축 제어

그림 1-23　윤곽제어에 의한 가공

동시에 제어 가능한 축수가 많으면 많을수록 복잡한 형상가공이 가능하게 된다. 선박의 스크루나 비행기의 프로펠러 또는 항공기 엔진의 터빈 블레이드 등은 동시에 5축 제어가 필요하게 된다.

윤곽제어는 보간회로에 따라 격자점상에 펄스분배를 행한다. 이 보간회로에 따른 윤곽제어의 대표적인 예가 그림 1-24에서 보는 것처럼 직선형상 가공을 하는 직선보간과 원호형상가공을 하는 원호보간이 있다. 윤곽제어에서의 펄스분배에는 MIT 방식, DDA(Digital Differential Analyzer) 방식 및 대수연산방식의 세 가지가 있다.

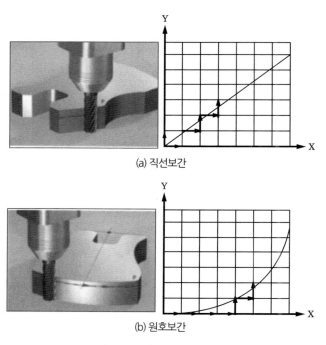

(a) 직선보간

(b) 원호보간

그림 1-24   직선보간과 원호보간

1.2.4 오른손 직교좌표계와 CNC 공작기계의 좌표계

좌표계란 공작물을 가공하는 경우에는 공구나 공작물의 기계상의 위치관계를 분명히 해 둘 필요가 있으며, 이 위치관계를 분명하게 해 주는 것이 좌표계이다. 그런데 수학적으로 보면 1축으로는 직선상의 위치를, 2축으로는 평면상의 위치를, 3축으로는 입체상의 위치를 각각 지정할 수가 있다. 그래서 CNC 공작기계의 좌표계도 이것들을 기초로 해서 설정할 수가 있다.

그림 1-25는 오른손에 의한 3축 직교좌표계를 정의한 것인데 엄지손가락을 X축, 인지를 Y축, 중지를 Z축으로 한다.

각각의 축은 원점을 지나고 서로 직교해서 좌표계를 설정하는 것이 좋다. 이것을 오른손 직교좌표계(cartesian coordinate system)라고 한다. CNC 공작기계도 오른손 직교좌표계를 이용하여 좌표계를 설정한다. 일반적으로 주축이 Z축으로 되지만 기계 구조에 따라 좌표계가 똑같지만은 않다.

그림 1-26은 각종 CNC 공작기계의 좌표축과 운동의 기호는 KSB0126으로 규정되어 있다.

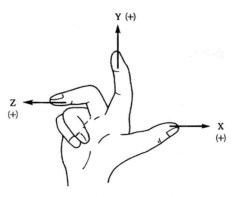

그림 1-25 오른손 직교좌표계

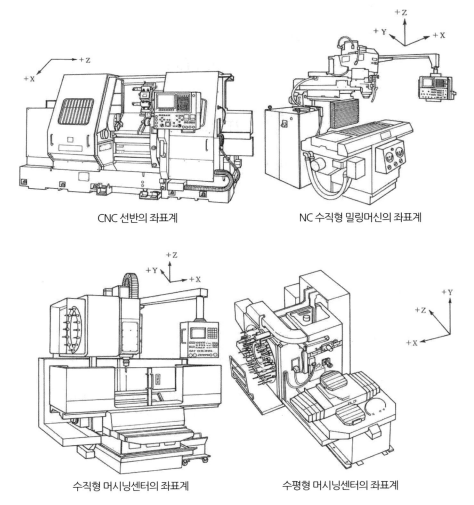

CNC 선반의 좌표계

NC 수직형 밀링머신의 좌표계

수직형 머시닝센터의 좌표계

수평형 머시닝센터의 좌표계

그림 1-26 각종 CNC 공작기계의 좌표축과 운동의 기호

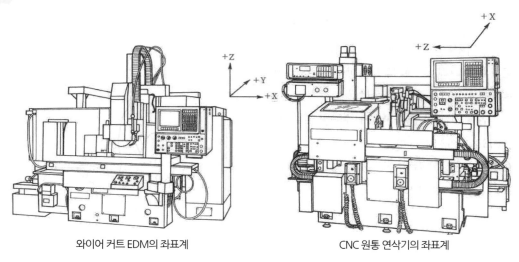

와이어 커트 EDM의 좌표계   CNC 원통 연삭기의 좌표계

그림 1-26   각종 CNC 공작기계의 좌표축과 운동의 기호(계속)

오른손가락을 그림에 맞추어 봄으로써 CNC 공작기계의 좌표계가 오른손 직교좌표계를 기초로 해서 되어 있다는 것을 쉽게 알 수 있다.

1.3 각종 CNC 공작기계의 개요

선반이나 밀링 등 범용 공작기계의 NC화를 시작으로 CNC화에 이어 지금까지 여러 가지 CNC 공작기계가 등장하였다. 범용 공작기계를 기초로 한 CNC 공작기계 외에 머시닝센터, 와이어 커트 방전가공기 등 범용 공작기계에 없는 여러 종류의 CNC 공작기계도 등장하였다.

최근 CNC 공작기계는 CNC 기술의 발전에 의해 다기능화, 가공기능의 복합화, 고속, 고정밀도화되어 있으며, 이후 더욱더 새로운 CNC 공작기계(고속가공기, 하드터닝 등)가 등장 보급되고 있는 실정이다.

1.3절에서는 일반적으로 많이 이용되고 있는 각종 CNC 공작기계에 대하여 그 개요를 공부하기로 한다. 그림 1-27에 그 개요를 나타내었다.

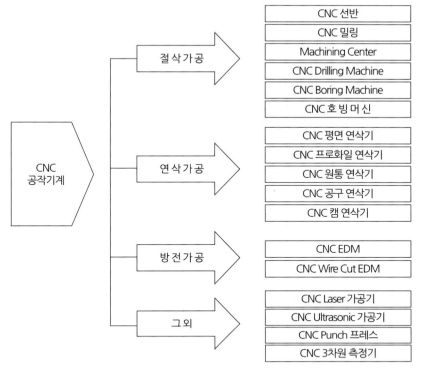

그림 1-27 각종 CNC 공작기계

1.3.1 CNC 선반

1957년 동경공대와 지구철공(池具鐵工)이 유압 모방선반의 NC화(동시 2축 제어)에 성공하였다. 이것이 일본에서 최초로 개발된 NC 선반(lathe)으로 되어 있다.

그 후 서보기구나 NC 장치의 발전에 의해 신뢰성, 조작성 또는 기능성이 향상되어 요즈음은 선반에서 밀링가공도 가능하게 되었고, 가공을 복합적으로 하는 터닝센터(turning center)도 등장하여 보급이 빠르게 확대되고 있다.

그림 1-28은 CNC 선반의 외관이다. 기계 본체는 주축, 왕복대, 공구대 등으로 구성되고, CNC 장치는 CRT(Cathod Ray Tube) 조작반, 기계조작반, 전기제어장치 등으로 구성되어 있다.

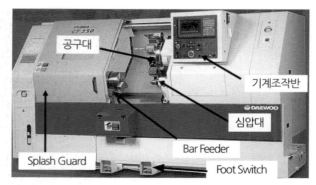

그림 1-28 CNC 선반

그림 1-29는 CNC 선반 공구대와 터닝센터 공구대 외관이다.

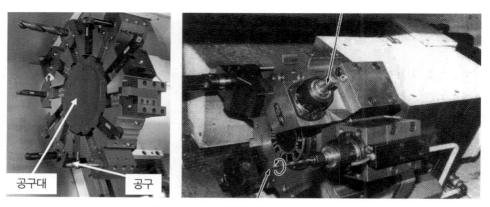

그림 1-29 CNC 선반 공구대와 터닝센터 공구대

그림 1-30은 CNC 선반의 보정 및 선삭패턴이다.

주축은 파이프 구조로 되어 있고, 공구대(turret)는 육각의 터릿형으로부터 그림처럼 십

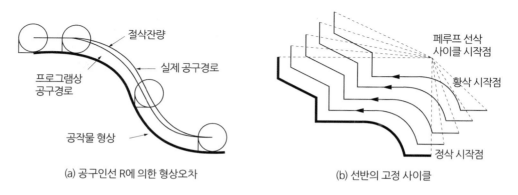

(a) 공구인선 R에 의한 형상오차

(b) 선반의 고정 사이클

그림 1-30 CNC 선반의 보정 및 선삭패턴

수각형의 드럼형이 주축으로 되고, 다공정의 가공도 가능하게 된다. 또 작업자의 맞은편 위치에 공구대에 장착된 바이트의 절삭날이 밑으로 향해 있기 때문에 절삭칩의 제거가 용이하게 되는 구조로 되어 있다.

(1) 볼트 온 공구대

바깥지름 및 안지름 바이트를 매우 견고하고 안정되게 고정시켜 준다. 이 공구대의 외면에는 볼트 온 홀더를 장착하여 좌우측 방향의 바깥지름 바이트를 설치할 수 있으며, 같은 수의 주축 방향으로 안지름, 홈, 단면 등을 가공할 수 있는 볼트 온 홀더를 설치하여 사용할 수 있다.

단면 홈가공 홀더 (Face Grooving)　안지름 공구 홀더 (Boring Bar)
절단 바이트 홀더 (Parting Tool)　절삭유 블록 (Coolant Block)

그림 1-31 볼트 온 공구홀더의 종류

(2) 라이브 공구대

별도의 공구 홀더를 필요로 하지 않으면서 주축 방향이나 단면 방향의 표면상에 2차적인 복합가공이 가능하여 드릴링, 탭핑, 엔드밀링 등을 실행할 수 있다. 회전수는 3,000 rpm까지 가능하다.

그림 1-32 라이브 공구대와 공구홀더

(3) 하이브리드 공구대

12포지션 공구대를 사용하며, 6개의 라이브 공구 홀더와 6개의 볼트 온 공구 홀더를 장착하여 바깥지름, 안지름, 단면 등의 공구를 사용할 수 있다.

제어축은 주축 방향(Z축)과 주축 직각 방향(X축)의 동시 2축 제어이다. 터닝센터(turning center)에서는 공작물의 회전 분할용으로서 부가축(C축)이 있다. 그림 1-34처럼 엔드밀을 공구대에 장착시켜 밀링가공도 가능하게 되어 있다.

기능으로는 공작물의 지름 변화에 관계없이 절삭속도를 일정하게 유지하는 주속 일정제어, 인선반지름 R에 의해 발생하는 형상오차를 자동적으로 보정하는 인선반지름 R 보정기능, 안·바깥지름 절삭, 단차절삭, 홈절삭, 나사절삭 등의 각종 선삭패턴의 고정 사이클이 있다.

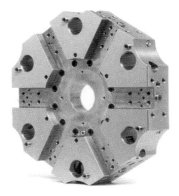

그림 1-33 하이브리드 공구홀더

그림 1-34에서의 NC 장치는 CRT 디스플레이에 표시된 지시에 따라 입력하면 자동적으로 프로그램이 작성되는 대화형 형식이 있다.

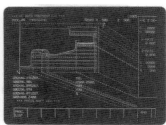

| CNC 선반의 조작부 | 대화형 NC 기능 | 터닝 센터 |

그림 1-34 CNC 선반의 조작성과 기능

1.3.2 머시닝센터

Kearney & Trecker사가 개발한 자동 공구 교환장치가 붙은 NC 공작기계 'MilwauKee Matic'이 세계 최초의 머시닝센터(machining center)로 되어 있고, 머시닝센터는 다음과 같이 정의할 수 있다.

공작물의 교환없이 두 개 이상의 면에 여러 종류의 가공을 할 수 있는 수치제어 공작기계,
공구의 자동교환장치 또는 자동 선택기능을 갖고 있는 수치제어 공작기계

그림 1-35는 주축이 수직축과 수평축으로 된 머시닝센터의 예이다.

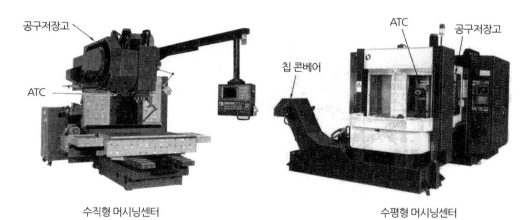

수직형 머시닝센터   수평형 머시닝센터

그림 1-35   머시닝센터

공구의 자동교환장치를 ATC(Automatic Tool Changer)라 부른다. 주축이 수평이면 수평형 머시닝센터이고, 주축이 수직이면 수직형 머시닝센터이다. 머시닝센터는 ATC를 가지고 있고, 또 테이블에 분할기능을 부가시켜 밀링가공, 드릴링가공, 보링가공들을 할 수 있는 CNC 공작기계이다.

그림 1-36은 기계 본체의 주요한 구성인 테이블, 주축대, ATC 등이다.

공작물은 테이블상의 파렛트(pallet)에 붙은 고정구나 치구를 이용해서 탈착시킨다. 파렛트를 회전시킴으로써 공작물의 다면가공이 가능하게 된다.

주축헤드의 (+)방향 스트로크 끝이 ATC 동작에 의한 공구교환위치로 된다. ATC는 수십 개의 공구 격납고이고, 지정한 공구를 임의로 호출할 수 있고, ATC 암에 의해 자동적으로 공구를 주축에 장착하는 동작을 한다.

테이블

ATC

ATC 매거진

그림 1-36　머시닝센터의 기계 본체 구성요소

테이블 분할기능에 의하여 공작물의 다면가공, ATC에 의한 공구의 자동교환, 그림 1-37처럼 APC(Automatic Pallet Changer)라 부르는 파렛트의 자동교환장치 등에 의해 장시간 무인 운전이 가능하다.

머시닝센터에서 특징적인 기능은 공구보정 기능이다. 공구보정 기능은 공구교환에 의한 공구길이나 공구경 변화를 자동적으로 보정하는 기능으로 이것에 의하여 사용하는 공구의 길이나 지름의 대·소를 의식하지 않고 공작물의 형상 프로그래밍을 할 수 있어 편리하다.

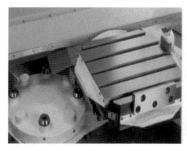
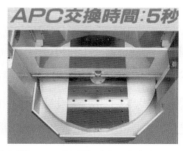

그림 1-37　APC(공작물 자동교환장치)

그림 1-38 및 1-39는 공구경 보정과 공구길이 보정*방법이다.

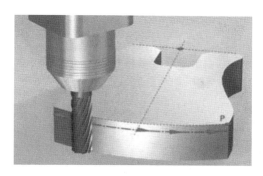

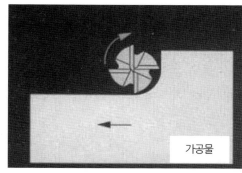
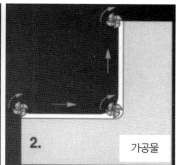

그림 1-38 엔드밀 사용 시의 공구경 보정 위치

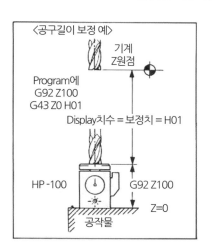

그림 1-39 공구길이 보정과 툴 프리세터

* 공구길이 보정: 길이 차이가 있는 어떤 종류의 공구를 사용하더라도 같은 위치에 위치시키는 기능

1.3.3 CNC 밀링머신

CNC 밀링머신은 3차원의 복잡한 형상을 한 항공기 부품이나 캠, 금형가공에 적합하다.

CNC 밀링머신은 머시닝센터화되는 경향이고 순수한 CNC 밀링머신은 CNC 공작기계에서 차지하는 비율이 점차 감소해 가는 경향에 있다. 그러나 머시닝센터에 비하여 가격이 저렴하고, 작업준비가 용이하고, 조작성이 좋기 때문에 CNC 밀링머신은 아직도 중요시되고 있다. 특히 머시닝센터를 필요로 하지 않는 부품가공을 하고 있는 중소기업에서는 ATC를 장착시켜 소위 소형 머시닝센터라고 불리는 CNC 밀링머신을 사용하고 있다.

그림 1-40은 각종 CNC 밀링머신의 예이다.

| CNC 수평 밀링머신 | CNC 수직 밀링머신 | CNC 모방 밀링머신 |

그림 1-40 　각종 CNC 밀링머신

1.3.4 CNC 드릴링머신

그림 1-41은 각종 CNC 드릴링머신의 예이다.

드릴가공이나 탭가공을 주로 하고 간단한 밀링가공도 가능하다. 터릿식의 주축헤드에 여러 개의 공구를 장착시킬 수 있고, 최대 가공 지름은 $\phi20.0\,mm$ 정도이다.

수직형과 수평형이 있고, 가격이 머시닝센터에 비하여 저렴하기 때문에 합금 고속 정삭가공 등 소형 공작물가공에 많이 이용되고 있다.

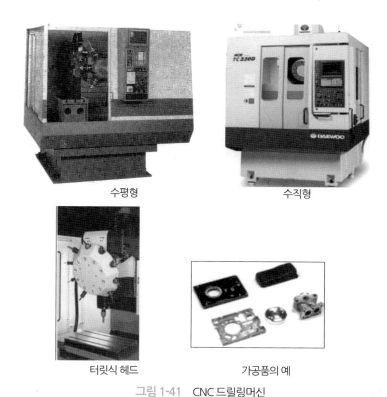

수평형   수직형

터릿식 헤드   가공품의 예

그림 1-41   CNC 드릴링머신

1.3.5 CNC 연삭기

CNC 연삭기는 사용 목적이 공작물의 최종 정삭가공이기 때문에 고정밀가공이 요구되고, 구조기능이 있는 면에서의 신뢰성이 불안하여 다른 CNC 공작기계에 비하여 보급이 늦었다. 그림 1-42는 연삭기를 나타낸다.

공작물 형상에 따른 숫돌대 구조

스트레이트 숫돌용   앵귤러 숫돌용

숫돌대 30° 고정

CNC 평면연삭기   CNC 원통연삭기

그림 1-42 CNC 평면과 원통연삭기

그러나 숫돌의 이송기구, 숫돌의 자동정치수장치, 숫돌의 자동보정 기능, 연삭패턴의 고정 사이클화 등 구조, 기능 등이 개선되고 있어 CNC 연삭기는 급격히 보급이 확대되고 있다.

그림 1-43은 연삭가공방법과 가공품의 예이고, 그림 1-44는 숫돌의 자동치수장치의 예를 표시하였다.

트래버스 연삭   플런저 연삭   숫돌헤드 앵귤러형

그림 1-43 연삭가공방법과 가공품

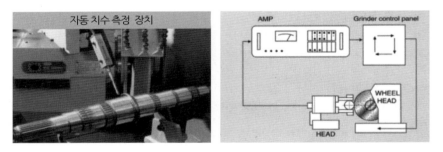

그림 1-44 숫돌작업 시의 자동치수장치

1.3.6 CNC 방전가공기

CNC 방전가공기(EDM)는 구리, 텅스텐, 그라파이트 등의 전도성 재료를 전극으로 해서 전극을 소요형상으로 가공하여 전극과 공작물 사이에 전압(60~300V)을 걸어 간헐적인 불꽃방전에 의하여 공작물의 소모현상을 이용한 공작기계이다.

그림 1-45는 방전가공기의 원리를 나타낸 것이며, 자동차 관련 및 전화기 가공용 그라파이트 전극의 예이다.

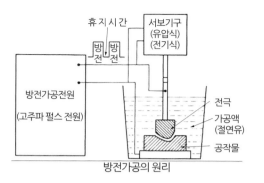

그라파이트 전극

방전가공의 원리

그림 1-45 방전가공기와 전극

텅스텐 전극

전극자동교환장치(ATC)

그림 1-46 방전가공기용 전극과 ATC

공작물이 전도체이면 절삭이 곤란한 열처리강, 초경합금 등 경도에 관계 없이 가공이 가능하고 최근에는 파인세라믹 등 각종 신소재가공에도 이용되고 있다.

그림 1-46은 방전가공용 전극과 ATC이다.

1.3.7 와이어 커트 방전가공기

와이어 커트 방전가공기는 처음부터 CNC 장치가 붙어서 개발된 CNC 공작기계이다. 1955년 소련에서 처음 발표되었고, 이어 1960년에는 유럽에서도 발표되었으며, 급속한 수요 증대는 1970년대 후반부에 급속도로 보급되기 시작하였다.

가공원리는 CNC 방전가공기와 같고 전극으로 가느다란 와이어를 사용해 와이어 전극과 공작물 간의 방전현상에 의하여 공작물을 가공한다.

그림 1-47은 와이어 커트 방전가공기의 표시 예이다. 그림 1-48은 와이어 공급장치와 와이어 릴 공작물을 고정하는 X-Y테이블 등의 장치 및 CNC 장치, 가공 전원장치, 가공액 공급장치 등으로 구성되어 있다.

방전가공기와 다른 점은 전극으로 황동선이나 텅스텐 등의 가느다란 와이어(0.03~ 0.33mm 정도)를 사용하기 때문에 미세하고 복잡 형상의 가공이나 클리어런스가 일정한 펀치다이세트 금형의 가공에 매우 뛰어나다.

와이어 커트 방전가공기는 IC 부품 등의 고정밀 타발금형을 시작으로 정밀금형과 고정밀한 금형, 플라스틱 몰드금형, 타이핑 블레이드 등에 이용된다.

그림 1-47 와이어 커트 방전가공기

상부 가이드
(Upper Guide)

하부 가이드
(Lower Guide)

그림 1-48 와이어 공급장치와 상 · 하 가이드

와이어 공급장치에는 가공 단면에 경사를 주는 와이어 경사 구동장치가 준비되어 있고, 프레스 타발형이나 타이핑 블레이드처럼 테이퍼가 필요한 부품의 가공에 가능하다.

그림 1-49는 와이어 가공 시 상부 가이드의 이동을 주는 가공의 예이다.

가공조건에는 와이어 조건과 전기조건이 필요하고, 와이어 조건으로는 재질, 와이어 지름, 장력, 이송속도, 지지점 간 거리 등 전기조건으로써는 무부하 전압, 피치 전류, 콘덴서 용량, 펄스 폭, 휴지 시간, 평균 가공전압 등의 설정이 필요하다.

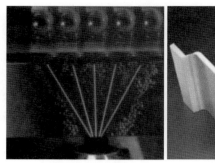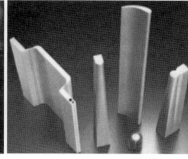

상하 이형상 가공장면   가공샘플

그림 1-49 상하 이형상 가공장면 및 가공샘플

와이어 커트 방전가공기에서는 와이어 단락부분의 방전마크의 제거, 가공 변질층의 제거, 코너부나 가공형상 등 가공정밀도의 향상을 목적으로 세컨드 커트법(Second cut method)을 이용하고 있다.

이 세컨드 커트법은 다듬질 여유를 남기고 1차 가공을 한 다음, 그 후 다듬질 가공조건으로 다시 변경하면서 2차 가공을 하는 것이다. 작업으로는 전기조건의 변경과 와이어의 보정량을 서서히 작게 하는 것이다.

일반적으로 2~8회의 세컨드 커트를 한다. 그림 1-50은 가공장면이고, 그림 1-51은 가공조건의 설정화면과 가공의 예이다.

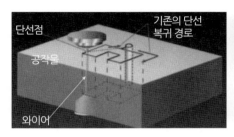

그림 1-50 와이어 가공장면

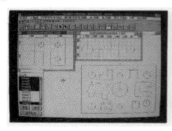
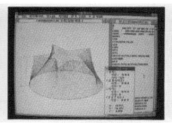

다수개 형상 　　　　　　　상하 이형상 　　　　　　　Involute Gear

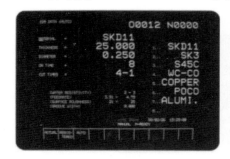
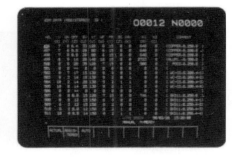

가공샘플

그림 1-51 와이어 가공조건의 설정화면과 가공샘플

1.4 자동화를 위한 주변기술

　　CNC 공작기계의 자동화를 추진하는 기술에는 3장에서 설명할 CAD/CAM 등 프로그래밍의 자동화에 관한 기술 외에 기기장치와 그것을 제어하는 프로그램으로 구성된 여러 가지 주변 기술이 있다. 이러한 기술과 CNC 공작기계를 고도로 시스템화함으로써 CNC 공작기계를 성력화시켜 생산효율을 높이는 것은 물론 FMC나 FMS 등 생산 시스템의 무인화에도 중요한 역할을 한다.

그림 1-52는 자동화 생산 시스템을 갖춘 CNC 공작기계이다.

이러한 CNC 공작기계를 자동화하기 위한 주변기술을 크게 나누면 다음과 같다.

① 가공상태나 가공정밀도의 감시, 보정기능의 자동화

② 작업준비, 반송의 자동화

③ 고장 진단 기능의 자동화

여기에서는 ①, ②에 관한 여러 가지 주변기술에 대하여 설명한다.

그림 1-52 자동화된 CNC 공작기계

1.4.1 가공정밀도를 유지하는 제어기술

CNC 공작기계는 자동제어되는 공작기계이지만, 프로그램으로 지시한 대로의 형상, 정밀도의 가공이 꼭 이루어지지는 않고 언제나 오차를 가진 가공을 한다.

이 오차를 방지하기 위해서 CNC 공작기계는 위치나 속도의 피드백제어를 실시하는데 주변의 온도변화, 재료나 공구의 교환 시 취부위치, 절삭에 의한 변형이나 마모 등에 의해 발생하는 오차는 위치나 속도의 피드백제어만으로는 방지할 수가 없다.

작업자가 있는 경우 그러한 원인에 의한 오차 발생은 필요에 따라 측정을 하고, 오차량을 보정해 올바른 형상정밀도를 얻을 수 있지만 무인화를 할 경우에는 오차발생을 자동적으로 방지하는 방안을 고려해야 한다.

그림 1-53은 오차발생을 방지하고, 가공정밀도를 유지하기 위한 각종 제어기술이다. 그림에서 외부요인이란 구성된 제어계 외에서 오차를 발생시키는 원인이다. 그래서 이 외부요인에 의해 발생하는 오차를 바로 검출해서 보정하는 제어계를 새로 구성할 필요가 있다. 예컨대 공작기계의 열변형은 열변위량을 센서 등으로 검출해서 그것을 CNC 장치에 피드백시켜 열변위량만큼 자동 보정해 가공정밀도를 유지한다. 이러한 기능을 일반적으로 자동 보정기능이라 부르는데 이런 자동 보정기능 중에서 열변위 보정기능, 자동계측 보정기능, 이송속도의 적응제어, AE 센서에 의한 공구파손 검출기능 등이 있다.

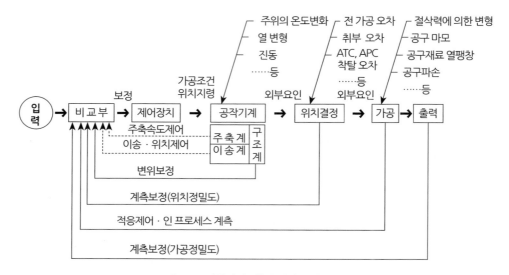

그림 1-53 가공정밀도를 유지하는 제어기술

1.4.2 열변위 보정기능

실온변화, 절삭열, 베어링 발열 등에 의하여 발생하는 기계의 열변위를 자동적으로 보정하고, 장기간 연속운전 시 가공정밀도를 유지하는 기능이 열변위 보정이다. 열변위량의 보정방법에는 다음과 같은 것이 있다.

그림 1-54와 같이 기능 각 부에 부착된 온도나 빛을 감지하는 센서로부터의 정보에 의해 변위량을 측정하고 보정하는 방법 또는 기계 본체 온도, 주축회전수 등의 정보로부터 변위량을 측정하고 냉각유의 온도 유량을 제어해서 보정하는 방법 등이 있다.

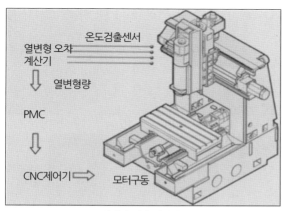

온도검출센서

열변형 오차

계산기

⇩ 열변형량

PMC

⇩

CNC제어기 ⇨ 모터구동

센서에 의한 열변형 보정

열변형 보정장치를 부착하여 장시간의 고속운전 시의 열변위를 최소화함으로써 좀 더 안정적인 고정밀도의 가공을 구현센서에 의한 열변형 보정

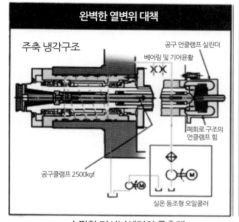

완벽한 열변위 대책

주축 냉각구조

공구 언클램프 실린더

베어링 및 기어윤활

XX

폐회로 구조의 언클램프 힘

공구클램프 2500kgf

실온 동조형 오일쿨러

수평형 머시닝센터의 주축대

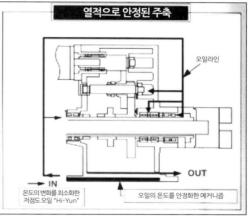

열적으로 안정된 주축

오일라인

IN
온도의 변화를 최소화한 저점도오일 "Hi-Yun"

OUT
오일의 온도를 안정화한 메커니즘

CNC 선반의 주축대

그림 1-54 열변위 보정기능

1.4.3 자동계측 보정기능

자동계측의 종류에는 공구길이나 공구지름을 계측하는 공구자동계측과 가공치수나 구멍위치 등을 계측하는 공작물 자동계측 두 가지가 있다.

그림 1-55는 공구와 공작물 자동계측이다. 양쪽 다 계측용 센서로, 공작물이나 공구와의 접촉위치를 검출하고 설정치와 비교로부터 오차량을 계산해 오차량을 자동적으로 보정하는 기능이다.

계측 방법에는 기내계측과 기외계측이 있다. 기내계측에서는 각종 센서가 이용되고, 기외계측에서는 전기 마이크로미터나 3차원 측정기 등이 이용된다.

| 툴 세터 | 워크 세터 | 이지 세터 | 안심 가드 |
| Touch Setter | Work Gauging | 유니버설 터치센서 | 자동 계측장치 |

그림 1-55 공구와 공작물 자동계측

그림 1-56처럼 기내계측에서도 공작물의 가공 중에 계측을 하는 방법을 인프로세스 계측이라 부르는데 실용적인 인프로세스 계측으로서는 CNC 원통연삭기에서 이용되는 자동정치수장치가 널리 알려져 있다. 기내계측용 센서를 일반적으로 터치 센서라 부르며, 이 터치 센서에는 여러 가지 종류가 있는데, 크게 내부 접점방식과 외부 접점방식으로 나눌 수 있다.

그림 1-56 기내계측

외부 접점방식에서는 트리거 프로브나 툴 세터 등이 있다. 둘 다 접촉검지에 의해서 터치 센서로부터 트리거 신호를 출력한다.

트리거 신호는 위치를 검출해 벗어나지 않기 때문에 접촉위치까지의 이동량으로부터 제조업체가 작성한 매크로 프로그램을 실행해 치수를 검출하고 보정을 행한다.

1.4.4 이송속도의 적응제어

적응제어(AC: Adaptive Control)란 가공상태를 최적 조건으로 제어하는 것을 말한다. 절삭조건의 최적화에 의해 공구수명 연장이나 절삭력 부하를 일정하게 해서 가공 기간을 단축하는 등에 이용된다.

이송속도의 제어는 절삭량 변화에 따른 절삭력의 변동을 주축 전동기의 부하 전류로부터 검출하고, 절삭조건이 설정치 이내로 되면 자동적으로 이송속도를 오버라이드(override) 시키는 기능이다. 그림 1-57에 그 원리를 표시하였다.

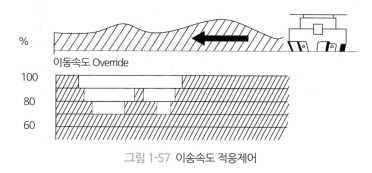

그림 1-57 이송속도 적응제어

오버라이드란 프로그램에서 설정한 이송속도를 자동으로 가감속하는 것을 말한다. 이송속도의 적응제어는 절삭량이 적어지면 이송속도를 빠르게 하고 절삭량이 커지면 이송속도를 적게 해서 절삭시간의 단축을 꾀한다. 또 절삭력의 변동은 공구마모를 빠르게 하고, 공구수명을 짧게 하는 원인이 되므로 이것을 방지하는 효과도 있다.

에어커트(air cut)란 공구가 절삭이송을 하는 것과는 관계 없이, 공작물을 절삭하지 않는 상태를 말한다. 홈이 있는 공작물이나 절삭이송의 개시점부터 실제로 공작물을 절삭할 때까지의 사이에서는 에어커트를 한다. 에어커트의 적응제어도 역시 절삭력을 검출해 부하가 걸리지 않는 구간에서는 이송속도를 빠르게 하는 기능이다.

1.4.5 AE 센서에 의한 공구파손 검출장치

공구의 파손을 검출하는 방법에는 표 1-2와 같은 것이 있는데, 최근에는 절삭 시 AE (Accoustic Emission)파를 감시하고 이상이 있으면 기계를 정지시키는 AE 센서에 의한 공구파손 검출장치가 널리 이용되고 있다.

표 1-2 공구파손의 검출법

측정방식	감시대상	센서
진동 측정식	절삭 진동	가속도 픽업
공구 · 피삭재 전기저항 측정식	전기적 접촉	터치센서
공구 · 센서	전기적 접촉	터치센서
도통(導通) 측정식	스위치 ON/OFF	마이크로 스위치
AE식	초음파	AE 센서
절삭력 측정식	스트레인	스트레인 게이지
모터전류의 패턴 측정식	주축모터 전류	

AE란 Accoustic Emission의 약자로, 고체의 소성변형, 크랙의 발생과 성장, 변태 등과 함께 그때까지 축적되어 있는 스트레인 에너지가 해방되어 탄성파(AE파)가 방출되는 현상을 말한다. AE 센서에 의한 공구파손 검출기능의 특징은 다음과 같다.

① 한 개의 센서로 여러 종류의 공구손상을 감시할 수 있다.

② 절삭 중의 공구파손을 감시할 수 있다.

③ 순간적으로 공구파손을 검출할 수 있다.

④ 절삭칩, 절삭유, 절삭진동 등의 영향을 받지 않기 때문에 신뢰도가 높다.

1.4.6 다기능화, 복합화와 작업준비의 자동화

CNC 공작기계가 개발된 이래 여러 가지 성력화 기술이 생겨났다. 오늘날 CNC 공작기계에서 활발히 개발되고 있는 자동화 기술도 커다란 의미에서 다기능화, 복합화와 작업준비의 자동화로 집약할 수 있다.

생산공정의 합리화 요구가 증대되면서 그림 1-58처럼 다기능 복합화된 공작기계 기술이 필요해지게 되었다.

다기능화란 동일기계에서 작업방법을 변화시키지 않고 머시닝센터와 같이 밀링, 드릴링, 보링, 탭핑 등 공구를 교환하면서 다양한 가공을 할 수 있는 것이며, 복합화란 가공방법을 바꾸어 이종(異種)가공을 가능하게 하는 것으로, 본질적으로 가공원리가 전혀 다른 절삭가공과 연삭가공 및 열처리 등을 복수로 조합하여 동일기계에서 할 수 있도록 한 것이다.

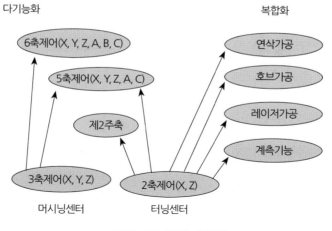

그림 1-58 다기능 복합화

다기능의 복합화 기술은 기본적으로 한 대의 기계로 여러 종류의 가공을 하고 작업준비의 성력화를 꾀하는 것이 그 목적이라 말할 수 있다.

대표적인 예로 그림 1-59와 1-60처럼 터닝센터에 의한 가공과 머시닝센터에 의한 연삭가공이 그 예이다.

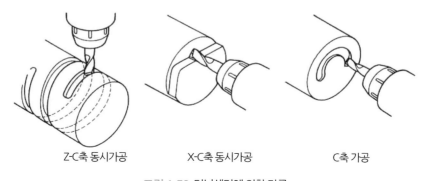

Z-C축 동시가공   X-C축 동시가공   C축 가공

그림 1-59 터닝센터에 의한 가공

평면연삭   홈연삭   평면연삭

그림 1-60 머시닝센터에 의한 파인 세라믹 연삭가공

1.4 자동화를 위한 주변기술 49

그림 1-60은 머시닝센터를 이용해 파인 세라믹을 다이아몬드 숫돌로 연삭가공하는 것인데 이처럼 가공재료도 절삭공구로 절삭이 곤란한 것이 많이 있다.

머시닝센터의 높은 기계 강성과 연삭력이 좋은 다이아몬드 숫돌을 사용해 절삭이 곤란한 재료의 거친 연삭, 복잡한 형상의 연삭을 하고 있다.

그림 1-61의 터닝센터는 C축 제어를 부가하여 밀링가공이 가능하게 한 CNC 선반이다.

그림 1-61 터닝센터와 공구대

작업준비의 자동화기술은 목적 용도에 따라서 여러 가지가 있는데 여기에서는 대표적인 예를 그림 1-62에 표시하였다. 그림 1-63은 CNC 선반의 제3의 공구대와 픽오프(pick off) 기능을 부가했기 때문에, 회전 중에 고쳐 물려서 공작물의 배면가공을 할 수가 있다.

ATC가 붙은 CNC 선반은 공구교환의 성력화를 기하기 위해 최근 널리 이용되고 있다.

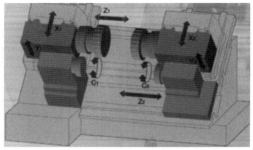

그림 1-62 CNC 선반의 픽오프기능

1차 가공(좌측주축과 터릿)

공작물 이동

2차 가공

그림 1-63 선반의 픽오프 기능과 가공

공구대만으로는 탑재할 공구의 숫자도 제한이 있고 공정에 따라 공구준비를 하고는 있지만 이 CNC 선반에선 대용량의 ATC 매거진을 준비해 퀵체인지 방식의 공구 고정구를 이용해서 공구를 자동교환하고 있다.

그림 1-64는 자동 조 교환장치로 AJC(Automatic Jaw Changer)라 부른다. 3본척의 조를 공작물 물리는 부분의 형상에 맞게 자동적으로 교환하는 장치이다.

CNC 선반의 ATC

CNC 선반의 AJC

그림 1-64 CNC 선반의 ATC와 AJC

그림 1-65(a)는 머시닝센터의 자동 파렛트 교환장치(APC)이다. 한쪽의 파렛트에서 공작물을 가공하는 동안에 다른 파렛트에 공작물을 설치하는 것이 가능하기 때문에 머시닝센터의 장시간 운전이 가능하다. 그림 1-65(b)는 여러 개의 파렛트가 장착된 머시닝센터이다.

(a) 머시닝센터의 APC

(b) 여러 개의 파렛트

그림 1-65 머시닝센터의 APC

1.4.7 자동 반송차

자동 반송차는 AGV(Automatic Guided Vehicle)라 부르고 자동화된 생산 공장 안에서 공작기계군 사이 또는 부품창고나 조립공장, 부품 입출하장 사이를 컴퓨터지령에 의해 무인으로 공작물이나 공구를 반송하는 장치이다. 그림 1-66은 AGV의 예이다.

공구 반송용 AGV   공작물 반송용 AGV

그림 1-66 AGV

AGV의 위치결정을 자동적으로 하고, 공작물이나 부착된 파렛트 무궤도 주행방식에는, 레일 위의 주행하는 유궤도 주행방식과 바닥 위를 바퀴로 주행하는 무궤도 주행방식이 있다. 그림 1-67은 유궤도 주행방식과 무궤도 주행방식의 예이다.

유궤도 주행방식의 AGV와 생산 시스템   무궤도 주행방식의 AGV와 생산 시스템

그림 1-67 주행방식의 AGV와 생산 시스템

무궤도 주행방식의 제어에는 여러 가지 방식이 있지만 일반적으로 바닥에 설치한 와이어의 전류를 감지하면서 주행하는 전자유도식이 많다.

최근에는 자이로, 레이저, 초음파를 이용한 완전 무궤도 AGV도 등장하고 있다.

1.4.8 로봇

종래의 로봇은 원자력 산업 등에서 방사성 물질의 취급, 철강의 열간 단조 등 작업환경이 나쁜 곳에서 사람 손의 역할을 수행하는 머니퓰레이터(manipulator)로 이용되었다.

그 후 로봇 제어기술이 진전되고 자동차 생산 시스템에서 용접 로봇, 조립 로봇으로서 활약하게 되어 공장의 성력화, 무인화에 필수적인 장치로 되었다.

기계가공 분야에서도 그림 1-68처럼 공작물의 탈착, 중량물의 반송 등에 로봇이 이용되게 되었다. 여기서는 CNC 공작기계에 관계가 깊은 로봇에 관해서 설명하고자 한다.

로봇은 본체에 해당하는 기구부와 이 기구부를 구동하는 서보모터 및 전체를 제어하는 제어부로 구성되어 있다. 기구부의 운동기능은 회전운동, 요동운동, 직선운동 등 운동의 자유도로 표현된다. 사람 손의 자유도는 7이라 말하는데 CNC 공작기계에서 이용되는 로봇의

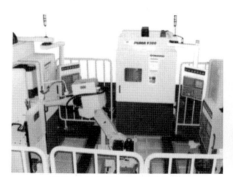
선반과 머시닝센터에 설치된 로봇

머시닝센터에 설치된 로봇

그림 1-68 CNC 공작기계와 로봇

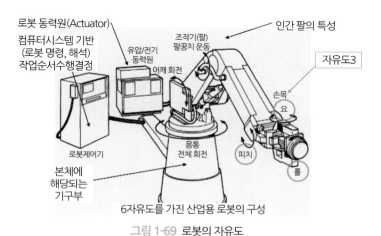
6자유도를 가진 산업용 로봇의 구성

그림 1-69 로봇의 자유도

그림 1-70 CNC 공작기계와 로봇(1)

그림 1-71 CNC 공작기계와 로봇(2)

자유도는 4~6이다. 그림 1-69는 로봇의 자유도 예이다. 그래서 자유도에 해당하는 제어장치의 제어축수가 필요하게 된다.

자유도의 조합에 따라서 로봇은 원통 좌표 로봇, 극 좌표 로봇, 직각 좌표 로봇, 다관절 로봇으로 분류하고 있는데 CNC 공작기계에서 이용하고 있는 로봇은 그림 1-70과 1-71처럼 원통 좌표 로봇, 다관절 로봇이 많다.

02 CNC 선반

2.1 CNC 선반의 개요

국내에서는 1976년 KIST 내의 정밀기계 기술센터에서 선반의 NC화에 성공하였는데 이것이 국내 최초로 개발된 선반으로 되어 있다.

CNC 공작기계의 대표로 되는 것이 CNC 선반과 머시닝센터이다. CNC 선반은 생산의 자동화에도 커다란 영향을 끼치고 있다. 그러한 상황을 근거로 CNC 선반의 개요를 공부하기로 한다.

2.1.1 CNC 선반의 기본사항

CNC 선반에는 용도 구조에 따라 여러 종류가 있는데, 여기에서는 그림 2-1(a)와 같이 CNC 선반을 예로 구성요소에 대하여 설명한다. 그림 2-1(b)는 CNC 선반을 구성하고 있는 각 부분의 명칭을 나타내었다.

(a) CNC 선반

그림 2-1

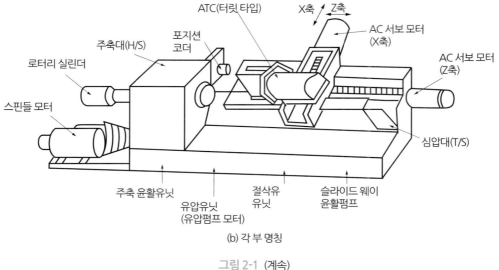

ATC(터릿 타입)

X축 Z축

AC 서보 모터
(X축)

포지션
코더

주축대(H/S)

로터리 실린더

AC 서보 모터
(Z축)

스핀들 모터

심압대(T/S)

주축 윤활유닛

유압유닛
(유압펌프 모터)

절삭유
유닛

슬라이드 웨이
윤활펌프

(b) 각 부 명칭

그림 2-1 (계속)

CNC 선반은 공작물을 회전시키는 주축대, 공구대를 좌우·전후로 위치결정, 절삭운동시키는 공구대, 왕복대, 공구의 분할(회전)이나 공작물 체결하는 유압기구, 그리고 CNC 장치 등으로 구성되어 있다.

다음에 각 부분의 기능에 대해 설명하기로 하자.

(1) 주축대

그림 2-2는 주축대 내부의 구조이다. 주전동기의 회전을 풀리를 이용해 주축대 내의 변속장치로 전달시켜 소정의 회전수로 주축 스핀들을 회전시킨다.

주축의 전면은 척이 부착되게 되어 있고, 공작물은 이 척에 고정된다. 또 주축의 후단에 척장치가 부착되어 있어 유압구동에 의해 척의 조(jaw)를 자동 개폐시킬 수 있다.

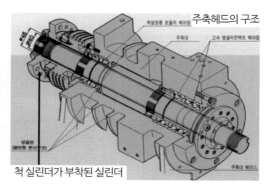

주축헤드의 구조

척 실린더가 부착된 실린더

그림 2-2 주축대와 내부구조

(2) 척장치

척의 조를 유압으로 자동 개폐하는 장치이다. 그림 2-3은 척장치의 외관이다. 주축 스핀들 내부를 드로우 바가 전후로 움직여 척의 조를 개폐한다.

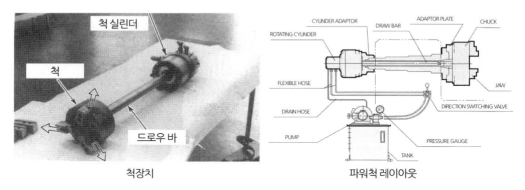

척장치

파워척 레이아웃

그림 2-3 척장치 외관

(3) 주전동기

AC 서보모터와 DC 서보모터가 있다. DC 서보모터는 응답성이 높고, 광범위한 도크 및 속도 컨트롤이 쉬워서 널리 이용되고 있다. 그러나 최근에는 모터제어기술의 발달에 따라 고속 및 소형으로 신뢰성이 높은 AC 서보모터가 채용되고 있다.

그림 2-4는 AC 서보모터와 리니어모터이다.

AC 모터와 제어기

리니어모터

그림 2-4 서보모터

(4) 왕복대

공구대를 지지하는 대로, Z축 서보모터에 의해서 주축 축방향의 위치결정, 절삭운동을 한다. 그림 2-5는 왕복대와 공구대를 표시하였다.

그림 2-5 CNC 선반의 왕복대와 공구대

(5) 공구대

공구의 장착 회전분할(indexing)을 하는 부분으로 X축 서보모터에 의해서 주축 직각 방향의 위치결정, 절삭운동을 한다.

(6) 조작반

NC 데이터를 입·출력하는 CRT 조작반과 기계의 수동조작 등을 하는 기계조작반으로 구성되어 있다. 그림 2-6은 조작반을 표시하였다. 이처럼 CNC 선반에서는 CNC 장치본체와 조작반을 분리해 작업위치에서 바로 조작할 수 있게 되어 있다.

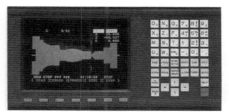

그림 2-6 조작반

표 2-1은 기계 본체, 표 2-2는 CNC 장치의 기본사양이다. 기본사양은 기계 본체나 CNC 장치의 제조업체 CNC 선반의 종류 등에 따라 다르다. 그래서 상세한 것은 CNC 선반의 취급설명서를 참조하는 것이 좋다. 여기에 표시한 CNC 선반의 기본사양은 표준적인 것이고, 각 제조업체와도 대체로 공통되기 때문에 뒤에서 설명할 프로그래밍 및 CNC 선반작업도 이 기본사양에 기인하여 설명하기로 한다.

표 2-1 기계 본체의 기본사양(예)

항목		치수 및 규격
능력·용량	베드상이 스윙	ø 400
	양센터 거리	410 mm
	최대가공지름	ø 210
	X축(공구대) 이동량	170 mm
	Y축(왕복대) 이동량	420 mm
주축	주축회전수	40~400 rpm(min^{-1})
	주축단(형식·번호)	ASA·A2−6
	관통 직격	ø 57
공구대	공구대 형식	12각 드럼형
	공구장착	12개
	공구척(바이트)	25 mm
	공구척(보링 바)	ø 32
	분할시간	1초
이송	급속이동속도(X/Z)	12/16 m/min
	절삭이송	0.01~500 mm/rev
심압대	심압대 이동량	480 mm
	심압축 이동량	100 mm
	심압축 테이퍼 구멍	MT4
전동기	주전동기	AC 7.5(30분)/5.5(연속) kW
	이송모터(X/Z)	0.8/0.8 kW
그 외	소요면적	2400×1650 mm
	정미중량(표준부속품 포함)	3300 kg

표 2-2 CNC 장치의 기본사양(예)

기능	항목	치수 및 규격
제어축	동시제어축수 보간기능	2축(X, Z) 동시 2축 직선보간 및 원호보간
프로그래밍	최소설정단위 프로그램 방식 소수점 입력 최대 지령치 인선 R 보정 면취 · 코너 R 지정 원호 반지름 R 지정 테이프 코드 자동 판독 테이프 기억 · 편집	0.01/0.01 mm(X축은 지름) 절대지령(X, Z 표기), 증분지령(U, W 표기) 소수점 입력 가능 ±99999.999 mm G40~G42 축에 수직 · 평행한 직선의 면취, 코너 R, 지정가능 원호지정시, 반지름 R로 직접지정 EIA/ISO 코드의 자동판독 테이프 길이 20 m 용량의 프로그램을 기억 · 편집
이송기능	급속 이송속도 이송 오버라이드 수동 연속이동	G00 X축 12 m/min, X축 16 m/min 급속 이송시: LOW 25%, 100%의 오버라이드 절삭 이송시: 0~200%까지 10%씩의 오버라이드, 21단 0~520
나사절삭기능	G 32 지정 G 92 지정	지정하는 리드로, 평행, 테이퍼, 정면 나사의 절삭, 나사 절삭의 사이클 동작
주축기능	주속 일정제어 회전수 지정 (주속 일정제어 취소)	G96 지정으로 S에 이어지는 최대 4자리로 주속을 지정 G97 지정으로 S에 이어지는 최대 4자리로 회전수를 직접 지정 (예: S□□□□)
공구기능	공구번호 공구위치 보정번호 공구위치 보정량	TOO △△의 ○○으로 공구 번호를 지정 TOO △△의 ○○으로 공구위치 보정 번호를 지정 0~±999.999 mm
운전기능	자동 연속 운전 싱글 블록 선택적 블록 스킵 선택적 정지 드웰 머신 록 드라이 런 수동 · 자동 원점복귀 수동 펄스 발생기	테이프 또는 메모리에 의한 연속운전 프로그램의 1블록씩 운전 '/'가 있는 블록을 읽으면 스킵(스위치 전환) M01로 프로그램의 실행을 정지한다(스위치 전환) G04 지정으로, 지정하는 시간만큼 프로그램의 실행을 정지 기계를 이동시키지 않고 프로그램을 실행시킴 소동 또는 자동(G28)으로 기계원점 복귀 1펄스의 이동량 0.001/0.01/0.1/ mm
고정 사이클 기능	단일형 고정 사이클 복합형 고정 사이클	G90(안 · 바깥지름 절삭), G92(안 · 바깥지름 나사절 삭) G94(단면절삭) G70~G76
그 외	백래시 보정 시퀀스 번호 탐색 파트 프로그램 조합	자동 가감속 연속 나사절삭 테이프 펀치 인터페이스 가동시간 표시 공작물 좌표계 설정

2.1.2 CNC 선반의 주변기기 장치

FMC(Flexible Manufacturing Cell)나 FMS(Flexible Manufacturing System) 등 CNC 공작기계를 기본으로 한 자동 생산 시스템이 주목받고 있고, CNC 선반의 자동화 무인화를 추진하는 여러 가지 주변기기 장치가 개발되어 있다. 그림 2-7은 여러 가지 주변장치를 갖춘 CNC 선반이다.

여기에서는 CNC 선반의 주변기기, 장치에 대해서 표준적인 것부터 자동화를 추진하는 것까지 현재 실용화되어 있는 여러 가지 주변기기 및 장치를 소개한다.

여러 가지 주변장치를 갖춘 CNC 선반

CNC 선반과 머시닝센터가 융합된 복합가공기

그림 2-7 생산 자동화를 위한 주변장치

(1) 세팅 게이지

세팅 게이지(setting gauge)는 공구의 인선위치를 측정하는 장치이다. 기준공구와의 인선위치 오차량을 측정하고 이것을 공구 보정량(옵셋량)으로서 CNC 장치에 기억시켜 놓으면 기준공구에서 설정한 공작물 좌표계 내에는 자동적으로 공구 보정량만큼 보정시킨 공구경로로 된다. 이것을 공구보정 기능이라 하는데, 이 기능을 이용하면 공구의 형상에 관계 없이 프로그래밍할 수 있다. 최근에는 광학식 세팅 게이지, 전기식 세팅 게이지가 이용되고 있다. 광학식 세팅 게이지는 기준선에 인선위치를 맞추고, 그때의 현재위치로 공구 보정량을 구한다. 전기식 세팅 게이지는 인선 접촉 시의 전기신호를 감지해서 그때의 공구 현재위치로 공구 보정량을 구한다.

그림 2-8 및 2-9는 세팅의 예이다.

초기 세팅 게이지   외관(광학식)   현미경 시야(광학식)

큐 세터

그림 2-8 세팅 게이지

그림 2-9 공구보정장치

(2) 공작물 자동 계측장치

측정자(touch sensor)가 공작물에 접촉했을 때 현재 위치로부터 공작물 치수를 산출하고 프로그램형상과의 오차량을 자동 보정하는 장치이다. 그림 2-10은 공작물 자동계측장치의 예이다. 바깥지름, 안지름, 단면적 위치 등의 측정과 오차량의 자동 보정이 가능하다.

제트 세터   Work gauging

그림 2-10 공작물자동계측장치

(3) 칩 컨베이어

절삭칩을 기계밖으로 배출하는 장치를 칩 컨베이어(chip conveyor)라고 하며, 절삭유제와 절삭칩을 분리하고 절삭칩을 칩통에 담는다. 그림 2-11은 칩 컨베이어의 예이다.

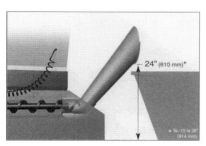 

그림 2-11 CNC 선반의 칩 컨베이어

(4) 바 피더

긴 봉재를 일정량씩 자동 공급하는 장치를 바 피더(bar feeder)라고 한다. 공작물의 가공이 완료되면, 다음 가공길이 분량만큼 압출된다. 그림 2-12는 바 피더의 예를 표시하였다. 바 피더는 같은 형상의 부품가공을 연속해서 할 수 있고, CNC 선반의 장시간 무인운전에 이용된다.

절단한 공작물은 그림 2-13처럼 공작물 수거장치(part catcher)에 회수시킨다.

그림 2-12 바 피더

그림 2-13 공작물 수거장치

(5) 오토로더

오토로더(auto loader)는 바 피더와 같이 공작물을 자동 공급하는 장치이다. 이 경우는 일정량으로 절단한 소재의 반입과 가공 후의 반출이 가능하다. 그림 2-14는 오토로더의 예이다.

그림 2-14 오토로더가 설치된 CNC 선반

(6) 로봇

공작물의 착탈을 자동적으로 하는 장치로 로봇이 이용되고 있다. 대개 동작자유도가 4~5인 로봇이 이용된다. 또 로봇의 부속기기 및 장치로는 공작물의 반송대, 청소용 에어 블로우 장치, 공작물의 물림 확인장치, 공작물 수량의 카운터 장치 등이 필요하다.

(7) 자동 척 조 교환장치

연속 척의 조를 자동 교환하는 장치를 AJC(Auto Jaw Changer)라 부른다. 그림 2-15는 AJC의 예이다. 조의 교환은 로봇 또는 조 교환장치 등으로 한다. 여러 종류의 공작물을 교환하는 경우 공작물의 형상에 맞게 자동으로 척의 조를 교환할 수 있고 장시간 연속운전이 가능하게 된다.

(8) 자동 공구 교환장치

자동 공구 교환장치는 ATC(Automatic Tool Changer)라 부르고 로봇 등을 이용해 복수 부품의 가공 또는 장시간 운전하는 데 있어 예비공구와의 교환 등 공구대의 공구 개수 이상으로 공구가 필요할 때, 공구대의 공구와 ATC 매거진 공구를 ATC 암(arm)으로 자동 교환하는 장치이다. 그림 2-15는 ATC의 예이다. 한 번의 공작물 고정으로 여러 종류의 가공을 할 수 있고, 작업준비의 성력화에 도움이 된다.

AJC | ATC 암 | ATC 매거진

그림 2-15 ATC와 AJC

(9) 자동 전원 차단장치

설정한 시간 내에 가공이 종료되면 자동적으로 전원을 차단하는 장치이며, 야간 무인운전을 하는 경우에 이용된다.

(10) 프로그래머블 테일

심압대 또는 심압축이 CNC 지령에 의해 이동 가능한 심압 장치를 프로그래머블 테일 (programmable tail) 이라 한다. 로봇 또는 오토로더를 사용하는 경우의 심압대로 이용된다. 그림 2-16은 프로그래머블 테일용 장치의 예이다.

Programmable Tail Stock
(프로그래머블 유압식 자동 심압대)

심압대 자동이송 장치

그림 2-16 프로그래머블 테일 심압대

(11) 주축 오리엔테이션(주축방향 설정) 정지

주축을 일정 각도위치에 정지시키는 기능을 주축 오리엔테이션이라 부른다. 이 옵션은 공작물 이송장치(bar feeder)를 통해 비원형 공작물(bar stock), (육각, 사각 등)의 이송 시 주축의 방향을 자동으로 정해진 위치에 고정시킨다.

공작물 프로그램 섹션에서 명시된 M19는 ±0.045°의 반복성과 함께 ±0.1°의 오차범위 내에서 주축의 방향을 유지한다.

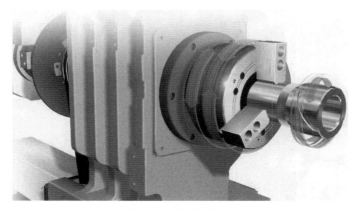

그림 2-17 주축방향 설정 정지

2.1.3 CNC 선반의 종류

CNC 선반은 그림 2-18처럼 CNC 수직형 선반을 시작으로 용도·구조에 따라 여러 가지 종류가 있는데, 여기에서는 주축이 횡축인 일반용도의 CNC 선반과 구조상 다른 각종 CNC 선반을 소개한다.

그림 2-18은 스핀들형의 CNC 선반을 표시하였다. 로봇이나 공작물의 착탈장치 등에 의해 두 개의 스핀들 척에 있는 공작물의 반전착탈을 한다. 제1공정, 제2공정 등의 동시가공을 할 수 있다.

여러 가지 주변장치를 갖춘 CNC 선반   수직선반   2-스핀들형 CNC 선반

그림 2-18 각종 CNC 선반

각각은 다음과 같은 특징이 있다.

(1) 수평형

베드가 수평으로 되어 있고 왕복대는 수평으로 이동한다. 일반적으로 4각 또는 6각의 터릿형 공구대가 이용되고 긴 축 가공에 편리하다.

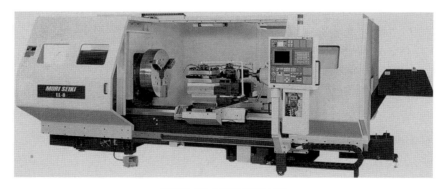

그림 2-19 수평형 CNC 선반

(2) 슬랜트형

왕복대가 경사(35~45°)져 있고, 작업자의 맞은편에 공구대가 있고, 공구를 아래로 향하게 고정시켜서 공작물을 절삭하기 때문에 절삭칩 배출이 좋다. 공구대는 일반적으로 10 ~12각의 드럼형 공구대가 이용되고 있다.

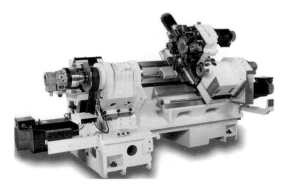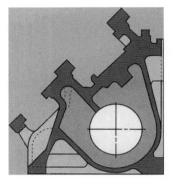

그림 2-20 슬랜트형과 베드 단면 경사도

(3) 램 슬라이드형

공구대는 수직으로 전후 이동하는 구조로 되어 있다. 심압대용의 습동면이 없기 때문에 넓은 작업공간을 확보할 수 있다. 공구의 간섭이 적고, 또 절삭칩 배출성이 좋은 특징이 있다. 그러나 심압대 작업은 할 수 없다.

그림 2-22는 빗날형 공구대의 예이며, 일반적으로 작은 부품을 가공하는 CNC 선반에 이용되고 있다. 근래에는 한 번의 공작물 고정으로 복합가공이 가능한 복수의 스핀들을 가진 CNC 선반이 증가하고 있으며, 제2의 스핀들에 의해 공작물의 이동장착가공이 가능하게 되지만, 그만큼 공구의 이동 범위가 제한된다.

그림 2-21 램 슬라이드형

그림 2-22 빗날형 공구대

터닝센터는 주축 회전의 연속분할(C축 0.001° 단위)기능과 공구대에 회전공구의 구동장치를 갖춘 CNC 선반으로 바이트 등에 의한 선삭가공 외에 엔드밀이나 드릴 등의 회전공구를 사용하여 밀링가공, 드릴가공, 탭가공 등을 할 수 있다.

그림 2-23은 터닝센터에서 작업이 가능한 가공부품과 공구대에 장착된 회전공구의 예를 들었다.

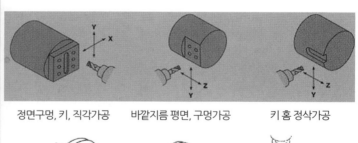

정면구멍, 키, 직각가공　　　바깥지름 평면, 구멍가공　　　키 홈 정삭가공

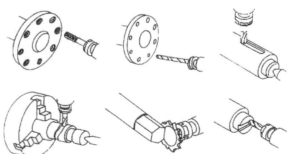

그림 2-23 공구대의 회전공구와 가공 예

2.1.4 CNC 선반의 툴링

CNC 선반의 공구대는 일반적으로 10~12개의 공구가 부착되게 되어 있다. 그래서 가공에 필요한 만큼 공구를 공구대에 부착해 놓고, 프로그램 지령에 의해 공구를 자동적으로 회전분할하면서 연속가공을 할 수 있다.

이처럼 CNC 선반에서는 한 번의 작업준비로 가능한 만큼 여러 가공을 할 수 있다. 공구 교환 횟수를 줄임으로써 작업시간의 단축을 기할 수 있다. 그러나 공구의 작업준비가 끝나면 가공이 자동적으로 되기 때문에 공구의 선정이나 부착 방법 등은 가공 전에 검토를 충분히 해 둘 필요가 있다.

그림 2-24는 CNC 선반의 공구대이다. 이처럼 바이트나 드릴 등 각종 공구는 직접 또는 각종 툴 홀더를 이용해 공구대에 부착시킨다. 각종 툴 홀더는 공구대 전용이 있고 준비된 툴 홀더에 의해 각종 공구의 부착방법이 결정된다.

CNC 선반에서 사용되는 공구재질은 고속도강, 초경합금 등이 이용된다. 고속도강은 비중이 줄고 중절삭 또는 고속절삭이 가능한 코팅 초경 등이 많이 사용된다.

그림 2-24 각종 공구대와 공구

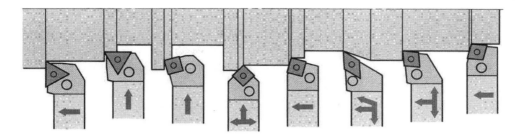

그림 2-25 TA형 공구

초경공구는 절삭날의 재연삭, 공구교환 시 인선 위치조정, 공구마모 공구수명 등 공구준비 작업시간의 절약이나 공구관리를 용이하게 하기 위해 스로 어웨이(TA: Throw Away)형의 공구가 많이 사용된다.

그림 2-25는 스로 어웨이형 바이트의 선삭가공의 각종 가공의 예이고, 그림 2-26은 TA형 공구의 홀더에 고정시키는 방법 중의 하나이다.

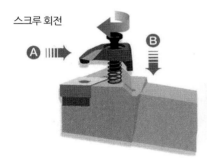

Ⓐ 뒤로 당기는 힘

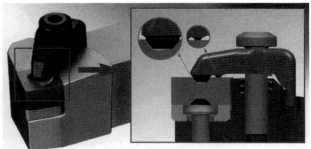

Ⓑ 아래로 누르는 힘

그림 2-26 TA형 공구체결

그림 2-27 TA형 공구의 사용

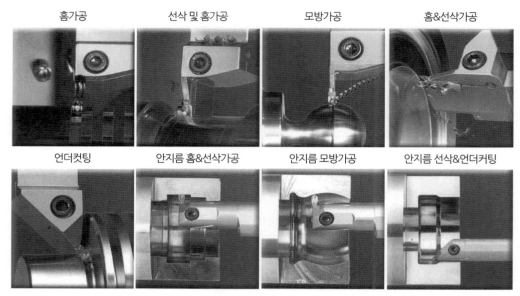

홈가공	선삭 및 홈가공	모방가공	홈&선삭가공
언더컷팅	안지름 홈&선삭가공	안지름 모방가공	안지름 선삭&언더커팅

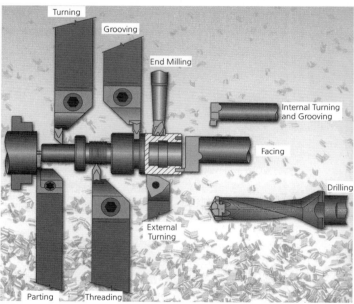

그림 2-28 TA형 바이트에 의한 각종 가공의 툴 위치

2.2 CNC 선반의 프로그래밍

이 절에서는 CNC 선반의 프로그래밍에 대하여 공부한다. 여기에서 공부하는 내용을 이해한다면 일상적인 프로그래밍은 거의 해결할 수 있게 된다.

대화형 NC 기능, 자동 프로그래밍 CAD/CAM의 발달에 따라 프로그래밍의 간소화 또는 자동화를 기하고 있다. 그러나 프로그래밍의 기본이 되는 것은 역시 수동 프로그래밍이고, 수동 프로그래밍을 이해하게 되면 위에서 말한 작업도 쉽게 할 수 있다. 프로그래밍의 지령방식 등 자세한 것은 CNC 선반의 종류나 제조업체가 다르면 틀려진다. 또 이 책에서 설명하는 이외에도 여러 가지 기능이 있고 각각의 CNC 장치나 기계 본체의 취급 설명서를 참고로 할 필요가 있다.

2.2.1 프로그래밍의 기본사항

프로그래밍에 관한 기본사항은 다음과 같다. 뒤에서 할 프로그래밍은 여기서 설명한 기본사항에 따라서 설명한다.

(1) 제어축

제어축수는 X, Z축의 2축이 있고, 동시 2축 제어이다. 그림 2-29와 같이 주축 중심에 직교하는 방향(공구대가 전후로 이동하는 방향)을 X축으로, 주축방향(왕복대가 좌우로 이동하는 방향)을 Z축으로 한다.

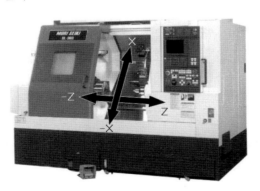

그림 2-29 CNC 선반의 제어축

(2) 기계 기준점과 좌표계

오른손 좌표계를 토대로 기계 좌표계가 설정된다. 기계 좌표계는 그림 2-30처럼 공구대의 위치에 따라 X, Z축 이동방향의 (+)(−)가 달라진다. 공구대가 작업자의 건너편에 있는 경우와 공구대가 작업자 측에 있는 경우의 좌표계이다. Z축 방향의 (+)(−)는 같지만 X축 방향의 (+)(−)가 각각 달라진다.

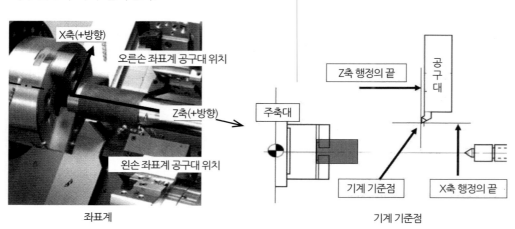

그림 2-30 CNC 선반의 좌표축과 기계 기준점

이 책에서는 위의 왼쪽 그림처럼 X축은 공구대가 주축 중심에 접근하는 방향을 (−)로 하는 기계 좌표계로 설정된 것이다.

공작물 좌표계는 기계고유의 위치를 기준으로 좌표계가 설정되어 있다. 이 기계고유의 위치를 기계 기준점(또는 Reference Point)이라 하고 일반적 및 기계 기준점은 위의 오른쪽 그림과 같이 X축 및 Z축의 행정 끝(Stroke end)에 설정되어 있다.

공구나 공작물의 부착·교환은 이 위치에서 하는 것이 안전하다. 또 전원을 ON 시 꼭 한 번 기계 기준점으로 공구대를 보내야만 한다(이것을 원점복귀라 부른다).

(3) 절대지령과 증분지령

절대(incremental)지령은 프로그램의 원점을 기준으로 이동할 점의 X, Z축의 좌표를 지령하며, 증분(absolute)지령은 현재 공구 위치를 기준으로 이동할 점의 U, W축의 이동량과 방향을 지정한다. 증분지령의 경우 방향(+, −)에 주의하여야 한다.

절대지령 및 증분지령의 어드레스 X축과 관련된 축은 U축이다.

(4) 공작물 좌표계와 프로그램 원점

절대지령의 경우 공작물에 있는 기준점을 프로그램 원점(또는 공작물 좌표계 원점)으로 한 공작물 좌표계를 설정하고, 공구 이동지령은 이 공작물 좌표계 내의 좌표값으로 지령한다. 공작물 좌표계의 설정에는 그림 2-31처럼 두 개의 경우를 생각할 수 있다. 그림 2-31의 ①의 경우는 공작물을 절삭할 때 Z축 방향의 지령값은 전부 (-)값으로 되고, 절삭, 비절삭(에어커트)의 프로그램 체크가 쉽다.

그림 2-31의 ②의 경우는 도면치수와 같은 치수로 지령값을 줄 수가 있고, 가공치수의 프로그램 체크가 쉽다.

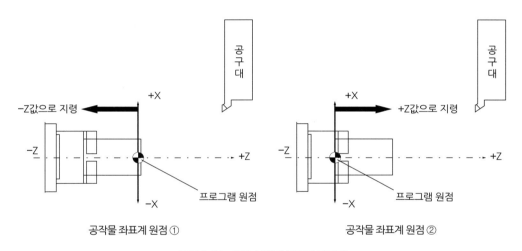

공작물 좌표계 원점 ①　　　　　　공작물 좌표계 원점 ②

그림 2-31 CNC 선반의 공작물 좌표계

(5) 프로그램의 구성

프로그램은 워드 어드레스에 의해 가변블록 포맷으로 구성된다. 그림 2-32에서 어드레스와 데이터를 워드로 구성하고, 1개의 또는 복수의 워드를 조합시켜서 블록을 구성한다. 또 ';'는 블록의 종료를 표시하는 기호로 EOB(End of Block)라 한다. 이와 같이 프로그램은 이러한 한 블록을 순서대로 배열한 것이다.

어드레스의 데이터는 소수점 입력이 가능하며, 그림과 같이 리딩 제로(숫자의 서두: 영), 트레이링 제로(소수점 이하의 말미: 영)를 생략할 수 있다.

또 소수점 입력이 가능한 어드레스는 거리, 속도, 시간으로 데이터를 표기하는 경우로 X, Z, U, W, F, I, K, R, C 등의 어드레스가 있다.

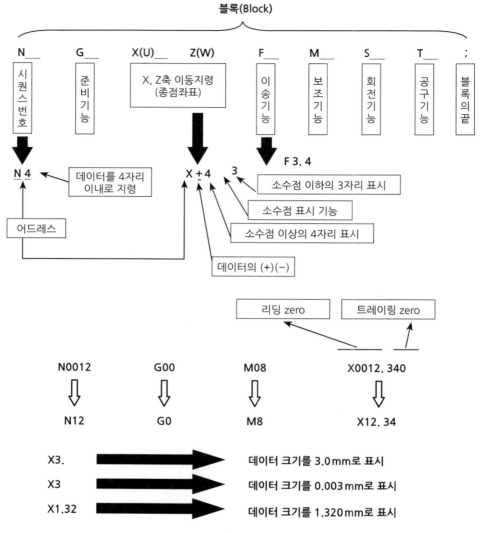

그림 2-32 포맷 상세약기

소수점 입력의 경우 데이터에 소수점이 있는 것과 없는 것은 데이터의 의미가 달라지는데 주의해야 한다.

(6) 어드레스

어드레스의 종류와 의미를 표 2-3에, 준비기능(G기능) 일람표를 2-4에 표시하였다.

표 2-3 어드레스의 종류와 의미

어드레스	기능	의미	지령치의 범위
O	프로그램 번호	프로그램 번호를 지정한다. (ISO 코드의 경우는 ':(콜론)'을 사용할 수 있다.)	1~9999
N	시퀀스 번호	임의 블록에 번호를 지정한다.	1~9999
G	준비기능	직선보간이나 원호보간 등의 동작모드를 지정한다.	0~255
X, Z	좌표어 (dimension word)	좌표축의 이동지령	±9999.999
U, W			
R		원호의 반격을 지정한다.	
I, K		원호의 중심좌표를 지정한다.	
F	이송기능	이송속도의 지정	0.0001~ 5000,000 mm/rev
S	주축기능	주축의 회전수의 지정	0~1999
T	공구기능	공구번호의 지정	0~9999
M	보조기능	기계측에서 ON/OFF 제어지정	0~999
P, X	드웰(dwell)	드웰 시간의 지정	0~9999.999초
P	프로그램 번호지정 (반복횟수지정)	보조 프로그램 번호의 지정	1~9999
(L)		보조 프로그램의 반복횟수 고정 사이클의 반복횟수 반복횟수는 L을 사용하는 경우도 있다.	1~9999

표 2-4 준비기능(G기능) 일람표

표준코드	특수코드	그룹	기능
■ G00	■ G00	01	위치결정
G01	G01		직선보간
G02	G02		원호보간(시계방향)
G03	G03		원호보간(반시계방향)
G04	G04	00	드웰
■ G22	■ G22	04	Stored stroke limit ON
G23	G23		Stored stroke limit OFF
G28	G28	00	기계원점으로 복귀
G32	G33	01	나사절삭
■ G40	■ G40	07	인선 R보정 취소
G41	G41		인선 R보정 좌측
G42	G42		인선 R보정 우측
G50	G92	00	좌표계 설정
G70	G70		정삭 사이클
G71	G71		바깥지름 황삭 사이클
G72	G72		단면 황삭 사이클
G73	G73		페루프 절삭 사이클(유형 반복 사이클)
G74	G74		Z방향 펙 드릴링 사이클
G75	G75		X방향 홈가공 사이클
G76	G76		나사절삭 사이클
G90	G77	01	절삭 사이클 A(바깥·안지름선삭) 사이클
G92	G78		나사절삭 사이클
G94	G79		절삭 사이클(단면선삭) 사이클
G96	G96	02	주속 일정제어
■ G97	■ G97	02	주속 일정제어 취소
G98	G94	05	매분당 이송
■ G99	■ G95		매회전당 이송
	■ G90	03	절대지령
	G91	03	증분지령

(주) 1) 표의 G코드는 CNC 선반의 제어장치(Fanuc-OT)의 일부를 발췌한 것인데 이외의 기능은 취급 설명서를 참조.
   2) 기호가 달린 G코드는 전원투입 시 또는 리셋상태에서, 그 G코드 상태로 되는 것을 표시.
   3) 00그룹의 G코드는 모달코드가 아니고 지령된 블록에서만 유효하다. 모달 G코드란 동일그룹의 다른 G코드가 지령
      될 때까지 그 G코드가 유효한 것을 말한다.
   4) G코드는 그룹이 다르면 몇 개라도 동일 블록에 지정할 수 있다. 같은 그룹에 속하는 G코드를 동일 블록에 두 개 이
      상 지령하면 끝에 지령한 G코드가 유효하다.
   5) G코드에는 표준 G코드와 특수코드가 있다. 파라미터의 설정에 따라 어느 쪽이든 선택할 수 있다. 이 책에서는 표준
      코드를 선택한다.

2.2.2 프로그램 번호

CNC 장치에 프로그램을 등록하는 경우 또는 CNC 장치에 등록되어 있는 프로그램을 호출하는 경우에 프로그램을 식별할 수 있게 프로그램의 선두에 프로그램 번호를 지령한다.

프로그램 번호는 어드레스 'O'에 이어지는 4자리 이내의 수치로 지령한다. 그러나 0(Zero)은 사용할 수 없다. 프로그램 번호는 단독블록으로 지정한다.

프로그램 번호를 지령하지 않는 경우는 프로그램 최초 시퀀스 번호가 프로그램 번호로서 대용된다.

프로그램 번호에 이어서 프로그램명(기호나 수치로 16자리 이내)을 쓸 수가 있다. 프로그램은 프로그램 번호로 시작하고 프로그램 끝(M02, M30)으로 종료한다.

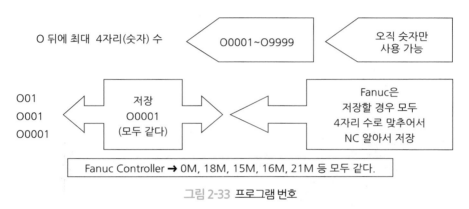

그림 2-33 프로그램 번호

2.2.3 시퀀스 번호

블록의 구분이나 식별을 위하여 블록의 선두에 시퀀스 번호를 지령한다. 시퀀스 번호는 어드레스 'N'에 이어지는 4자리 이내의 수치로 지령한다. 그러나 0(Zero)은 사용하지 않는다.

시퀀스 번호는 1블록씩 순번으로 지령할 수도 있지만 특정 블록만 지령하는 것도 가능하다. 또 번호는 순서가 틀려도 가능하다. 그래서 가공 종류에 따라 번호를 지령해서 일련의 수치로 가공순서를 표시하고 또 반복실행되는 블록에는 일련번호 이외의 수치를 지령해서 가공순서와 구별한다.

시퀀스 번호는 NC 장치에 어떠한 영향도 미치지 않으므로 지정하지 않더라도 무방하다. 일반적으로 블록의 맨 앞에 위치한다. 그래서 여러 가지로 시퀀스 번호를 이용할 수가 있다.

(프로그램 예) N0001 O0001;
N0100 G50X200.0Z300.0 S1500T0100;
N0101 G963250M03;
N0102 G00X65.0Z5.0T0101;
N0103 G01X0Z3.0F0.15M08;
N0104 G00Z5.0;
N0105 X65.0;
N0106 M30;

2.2.4 위치결정(G00)

위치결정(G00)의 지령에 의해 공구를 현재의 위치에서 지령하는 위치까지 급속이송시킨다. 공구의 급속이송은 G00에 이어서 이동지점까지의 좌표치(이동량)를 지령한다. 절대지령은 어드레스, 'X', 'Z'에 이어서 프로그램 원점으로부터 좌표치를 지령한다.

(지령형식) G00 X(u)) _____ Z(w)) _____ ;

X(u): 이동 지령치 입력(지름입력)

Z(w): 이동 지령치 입력(길이입력)

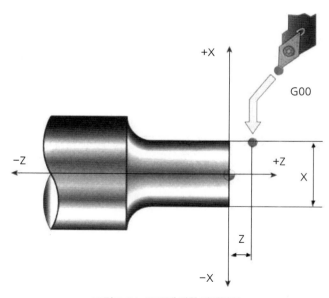

그림 2-34 G00에 의한 위치결정

증분지령은 어드레스 'U', 'W'에 이어서 공구의 현재위치부터의 이동거리를 지령한다. 그림 2-36에 프로그램 예를 표시하였다.

G00의 블록을 실행하면 기계에 미리 설정되어 있는 속도로 공구는 급속 이송한다. G00 지정으로 급속이송을 실행하는 경우, 공구의 이동경로에 장애물이 없는지 확인한다.

G00은 모달 G기능이다. 계속해서 급속이송하는 경우는 G00을 생략할 수 있다.

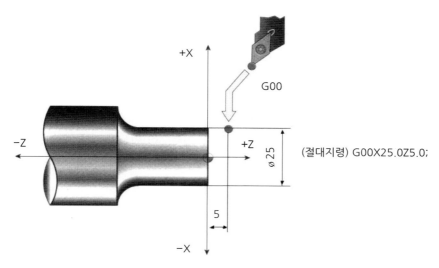

그림 2-35 G00에 의한 급속이송의 프로그램 예(1)

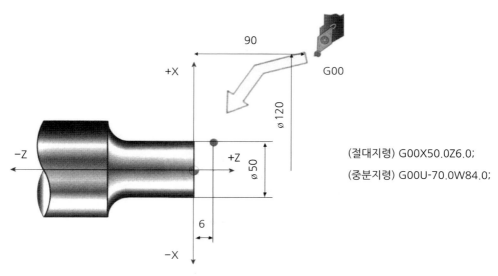

그림 2-36 G00에 의한 급속이송의 프로그램 예(2)

2.2.5 직선보간(G01)

직선보간(G01)의 지령에 의해 공구를 현재위치에서 지정하는 위치까지 직선으로 절삭이송한다.

직선절삭은 G01에 이어지는 이동지점의 좌표치(이동량) 및 이송속도로 지령한다. G01의 블록을 실행하면 공구는 지정한 이송속도로 절삭이송을 행한다. 어드레스 'X(또는 U)' 단독 지령으로 단면가공, 홈가공 등 X축에 평행한 면의 절삭을 할 수 있다. 어드레스 'Z(또는 W)' 단독지령으로 안·바깥지름가공, 드릴가공은 Z축에 평행한 면을 절삭할 수 있다. 또 2축을 동시에 지령하면 테이퍼 절삭이 가능하다.

이송속도 지령방법의 상세한 내용은 뒤에서 설명하겠지만, 이송속도를 지령하지 않으면 이전에 지령된 이송속도가 유효하게 된다. 이처럼 미리 지령되어 있는 정보가 메모리에 보존되어 있는 것을 모달이라 부른다.

모달 정보는 새로운 지령을 하지 않는 한 유효하다. G01은 모달 G기능이다. 계속해서 직선절삭을 지령하는 경우는 G01을 생략할 수 있다.

(지령형식) G01 X(u) _____ Z(w) _____ F _____ ;

X(u): 이동 지령치 입력(지름입력)

Z(w): 이동 지령치 입력(길이입력)

F: 절삭이송속도(사용자 정의)

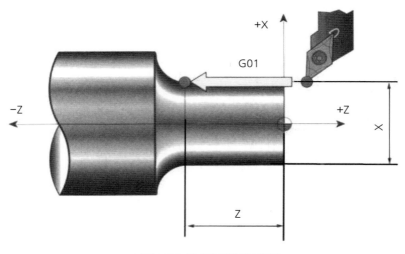

그림 2-37 G01에 의한 직선절삭

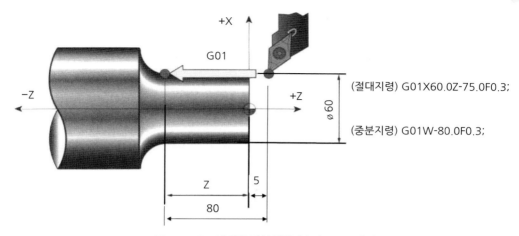

(절대지령) G01X60.0Z-75.0F0.3;

(증분지령) G01W-80.0F0.3;

그림 2-38 G01에 의한 직선 절삭이송의 프로그램 예

연습문제 다음 도면을 가공할 때 동작 프로그램을 절대방식과 증분방식을 혼용하여 프로그램하시오. 단, 정삭가공만 한다.

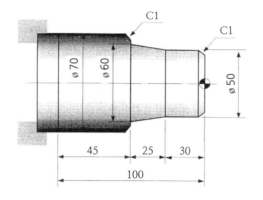

프로그램 예

O0007;
G50S2000T0400;
G96S180M03;
G00X55.5Z5.0T0404;
　　Z0M08;
G01X-1.6F0.2;
G00X46.0Z3.0;
G42Z1.0;
G01X50.0Z-1.0F0.15;

```
                Z-30.0;
                X60.0Z-55.0;
                X68.0;
                X70.0W-1.0;
                Z-100.0;
         G40U2.0W1.0;
         G00X150.0Z200.0M09T0400;
         M30;
```

2.2.6 원호보간(G02, G03)

원호보간(G02, G03)의 지령에 의해 공구를 현재 위치에서 지정하는 위치까지 원호로 절삭이송한다.

G02로 시계방향[CW*]의 원호절삭을 지령한다.

G03으로 반시계방향[CCW**]의 원호절삭을 지령한다.

원호절삭의 경우는 G02 또는 G03에 이어서 원호의 종점위치의 좌표치, 시작점으로부터 원호중심까지의 거리 또는 원호의 반지름 및 이송속도를 지령한다.

(① 지령형식) G02 X(u) _____ Z(w) _____ R _____ F _____ ;

     G03 X(u) _____ Z(w) _____ R _____ F _____ ;

(② 지령형식) G02 X(u) _____ Z(w) _____ I _____ K _____ F _____ ;

     G03 X(u) _____ Z(w) _____ I _____ K _____ F _____ ;

         X(u): 원호의 종점위치(지름입력)

         Z(w): 원호의 종점위치(길이입력)

         F: 절삭이송속도(사용자 정의)

         R: 원호의 반지름

         I, K: 원호의 시작점에서부터 중심까지의 거리

---

* CW(Clock-Wise) ⇨ 시계방향

** CCW(Counter Clock-Wise) ⇨ 반시계방향

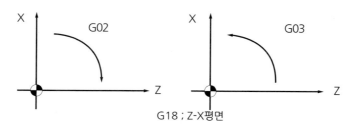

G18 ; Z-X평면

그림 2-39 Z – X 평면에서의 G02와 G03

연습문제 다음 현 위치에서 가공할 때 원호가공 프로그램을 하시오.

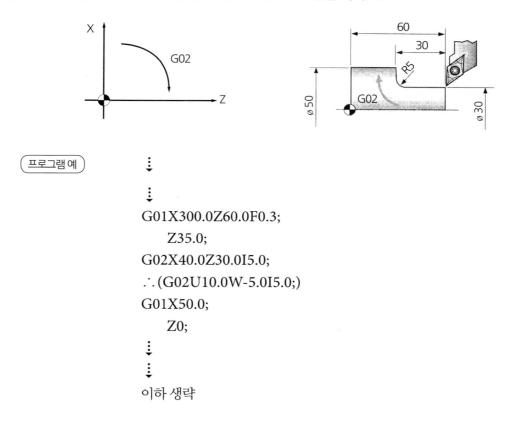

(프로그램 예)

⋮

⋮

G01X300.0Z60.0F0.3;

    Z35.0;

G02X40.0Z30.0I5.0;

∴ (G02U10.0W-5.0I5.0;)

G01X50.0;

    Z0;

⋮

⋮

이하 생략

연습문제 다음 현 위치에서 가공할 때 원호가공 프로그램을 하시오.

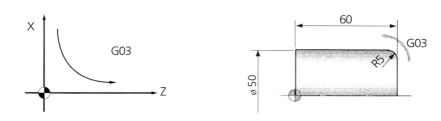

| 프로그램 예 | G01X40.0Z60.0F0.3;
G03X50.0Z55.0K-5.0;
∴(G02U10.0W-5.0I5.0;)
G01Z0; |

원호의 종점위치의 좌표치를 지령하지 않으면 어드레스 'I', 'K' 또는 어드레스 'R'로 지령하는 반지름으로, 360° 전원회전을 지령한 것과 같게 된다.

또 시작점에서 원호중심까지의 거리 I, K는 지령치가 0(I=0 또는 K=0)일 때 생략이 가능하다. 어드레스 'I', 'K'는 시작점에서 원호중심까지를 직선거리로 지령할 수도 있다.

G02, G03은 모달 G기능이다.

같은 방향의 원호절삭을 지령하는 경우는 생략할 수 있다.

표 2-5 **원호보간의 지령내용**

	항목		지령	의미
1	회전방향		G02	시계방향(CW)
			G03	반시계방향(CCW)
2	종점의 위치	절대지령	X, Z	공작물 좌표계에서 종점위치
		증분지령	U, W	시작점부터 종점까지의 거리
3	시작점부터 중심까지의 거리		I, K	시작점부터 중심까지의 거리 (항상 반지름값으로 지령한다)
	원호의 반지름		R	원호의 반지름
4	이송속도		F	원호보간의 이송속도

연습문제 다음 현 위치에서 가공할 때 원호가공 프로그램을 하시오. 단, 이송속도는 F 0.25로 한다.

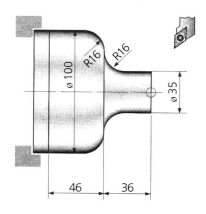

<table>
<tr><td>프로그램 예</td><td>

O0110;
G50S2500T0300;
G96S200M03;
G42G00X35.0Z5.0T0303M08;
G01Z-20.0F0.25;
G02X67.0Z-36.0R16.0;　　(G02X67.0Z-36.0 I 16.0 K 0;)
G01X68.0;
G03X100.0Z-52.0R16.0;　　(G03X100.0Z-52.0 I 0 K -16.0;)*
G01Z-82.0;
G40G00X180.-0Z200.0T0300M09;
M30;

</td></tr>
</table>

연습문제 다음 현 위치에서 가공할 때 원호가공 프로그램을 하시오. 단, 이송속도는 F 0.25
　　　　로 한다.

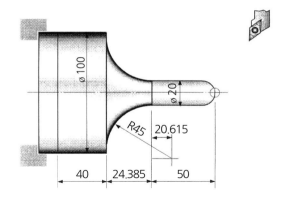

<table>
<tr><td>프로그램 예</td><td>

O0005;
G50S2000T0100;
G96S200M03;
G00X0Z3,0T0101M08;
G42G01Z0F0.25;
G03X20.0Z-10.0R10.0;
G01Z-50.0;

</td></tr>
</table>

* I, K 지령 시 데이터값이 '0'인 것은 생략 가능하다.

G02X100.0Z-74.385I40.0K20.615; (G02X100.0Z-74.385R45.0;)
G01Z-125.0;
G40U2.0W1.0;
G00X180.0Z200.0T0100M09;
M30;

2.2.7 이송지령(G99, G98)

매회전당 이송(G99) 또는 매분당 이송(G98)지령에 의해 이송기능의 지령방법을 지령한다.

매회전당 이송(G99)의 지령으로 이송기능(F기능)을 매회전당 이송으로 설정한다. 어드레스 'F'로 지령하는 수치는 주축 1회전당의 이송속도(mm/rev)로 지령한다.

전원투입 시 G99의 매회전당 이송모드로 되어 있다.

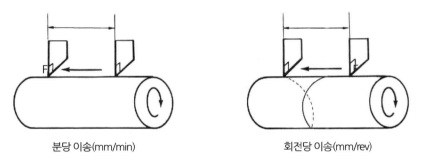

분당 이송(mm/min)   회전당 이송(mm/rev)

그림 2-40 이송지령단위

2.2.8 드웰(G04)

드웰지령에 의해 지령하는 시간만큼 또 지령하는 주축회전수만큼 다음 블록의 실행을 지연시킨다. 드웰은 홈가공 또는 드릴가공 등에서 공구의 이송을 일시정지시키고 싶을 때 사용한다.

일시정지 후에 가공표면은 깨끗해지므로 정밀한 표면이 가공된다.

매회전당 이송(G99)모드에서는 어드레스 'X(또는 U, P)'에 이어서 주축회전수를 지령한다.

매분당 이송(G98)모드에서는 어드레스 'X(또는 U, P)'에 이어서 시간(sec)을 지령한다.

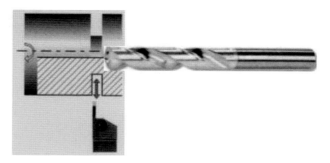

그림 2-41 홈가공과 드릴가공에서의 드웰

(지령형식) G04 X _____;

　　　　　　 U _____;

　　　　　　 P _____;

　　　　　　　　　 X, U: 드웰시간[1.0은 1초(소수점 의미 없음)]

　　　　　　　　　 P: 드웰시간(1,000은 1초)

(프로그램 예) (G99)G04X1.0; 지령된 시간만큼(1초) 공구의 이송이 정지된다.

[예제] 주축회전수가 100 rpm일 때 재료가 2회전하는 시간은 몇 초인가?

(60/100)×2=1.2초이므로

∴　G04X1.2;

또는 G04U1.2;

또는 G04P1200;

로 3개 중의 하나를 지령하면 된다.

2.2.9 자동원점복귀(G28)

원점복귀 지령에 의해 공구를 기계 고유의 위치(기계 기준점)로 자동 복귀시킨다. 기계에 설정되어 있는 고유의 위치, 이것을 일반적으로 기계 기준점이라 한다. 이 기계 기준점으로 공구를 이동시키는 것을 원점복귀라 한다. G28의 블록을 실행하면 공구는 중간점을 경유해서 급속이송으로 기계 기준점으로 이동한다.

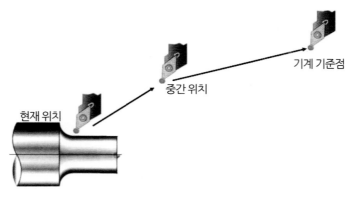

그림 2-42 자동원점복귀

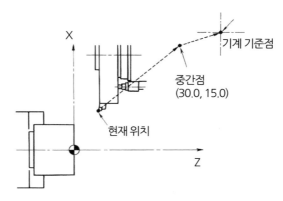

그림 2-43 중간점을 경유한 자동원점복귀

중간점이란 기계 기준점으로 공구가 복귀하는 도중에 설정된 위치로 공작물 좌표계를 설정하는 경우의 공구출발점을 중간점으로 설정한다.

(지령형식) G28 X(u)＿＿＿＿Z(w)＿＿＿＿ ;

X(u): 중간점 지령 위치

Z(w): 중간점 지령 위치

자동원점복귀는 G28에 이어지는 어드레스 'X(또는 U)', 'Z(또는 W)'로 중간점의 좌표치를 지령한다. 전원투입 후 원점복귀를 함으로써 기계 기준점을 중심으로 한 기계좌표가 설정된다. 그래서 전원투입 후에는 반드시 원점복귀를 해야 한다.

G28지령에 의한 중간점 설정은 공구와 공작물 간의 간섭을 피하기 위한 것이 일반적이다.

프로그램예 G28 X30.0Z15.0;

2.2.10 공작물 좌표계의 설정(G50)

공작물 좌표계는 공작물상에 있는 기준점을 프로그램 원점으로 해서 이 프로그램 원점과 공구출발점과의 상대위치를 지령함으로써 설정된다. 공작물 좌표계가 설정되면 이후의 절대지령은 프로그램 원점으로부터 좌표치를 지령한다. 공구출발점은 기준공구의 인선 선단위치로 한다. 공구출발점은 기계 기준점보다도 프로그램 원점에 가까이 있는 위치로써 그래도 공구대의 회전 시 공구가 척이나 공작물과 간섭하지 않는 위치로 설정한다.

공작물 좌표계의 설정도 G50에 이어지는 어드레스 'X', 'Z'로써 공구출발점의 좌표치를 지령한다. 공작물을 실제로 가공할 때는 더욱이 기계 기준점부터 공구출발점까지의 거리 또는 다른 공구의 기준공구와 인선위치의 차이를 측정하고 설정할 필요가 있다. 위치나 다른 공구의 인선위치를 고려하지 않고 프로그래밍하는 것이 가능하다.

(지령형식)　G50 X(u)＿＿＿ Z(w)＿＿＿；

X(u): 공구출발점의 지령위치(지름입력)

Z(w): 공구출발점의 지령위치(길이입력)

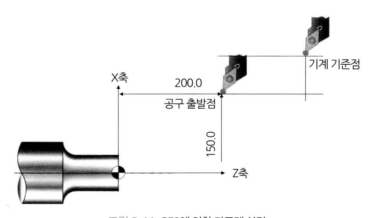

그림 2-44 G50에 의한 좌표계 설정

프로그램 예　　G50 X150.0Z200.0;

⇨ 현재의 공구위치는 새로운 Work 좌표계에서는 (200.0, 150.0)이 된다.

▶ G50에 의한 Work 좌표계의 SHIFT

다음과 같은 지령으로 Work 좌표계를 Shift시킬 수 있다.

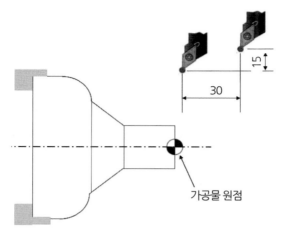

그림 2-45 G50에 의한 좌표계 이동(Shift)

(프로그램 예)
G50 U10.0W20.0;
⇨ 현재의 공구위치가 새로운 Work 좌표계로 설정된다.

▶ G50에 의한 주축기능(S)

N50(안지름 정삭)
G50S2500T0600; (주축 최고 회전수를 2500 rpm으로 설정한다.)
G96S200M03;
G41G00X40.0Z5.0T0606M08;
    Z1.0;
      ⋮
      ⋮
이하 생략

2.2.11 공구기능(T기능)

공구기능에 의해 공구교환과 공구보정을 지령한다. 공구기능은 어드레스 'T'에 이어지는 4자리 이내의 수치로 지령한다. 수치의 앞의 두 자리는 공구번호, 뒤의 두 자리는 공구보정 번호이다.

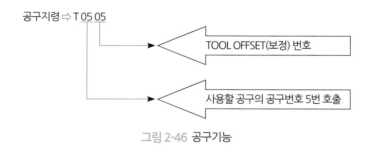

공구지령 ⇨ T 05 05

TOOL OFFSET(보정) 번호

사용할 공구의 공구번호 5번 호출

그림 2-46 공구기능

그림 2-47처럼 공구번호는 공구를 부착한 공구대 번호에 맞추는 것이 좋다. 기준공구의 선택 및 공구보정의 지령은 T0303으로 된다. 또 다른 바이트의 경우는 T0505로 된다. 그리고 00은 공구번호 및 공구보정 취소를 의미한다. T0000으로 하면 공구선택 및 공구보정을 취소(해제)하는 지령으로 된다. 또 T0300은 공구번호 03공구의 보정을 취소하는 지령으로 된다.

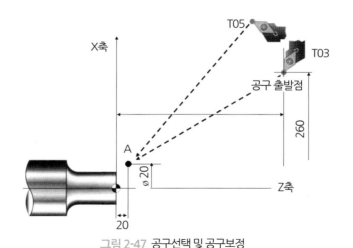

그림 2-47 공구선택 및 공구보정

┌─────────┐
│ 프로그램 예 │   G00X20.0Z20.0T0303;
└─────────┘   (G00X20.0Z20.0T0505;)

2.2.12 이송기능(F기능)

공구 이송속도의 지령은 G99(매회전당 이송)모드나 G98(매분당 이송)모드 또는 나사절삭모드 등에 따라 다음과 같이 달라진다.

G99(매회전당 이송)모드의 경우는 어드레스 'F'에 이어서 1회전당 이송속도를 지령한다.

G98(매분당 이송)모드의 경우는 어드레스 'F'에 이어서 1분당의 이송속도를 지령한다.

	G99	G98
의 미	1회전당 이송	분당 이송
이송단위	mm/rev	mm/min

① 1회전당 이송(mm/rev)지령(선반) ② 매분당 이송(mm/min)지령(밀링)

그림 2-48 이송지령단위

또 G32, G76, G92처럼 나사절삭의 경우는 어드레스 'F' 뒤에 나사*의 리드(mm/rev: 1줄 나사의 경우는 나사의 피치와 동일한 값)를 지령한다.

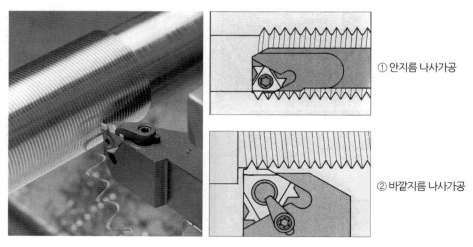

① 안지름 나사가공

② 바깥지름 나사가공

그림 2-49 나사가공

---

* 삼각나사(미터나사): 산 모양은 이등변삼각형으로, 산 각도는 60° 이며, 호칭치수나 피치 등이 mm로 표현된다. 현재는 거의 이 나사를 사용한다.

나사전용가공 사이클 ① G32: 나사절삭

② G76: 복합형 나사절삭 사이클

③ G92: 나사절삭 사이클

(지령형식) G32 X(u)____ Z(w)____ F____;

G76 X(u)____ Z(w)____ I____ K____ D____ F____;

G92 X(u)____ Z(w)____ F   ;

X(u): 나사의 지름입력

Z(w): 나사부의 최종 길이입력

F: 나사부의 길이(Pitch)

2.2.13 주축기능(S기능)

주축기능(S기능)에 의해 주축회전수를 지령한다. 선반에서 절삭속도가 공작물의 가공에 미치는 영향은 매우 크다.

G code	주속 일정제어	의미	단위
G96	On	주속 일정제어를 함	m/min
G97	Off	주축회전수를 지정	rpm

(1) 회전수 지령의 경우

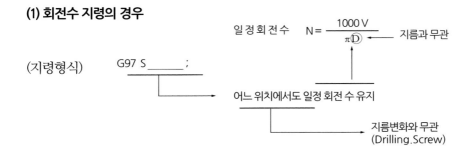

일정회전수 $N = \dfrac{1000\,V}{\pi \textcircled{D}}$ ← 지름과 무관

(지령형식)   G97 S_____ ;

어느 위치에서도 일정 회전 수 유지

지름변화와 무관
(Drilling.Screw)

(2) 주속 일정제어의 경우

(지령형식)

주축기능은 G97(주속 일정제어 취소) 모드나, G96(주속 일정제어) 모드에 따라 다음과 같이 달라진다.

G97 모드에서는 어드레스 'S' 뒤에 주축회전수(rpm)를 지령한다.

G96 모드에서는 어드레스 'S' 뒤에 주속도(m/min)를 지령한다.

G96 모드 중 G50지령으로 주축 최고 회전수의 제한치를 설정할 수가 있다.

주속 일정제어란 공작물의 지름이 변해도 항상 공작물의 주속도를 일정하게 유지해서 공작물의 지름변화에 따른 주축회전수를 자동적으로 변속하는 기능을 말한다.

(프로그램 예)
```
O0001;
G50S1500T0500;      (주축 최고회전수 1500 rpm)
G96S100M03;         (절삭속도 100 mm/min)
G00X42.0Z-15.0T0505M08;
G97S450M03:         (주축회전수를 450 rpm으로 고정)
G00X150.Z200.0T0500;
G01X100.0Z0F0.25M08;
```

2.2.14 보조기능(M기능)

보조기능은 일반적으로 주축기능의 On/Off, 절삭유의 On/Off 등 기계측의 제어를 행할 경우에 지령한다.

보조기능은 어드레스 'M'에 이어지는 2자리의 수치로 지령한다.

CNC 공작기계의 종류에 따라 보조기능의 종류나 용도는 다르지만 일반적으로 공통으로 이용되고 있는 보조기능은 표 2-6과 같다.

표 2-6 보조기능

M기능	기능	의미
M00	프로그램 정지 (Program Stop)	프로그램의 실행을 일시적으로 정지시키는 기능, M00의 블록을 실행하면 주축회전의 정지, 절삭유의 Off 및 프로그램 읽어드림을 정지한다. 모달 정보는 보존되어 있기 때문에 기동 스위치로 다시 시작할 수 있다.
M01	선택적 정지 (& 테이프 되감기) (Optional Stop)	기계조작반의 선택적 정지 스위치가 On일 때 M00과 같이 프로그램의 실행을 일시적으로 정지한다. 선택적 정지 스위치가 Off일 때는 M01은 무시된다.
M02	프로그램 끝 (End of Program)	프로그램의 종료를 지령한다. 모든 동작이 정지해서 NC 장치는 리셋 상태가 된다.
M30	프로그램 끝 (End of Program)	M02와 마찬가지로 프로그램의 종료를 지령한다. M30을 실행하면 자동운전의 정지와 함께, 프로그램의 되감기(프로그램의 선두로 되돌아감)가 행해진다.
M03	주축 정회전	주축을 시계방향으로 회전시키는 기능
M04	주축 역회전	주축을 반시계방향으로 회전시키는 기능
M05	주축정지	주축의 회전을 정지시키는 기능
M08	절삭유 On	절삭유를 공급시키는 기능
M09	절삭유 Off	절삭유의 공급을 정지시키는 기능
M12	공구대 역회전	공구대를 역회전시키는 기능
M38	주축변속 'L'	주축변속영역을 저속영역으로 선택하는 기능
M76	주축변속 'H'	주축변속영역을 고속영역으로 선택하는 기능
M77	챔퍼링 On	나사절삭 사이클에서 나사의 모따기를 하는 기능
M98	챔퍼링 Off	나사절삭 사이클에서 나사의 모따기를 하지 않는 기능
M99	보조 프로그램 끝 (End of Sub-Program)	보조프로그램의 종료를 지시, 주 프로그램으로 귀환시키는 기능

연습문제 다음 도면은 SM45C, 소재 $\phi 104 \times 55$이다. 정삭가공만을 직선보간과 원호보간을 이용하여 공구경로를 프로그래밍하여 표 2-7처럼 프로세스 시트에 작성하시오.

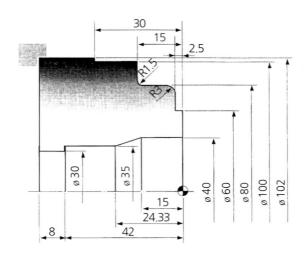

표 2-7 프로세스 시트

	N	G	X(U)	Z(W)	R	F	S	T	M	;
1	O0010									;
2	N10									;
3		G50					1800	T0500		;
4		G96					S200		M03	;
5		G00	X63.0	Z5.0				T0505	M08;	;
6				Z0						;
7		G01	X38.0			0.2				;
8		G42G00	X60.0	Z1.0						;
9		G01		Z-1.5		0.2				;
10			X74.0							;
11		G03	X80.0	Z5.5	R3.0					;
12		G01		Z-13.5						;
13		G02	X83.0	Z-15.0	R1.5					;
14		G01	X100.0							;
15				Z-30.0						;
16		G42G00	U2.0	W1.0						;
17		G00		Z100.0						;
18			X200.0	Z200.0				T0500	M09	;
19									M30	;

연습문제 아래 도면을 바깥지름 가공 프로그래밍하시오. 단, 정삭만 가공한다. 공구경로를
프로그래밍 표 2-8의 프로세스 시트에 작성하시오.

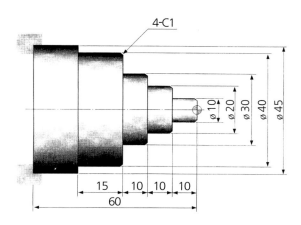

표 2-8 프로세스 시트

	N	G	X(U)	Z(W)	R	F	S	T	M	;
1										;
2										;
3										;
4										;
5										;
6										;
7										;
8										;
9										;
10										;
11										;
12										;
13										;
14										;
15										;
16										;
17										;
18										;
19										;

2.2.15 면취지정과 코너 R 지정

공작물의 외주면(X축 방향)과 측면(Z축 방향)이 직각으로 교차하는 두 블록 사이에 면취 및 코너 R 처리를 하고자 할 경우 지령한다.

면취(chamfering)지정은 이동지령에 이어서 어드레스 'I' 또는 'K'로 면취의 크기와 방향을 지령한다. 지령하는 경우는 어드레스 'I'를 지령한다.

면취의 크기는 반지름값으로 지령하고 면취방향은 다음 블록의 진행방향을 (+), (−) 부호로 표시한다.

자동면취 사용방법(45°에 한함)

항목	공구이동		지령
X축에서 Z축 방향으로			G01 Z$_b$R±r;
Z축에서 X축 방향으로			G01 X$_b$R±r;

코너 R 지정은 이동지령에 이어서 어드레스 'R'로 코너 R의 크기와 방향을 지령한다. 코너의 크기는 반지름값으로 지령하고, 코너 R 방향은 다음 블록의 진행방향을 (+), (−) 부호로 표시한다. 다음 블록이 (+) 방향으로 이동하면 (+)값으로 코너 R의 크기를 지령하고, 다음 블록이 (−) 방향으로 이동하면 (−)값으로 코너 R의 크기를 지령한다.

코너 R 사용방법

항목	공구이동		지령
X축에서 Z축 방향으로	a → d → c / -k +k / c b c / d / a	a / d / b / c -k +k c	G01 X$\underline{b}$R±k;
Z축에서 X축 방향으로	a → d → c / c / a d b + / c / − c	c / + b d ← a / − / e	G01 Z$\underline{b}$I±i;

연습문제 그림의 공구경로를 면취지정 및 코너 R 지정을 이용해서 프로그래밍하시오.

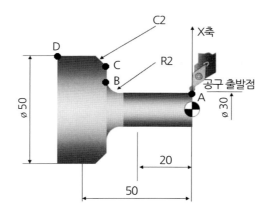

프로그램 예

G01 Z-20.0 R5.0 F0.2;
X50.0 K-2.0;
Z-70.0;

연습문제 그림의 공구경로를 면취지정 및 코너 R 지정을 이용해서 프로그래밍하시오.

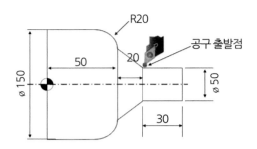

프로그램 예

G01Z50.0I20.0F0.25;
G01X150.0R-20.0;
G01Z0;

2.2.16 인선 R 보정(G40, G41, G42)

인선 R 보정지령에 의해 공구의 절삭 인선부에 있는 인선 R에 의해 생기는 형상 오차를 자동보정한다.

일반적으로 공구의 선단부에는 인선 R(nose R)이 있기 때문에 프로그래밍으로 지령하는 인선위치는 그림처럼 실제로는 존재하지 않는 것이다. 그래서 이 인선위치를 가상인선이라 부른다.

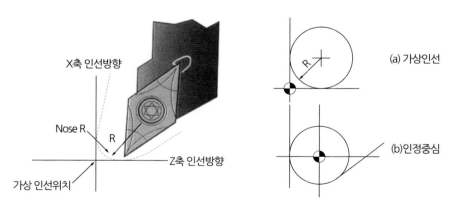

그림 2-50 가상인선

인선 R의 보정을 하지 않고 가상인선으로 지령하면 그림처럼 X축이나 Z축에 평행 또는 수직한 부분에서는 프로그램 대로 가공을 하지만 테이퍼절삭이나 원호절삭 또는 공작물의 회전중심 부근에서는 과소절삭이나 과대절삭이 발생한다.

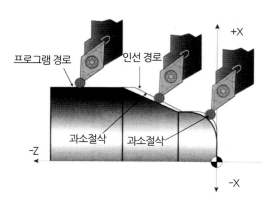

그림 2-51 인선 R에 의한 과대절삭과 과소절삭

공구날 끝에 R이 있으면 테이퍼(taper)절삭이나 원호절삭 시에 공구위치 보정(offset)만으로는 보정되지 않는 부분이 생기므로 이 오차를 자동적으로 보정하는 것이 곧 인선 R 보정이다.

인선 R의 보정량을 수계산으로 하여 프로그래밍한 예를 그림에 표시하였다. 이처럼 보정량을 수계산으로 하면서 인선 R을 고려한 프로그래밍을 하기란 매우 번거롭다.

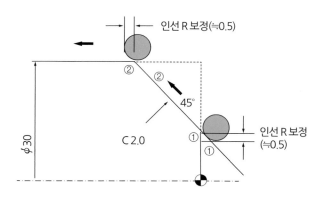

(프로그램 예)

G01X25.0Z0F0.25;
    X30.0Z-2.5;
G00U1.0Z1.0;
G28U0W0;
M30;

그림 2-52 보정을 하지 않은 경우   그림 2-53 보정을 한 경우

이런 점에 있어서 인선 R 보정기능은 NC 장치가 인선 R의 보정량을 계산하면서 공작물의 형상대로 공구경로를 생성하는 기능이다.

인선 R 보정기능은 준비기능의 G41, G42, G40 등을 지령함으로써, 인선 R의 보정모드가 설정된다.

① G40(보정 취소): 보정을 해제한다.
② G41(좌측 보정): 진행방향에 대하여 공구를 공작물의 좌측으로 보정한다.
③ G42(우측 보정): 진행방향에 대하여 공구를 공작물의 우측으로 보정한다.

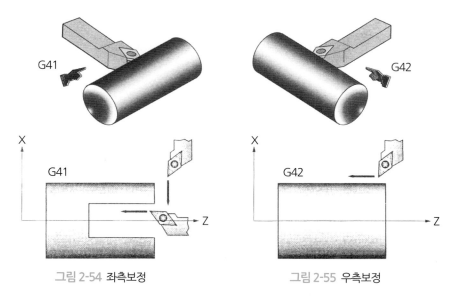

그림 2-54 좌측보정   그림 2-55 우측보정

G41, G42를 실행하면 인선 R 보정모드로 되고, 공구는 항상 이동지령 위치의 공작물에 대하여 수직선상으로 인선 R 중심이 위치결정된다. 즉, 가상인선으로부터 인선 R만큼 보정된 위치로 위치결정된다.

G40은 G41 및 G42로 설정된 인선 R의 보정모드를 취소하는 지령으로 40을 실행하면

인선 R 보정 취소 모드로 되고 지령치대로 위치결정을 행한다.

인선 R의 보정량은 NC 장치의 공구 보정량 설정화면에서 공구기능으로 지령된 공구보정번호와 같게 하고 인선 R 보정량 및 가상인선번호를 입력한다.

표 2-9 공구보정 설정화면

offset 번호	X	Z	인선반지름	공구방향
01	0.75	− 0.93	0.4	3
02	− 1.234	10.987	0.8	2
.	.	.	.	.
.	.	.	.	.
16	.	.	.	.

인선 R 보정량은 공구 인선 R의 크기를 입력한다. 또 가상인선번호는 공구인선의 형상, 용도에 따라서 그림 2-56과 같이 1~9 수치 중에서 선택하여 입력한다. 공구의 가상인선과 실제 공구 절인형상을 그림 2-57에 나타내었다. 공구에 가상인선번호를 설정하면 지령된 가상인선위치를 기준으로 해서 인선 R이 자동적으로 보정된다.

인선 R 보정의 프로그래밍은 일반적으로 다음과 같이 한다.

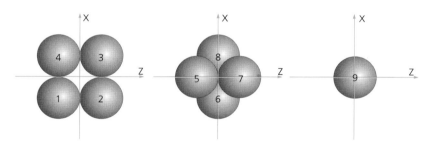

그림 2-56 가상인선번호 선택 예

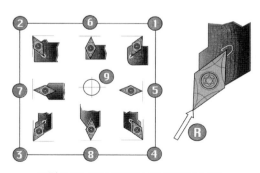

그림 2-57 공구 절인형상과 가상인선번호

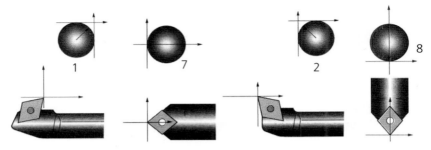

그림 2-58 가상인선번호의 예

인선 R 보정은 G00 또는 G01 기능과 함께 지령되거나 취소되어야 한다. 만일 원호보간과 함께 지령될 경우에는 운동경로로 진행하면서 점차적으로 실행되기 때문에 공구는 올바르게 이동되지 않는다. 그러므로 인선 R 보정의 지령은 그림처럼 절삭이 시작되기 전에 이루어져야 하고 가공물의 바깥쪽에서 시작되어야 언더컷(undercut)을 방지할 수 있다.

반대로 가공이 종료되어서 공구를 공작물로부터 떨어뜨리는 블록에는 G40의 인선 R 보정취소를 지령한다. G40 블록을 실행하면 인선 R 보정은 해제되고 공구는 가공개시위치로 돌아간다.

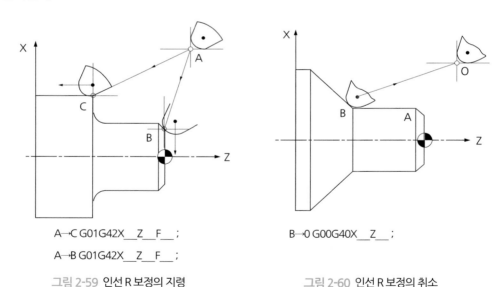

A→C G01G42X__Z__F__ ;

A→B G01G42X__Z__F__ ;

그림 2-59 인선 R 보정의 지령

B→O G00G40X__Z__ ;

그림 2-60 인선 R 보정의 취소

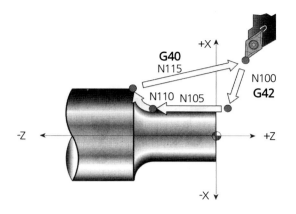

(프로그램 예)
G42G00X Z ;   G41G00X Z ;
G01Z F ;   G01Z F ;
G02X Z R ;G02X Z R ;
G40G00X Z ; G40G00X Z ;

연습문제 다음 도면을 공구보정을 이용하여 공구경로 프로그램을 완성시키시오.
단, 안지름 정삭만 가공하는 것으로 한다.

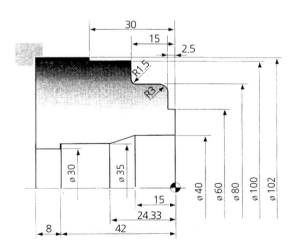

(프로그램 예)
O1000;
G50S2500T0600;
G96S200M03;

G41G00X40.0Z5.0T0606M08;
　　　Z1.0;
G01Z-15.0F0.2;
　　　X35.0Z-24.33;
　　　Z-42.0;
　　　X29.0;
G40G00Z10.0;
　　　X180.0Z200.0T0600M09;
M30;

연습문제 다음 도면을 공구보정을 이용하여 공구경로 프로그램을 완성시키시오.

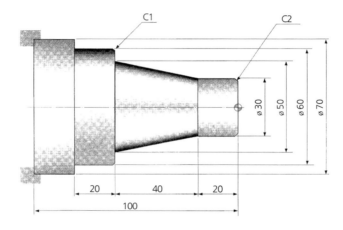

연습문제 다음 도면을 공구보정을 이용하여 공구경로 프로그램을 완성시키시오.

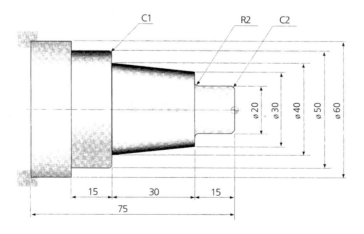

2.2.17 단일형 고정 사이클(G90, G92, G94)

바깥지름, 안지름, 단면, 나사절삭 등의 황삭에서는 공구에 절입을 주면서 일정동작을 반복하여 공작물을 소정의 치수로 절삭한다. 이 경우 공구의 동작을 한 개씩 프로그래밍하면 매우 많은 블록이 필요하게 되는데, 프로그래밍을 간략히 하기 위해 NC 장치에 공구의 반복동작을 한 개의 블록으로 지정할 수 있는 기능을 갖추어 놓았다. 이 기능을 고정 사이클이라 한다.

고정 사이클에는 표 2-10처럼 단일형 고정 사이클과 복합형 고정 사이클이 있다. 여기서는 단일형 고정 사이클의 프로그래밍에 대하여 설명하기로 한다.

표 2-10 **고정 사이클**

단일형 고정 사이클	G90	바깥지름·안지름 선삭 사이클 바깥지름·안지름의 단차가공이나 테이퍼가공을 하는 고정 사이클
	G92	나사절삭 사이클 나사절삭을 하는 고정 사이클
	G94	단면선삭 사이클 단면의 단차가공이나 테이퍼가공을 하는 고정 사이클

(1) 바깥지름·안지름 절삭 사이클(G90)

바깥지름·안지름 절삭 사이클은 단차가공이나 테이퍼가공 등에서 황삭을 반복하는 경우에 이용한다. 바깥지름·안지름 절삭 사이클의 프로그래밍은 G90에 이어서 바깥지름 또는 안지름의 절삭 종료점 및 이송속도를 지령한다.

G90은 모달 G코드이고 또 G00블록이 실행되면 G90모드는 취소된다.

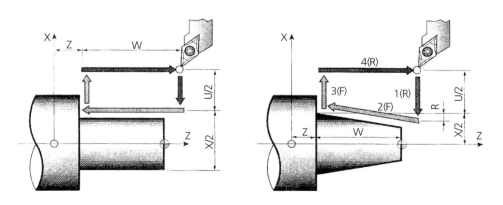

(지령형식) G90X(u)____ Z(w)____ F____ ;　(지령형식) G90X(u)____ Z(w)____ R____ F____ ;

X(U): 매회 나사가공 위치의 X축 좌표

Z(W): 끝(end)지점

R − : Taper량 → 시작점에서 X + 방향으로 절삭 시

R + : Taper량 → 시작점에서 X − 방향으로 절삭 시

F: 리드(Pitch)

또 테이퍼의 크기와 방향을 지령하면, 테이퍼 바깥지름·안지름 절삭 사이클로 된다. 테이퍼의 크기는 어드레스 'I'로 테이퍼의 반지름값을 지령하고, 테이퍼 방향은 그림 2-61과 같이 'I'의 지령치에 (+), (−) 부호를 붙인다.

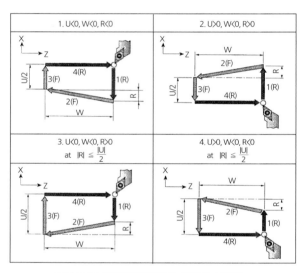

그림 2-61 테이퍼 바깥지름, 안지름 사이클

연습문제 그림은 G90 고정 사이클 프로그램의 예이다.

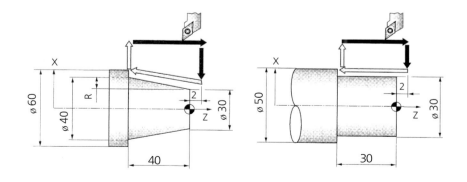

① 프로그램예 (테이퍼 R-일 때)

O1111;
G30U0W0;
G50S2000T0300;
G96S200M03;
G00X61.0Z2.0T0303M08;
G90X55.0W-42.0F0.2;
   X50.0;
   X45.0;
   X40.0;
   Z-12.0R-1.75;
   Z-26.0R-3.5;
   Z-40.0R-5.25;
G30U0W0M09;
M30;

② 프로그램예

O2222;
G30U0W0;
G50S2000T0500;
G96S200M03;
G00X56.0Z2.0T0505M08;
G90X51.0W-32.0F0.25;
   X46.0;
   X41.0;
   X36.0;
   X31.0;
   X30.0;
G30U0W0M09;
M30;

연습문제 그림은 G90 고정 사이클 프로그램의 예이다.

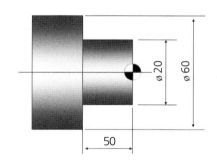

프로그램예

3333;
G50S2000;
G96S1500M03T0700;
G00X65.0Z3.0T0707;
G90X55.0Z-2.0M08F0.25;
   X50.0;
   X45.0;
   X35.0;

X30.0;

X25.0;

X20.5;

X20.0;

G00X200.0Z200.0M09T0700;

M30;

연습문제 그림은 G90 고정 사이클 프로그램의 예이다.

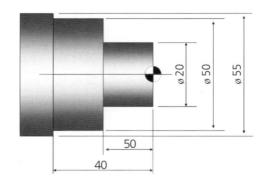

① 프로그램 예

O1100;

G50S2000;

G96S180M03T0100;

G00X60.0Z0T0101;

G01X-1.6F0.2M08;

G00X50.0Z1.0;

G01Z-40.0F0.25;

G00U1.0Z1.0;

G90X45.0Z-20.0F0.25;

　　X40.0;

　　X35.0;

　　X25.0;

　　X20.0;

G00X200.0Z200.0M09T0100;

M30;

② 프로그램 예

O2200;

　G50S2000;

G96S180M03T0100;

G00X60.0Z5.0T0101M08;

G90X50.0Z-40.0F0.25;

　　X45.0Z-20.0;

　　X40.0;

　　X35.0;

　　X30.0;

　　X25.0;

　　X20.0;

G00X200.0Z200.0M09T0100;

M30;

(2) 단면 절삭 사이클(G94)

단면 절삭 사이클은 단차가공이나 테이퍼가공 등에 있어서 단면절삭을 반복하는 경우에 이용한다. 단면 절삭 사이클의 프로그래밍은 G94에 이어서 단면의 절삭 종료점 및 이송속도를 지령한다.

G94는 모달 G기능이고, 또 G00 블록이 지령되면 G94모드는 취소된다.

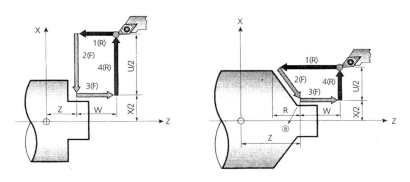

(지령형식) G90 X(u)____ Z(w)____ F____ ;　　(지령형식) G90 X(u)____ Z(w)____ R____ F____ ;

또, 테이퍼 크기와 방향을 지정하면 테이퍼의 단면 절삭 사이클로 된다. 테이퍼의 크기는 어드레스 'K'로 축방향의 테이퍼 치수차를 지령하고, 테이퍼의 방향은 그림 2-62와 같이 'K'의 지령치로 (+) (-)의 부호를 붙인다.

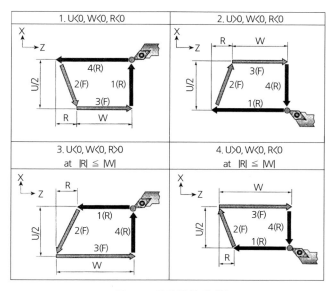

그림 2-62 단면 절삭 사이클

연습문제 그림은 G94 고정 사이클 프로그램의 예이다.

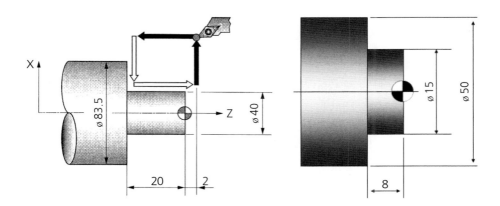

① [프로그램 예]

O5555;
G30U0W0;
G50S2000T0100;
G96S200M03;
G00X85.0Z2.0T0101M08;
G94X40.0Z-2.0F0.2;
    Z-4.0;
    Z-6.0;
    Z-8.0;
    Z-10.0;
    Z-12.0;
    Z-14.0;
    Z-16.0;
    Z-18.0;
    Z-19.7;
    Z-20.0;
G30U0W0T0100M09;
M30;

② [프로그램 예]

O6666;
G50S2500;
G96S180M03T0100;
G00X55.0Z2.0T0101M08;
G94X15.0Z-2.0F0.25;
    Z-4.0;
    Z-6.0;
    Z-8.0;
G00X150.0Z200.0T0100M09;
M30;

연습문제 그림은 G94 고정 사이클 프로그램의 예이다.

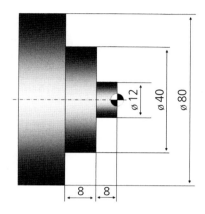

① 프로그램 예

O0022;
G50S2500;
G96S180M03T0500;
G00X85.0Z2.0T0505M08;
G94X12,0Z-2.0F0.25;
    Z-4.0;
    Z-6.0;
    Z-7.0;
G00X85.0Z-5.0;
G94X40.0Z-9.0F0.2;
    Z-11.0;
    Z-13.0;
    Z-15.0;
    Z-17.0;
G00X150.0Z200.0T0500M09;
M30;

② 프로그램 예

O0044;
G50S2500;
G96S180M03T0500;
G00X85.0Z2.0T0505M08;
G94X12.0Z-2.0F0.25;
    Z-4.0;
    Z-6.0;
    Z-7.0;
    X40.0Z-9.0;
    Z-11.0;
    Z-13.0;
    Z-15.0;
    Z-17.0;
G00X150.0Z200.0T0500M09;
M30;

(3) 나사절삭 사이클(G92)

준비기능 G92의 지령에 의해 나사절삭 사이클을 프로그래밍할 수 있다.

G92에 이어서 나사절삭 종료점 및 나사의 리드(1줄 나사의 경우는 피치)를 지령한다. 나사의 절삭 사이클의 프로그래밍은 그림 2-63의 예처럼 G92의 블록에 이어서 나사절삭 1회의 절입량을 지정하는 블록으로 구성한다.

(지령형식) G92 X(u)____Z(w)____F____;

X: X축의 최종 이동 지령치

Z: Z축의 최종 이동 지령치

F: 나사의 피치(Pitch)

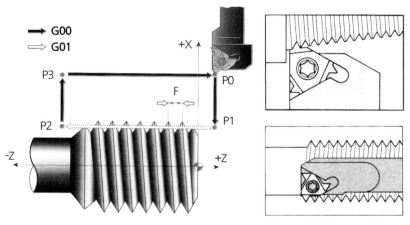

그림 2-63 G92에서의 나사절삭 사이클

G92는 모달 G기능이고, 계속해서 지령하는 경우는 G92를 생략할 수 있다. 또, G00 블록이 실행되면 G92 모드는 취소된다. 또 나사의 챔퍼링 유무는 보조기능 M76, N77로 지령한다(스위치로 ON/OFF하는 경우도 있다).

M76이 챔퍼링 ON이고, M77이 챔퍼링 OFF로 된다. 아무것도 지정하지 않으면 M77이 유효하고, 나사의 챔퍼링은 되지 않는다. M76을 지정하는 경우 공구의 챔퍼링 각도는 약 45°로 된다.

표 2-11 나사절삭의 절입표　　　　　　　　(단, S45C를 초경 바이트로 나사절삭하는 경우)

	P	1.00	1.25	1.50	1.75	2.00	2.50	3.00	3.50	4.00	4.50	5.00	5.50	6.00
	H2	0.60	0.74	0.89	1.05	1.19	1.49	1.79	2.08	2.38	2.68	2.98	3.27	3.57
	H1	0.541	0.667	0.812	0.947	1.083	1.353	1.624	1.894	2.165	2.435	2.706	2.977	3.248
	R	0.10	0.13	0.15	0.18	0.20	0.25	0.30	0.35	0.40	0.45	0.50	0.55	0.60
절입횟수	1	0.25	0.35	0.35	0.35	0.35	0.40	0.40	0.40	0.40	0.40	0.45	0.45	0.45
	2	0.20	0.19	0.20	0.25	0.25	0.30	0.35	0.35	0.35	0.35	0.35	0.40	0.40
	3	0.10	0.10	0.14	0.15	0.19	0.22	0.27	0.30	0.30	0.30	0.30	0.35	0.35
	4	0.05	0.05	0.10	0.10	0.12	0.20	0.20	0.25	0.25	0.30	0.30	0.30	0.30
	5		0.03	0.05	0.05	0.10	0.15	0.20	0.20	0.25	0.25	0.25	0.30	0.30
	6			0.05	0.05	0.08	0.10	0.13	0.14	0.20	0.20	0.25	0.25	0.25
	7				0.05	0.05	0.05	0.10	0.10	0.15	0.20	0.20	0.20	0.25
	8					0.05	0.05	0.05	0.10	0.14	0.15	0.15	0.15	0.20
	9						0.02	0.05	0.10	0.10	0.10	0.15	0.15	0.15
	10							0.02	0.05	0.10	0.10	0.10	0.10	0.15
	11							0.02	0.05	0.05	0.10	0.10	0.10	0.10
	12								0.02	0.05	0.09	0.10	0.10	0.10
	13								0.02	0.02	0.05	0.09	0.10	0.10
	14									0.02	0.05	0.05	0.08	0.10
	15									0	0.02	0.05	0.05	0.08
	16										0.02	0.05	0.05	0.05
	17										0	0.02	0.05	0.05
	18											0.02	0.02	0.05
	19											0	0.02	0.05
	20												0	0.05
	21													0.02
	22													0.02
	23													0

연습문제 그림은 G92 고정 사이클 프로그램의 예이다.

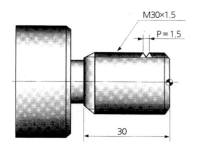
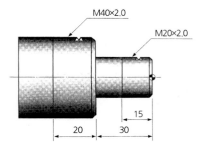

① (프로그램 예)

O1111;
G97S1000M03T0300;
G00X50.0Z5.0M08T0303;
G92X29.3Z-32.0F1.5;
　　　X29.7;
　　　X28.9;
　　　X28.62;
　　　X28.42;
　　　X28.32;
　　　X28.22;
G00X150.0Z200.0M09T0300;
M30;

② (프로그램 예)

O3333;
G97S1500M03T0300;
G00X30.0Z5.0T0303M08;
G92X19.3Z-15.0F2.0;
　　　X18.8;
　　　X18.42;
　　　X18.18;
　　　X17.98;
　　　X17.82;
　　　X17.72;
　　　X17.62;
G00X50.0;
Z-25.0S1000;
G92X39.3Z-50.0F2.0;
　　　X38.8;
　　　X38.42;
　　　X38.18;
　　　X37.98;
　　　X37.82;
　　　X37.72;
　　　X37.62;
G00X150.0Z200.0M09T0300;
M30;

연습문제 그림은 G92 고정 사이클 프로그램의 예이다.

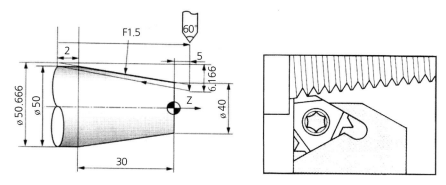

프로그램(테이퍼 R-) M50 × P1.5의 경우

프로그램 예

```
O2222;
G30U0W0;
G50S1000T0700;
G97S1000M03;
G00X70.0Z5.0T0707M08;
G92X49.3Z-32.0F1.5;
     X48.9;
     X48.62;
     X48.42;
     X48.32;
     X48.22;
G30U0W0T0700M09;
M30;
```

연습문제 그림은 G32, G92의 고정 사이클 프로그램의 예이다. 바깥지름 나사의 규격은 M20×2.0이다.

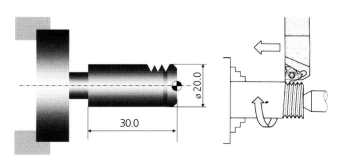

(1) G32기능

프로그램 예

```
O0005;
G97S1000T0500M03;
G00X22.0Z2.0T0505;
    X19.3M08;
G32Z-31.0F2.0;
G00X22.0;
    Z2.0;
    X18.8;
    G32Z-31.0;
G00X22.0;
    Z2.0;
    X18.4;
G32Z-31.0;
G00X20.0;
    Z2.0;
    X18.2;
```

```
G32Z-31.0;
G00X20.0;
    Z2.0;
    X18.0;
G32Z-31.0;
G00X22.0;
    Z2.0;
    X17.7;
G32Z-31.0;
G00X22.0;
    Z2.0;
    X17.6;
G32Z-31.0;
G00X20.0;
G28U0W0T0500M09;
M30;
```

(2) G92기능

프로그램 예

```
O0005;
G97S1000T0500M03;
G00X22.0Z2.0T0505M08;
G92X19.3Z-32.5F2.0;
    X18.8;
    X18.2;
    X18.2;
    X18.0;
    X17.8;
    X17.7;
    X17.6;
G28U0.0W0.0T0500M09;
M30;
```

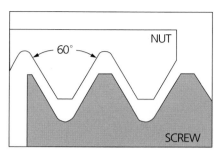

① mm용 나사산의 각도

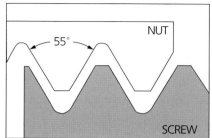

② inch용 나사산의 각도

선반에서 나사가공방법은 다음의 4가지 경우에서 Chuck에서 Feed방향이 멀어져 가는 경우에는 Reverse Helix방법을 사용한다.

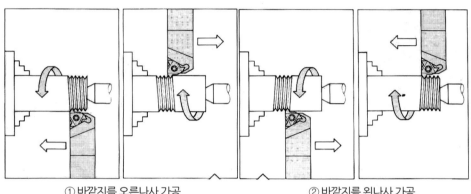

① 바깥지름 오른나사 가공   ② 바깥지름 왼나사 가공

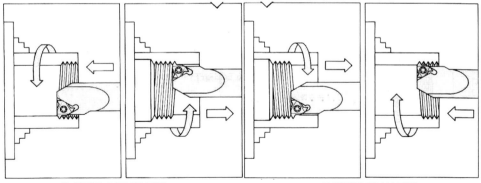

③ 안지름 오른나사 가공   ④ 안지름 왼나사 가공

그림 2-64 선반에서의 나사가공방법

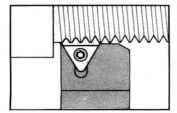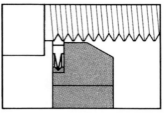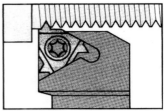

그림 2-65 선반에서의 나사가공용 바이트 형상

2.2.18 복합형 고정 사이클(G70, G71, G72, G73)

이 기능들은 가공 프로그램의 코딩을 간단하게 하는 기능들이다. 일반적으로 원하는 제품형상을 얻기 위해서는 일정한 지름을 가진 환봉의 소재로부터 정해진 절삭량만큼 황삭(G71~G73)으로 반복 절삭하고 마지막에 도면의 치수대로 정삭(G70)을 해서 원하는 형상을 얻는다. 반복 황삭 가공 프로그램을 코딩하기 위해서는 단순한 제품형상이라 하더라도 통상 수 라인에서 수십 라인의 지령 블록을 요하게 되는데, 고정 사이클 기능을 적용했을 경우에는 1블록의 복합 고정 사이클 지령과 사상 형상의 정보만으로 대체할 수 있다.

더욱이 제품의 형상이나 치수가 자주 변경되는 경우 최종 형상의 변경 치수만 지령하면 반복 형상 사이클 기능은 반복적이고 복잡한 계산을 단순화시켜 주고 다품종 소량 생산을 요하는 생산현장에서는 더욱 필요로 하는 기능으로 표 2-12에 표시하였다.

표 2-12 **복합형 고정 사이클**

복합형 고정 사이클	**G70**	정삭 사이클 G71, G72, G73으로 절삭 후 정삭 여유량을 절삭하여 소정의 치수로 공작물을 정삭하는 고정 사이클
	G71	바깥지름·안지름 황삭 사이클 공작물의 정삭형상을 따라서, 바깥지름·안지름의 황삭을 하는 고정 사이클
	G72	단면 황삭 사이클 G71과 같은 기능을 가진 고정 사이클, 그러나 G71은 Z축을 따라서 절삭하지만 G72는 X축을 따라서 절삭한다.
	G73	페루프 선삭 사이클 공작물의 정삭형상과 같은 공구경로를 더듬어가면서 황삭을 하는 고정 사이클

㈜ G70~G73은 메모리 운전시밖에 사용할 수 없다.

(1) 바깥지름·안지름 황삭 사이클(G71)

이 고정 사이클은 바깥지름 또는 안지름 절삭을 행하는 경우에 사상형상만을 프로그래밍하면 도중의 황삭 공구 경로를 완전히 자동 생성하는 기능이다.

G71 바깥지름·안지름 황삭 사이클에는 Type1과 Type2가 있다. 이 두 가지 Type을 구분하는 기준으로는 크게 Z방향 황삭 후 공구의 진행방향과 Pocket 가공의 기능 유무에 따라 나눌 수 있다.

일반적으로 사상형상이 X방향 혹은 Z방향으로 단조증가 혹은 단조감소할 경우 Type1과 Type2 모두 적용할 수 있으나 Pocket이 없는 제품의 황삭가공에서 공구의 탈출방향을 45°로 급속이송하고 싶을 경우에는 Type1을, 사상형상을 따라 절삭하고 싶을 경우에는 Type2를 사용할 수 있다.

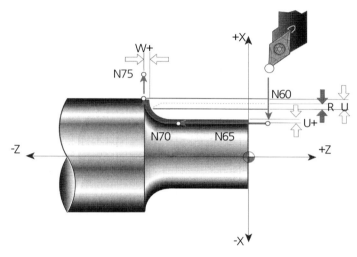

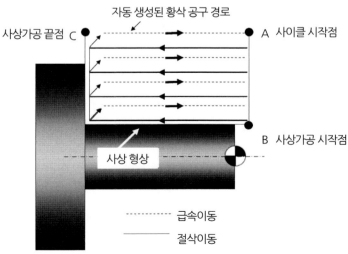

그림 2-66 Type1의 고정 사이클

사이클 시작점(A)과 B에서 C까지의 사상형상에 대한 프로그램만 입력하면 나머지 황삭 공구 경로가 자동 생성된다. 일반적으로 G71로 황삭가공을 행하고 나면 G70의 사상 사이클을 이용하여 정삭을 행한다. 이때 G71에서 사상여유를 남기고 황삭을 행할 수 있다.

(지령형식) G71 P___Q___U___W___(F___S___T___)

U:1회 절입량

R:도피량(45°)

P:사상 첫 전개번호(SEQUENCE)

Q:사상 마지막 전개번호(SEQUENCE)

U:X축 사상 여유량(안지름일 경우 '−' 부호 사용)

W:Z축 사상 여유량

F:이송속도

G71은 황삭 사이클이지만 정상여유 U, W를 지령하지 않으면 황삭가공에서 완성치수로 가공할 수 있다. 또 G71을 절삭하는 형상에는 다음 4가지의 패턴이 있다. 어느 것이나 Z축에 대한 △u, △w의 부호는 그림 2-67과 같다.

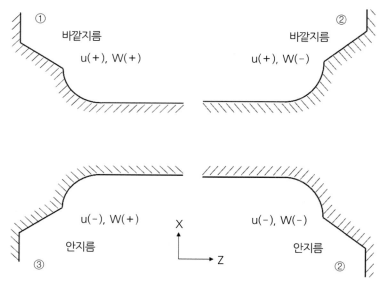

그림 2-67 G71 황삭 사이클의 절삭단면형상

연습문제 그림은 G71의 바깥지름·안지름 황삭 사이클 프로그램의 예이다.

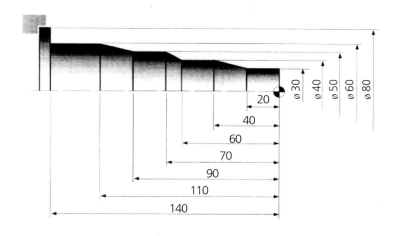

프로그램 예

O0003;
G50S1500T1000;
G96S200M03;
G00X85.0Z5.0T1010;
    Z0;
G01X-1.6F0.25M08;
G00X83.0Z2.0;   (G71 고정 사이클 시작 위치)
G71U3,0R1,0;
G71P20Q30U0.5W0.1F0.25;(G71 고정 사이클 절삭이송속도)
N20;
G42G00X30.0;
G01Z-20.0F0.15;   (G70 고정 사이클 절삭이송속도)
    X40.0Z-40.0;
    Z-60.0;
    X50.0Z-70.0;
    Z-90.0;
    X60.0Z-110.0;
    Z-140.0;
G40X82.0;
N30;
G00X150.0Z200.0T1000M08;

M01;
G50S2000T0900;   (사상 가공용 공구를 교환)
G96S200M03;
G42G00X83.0Z2.0M08T0909; (사상 가공 사이클 시작 위치)
G70P20Q30;   (사상 가공 고정 사이클)
G00X150.0Z200.0M09T0900;
M30;

연습문제 그림은 G71의 바깥지름·안지름 황삭 사이클 프로그램의 예이다.

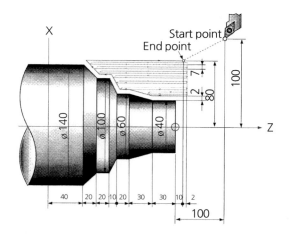

<table>
<tr><td>프로그램 예</td></tr>
</table>

O2222;
G50S2000T0300;
G96S130M03;
G00X160.Z10.0M08T0303;
G71U7.0R1.0;
G71P014Q015U4.0W2.0F0.3S550;
G00G42X40.0F0.15;
    X60.0W-30.0;
    W-20.0;
    X100.0W-10.0;
    W-20.0;
    X140.0W-20.0;

```
G40X160.0;
G70P014Q021;
G00X200.0Z200.0M09T0300;
M30;
```

(2) 단면 황삭 사이클(G72)

이 고정 사이클은 바깥지름 또는 안지름절삭을 행하는 경우에 사상형상만을 프로그램하면 도중의 황삭 공구 경로를 완전히 자동 생성하는 기능이다.

G71의 바깥지름·안지름 황삭 사이클에서 황삭방향이 Z축에 평행하게 이루어지는 것에 비해 G72의 단면 황삭 사이클은 X축에 평행하게 이루어진다는 것 이외에는 G71과 동일하다.

(지령형식) G72 W(Δd)＿＿＿ R(e)＿＿＿ ;

　　　　　　G72 P＿＿＿ Q＿＿＿ U(Δu)＿＿＿ W(Δw)＿＿＿ F＿＿＿ ;

　　　　　　　　　　　　U(Δd): 1회 절입량

　　　　　　　　　　　　R(e): 도피량(45°)

　　　　　　　　　　　　P: 시작 전개번호(SEQUENCE NO)

　　　　　　　　　　　　Q: 마지막 전개번호(SEQUENCE NO)

　　　　　　　　　　　　U(Δu): X축 방향 정삭여유량(지름지령)

　　　　　　　　　　　　W(Δw): Z축 방향 정삭여유

　　　　　　　　　　　　F: 이송속도

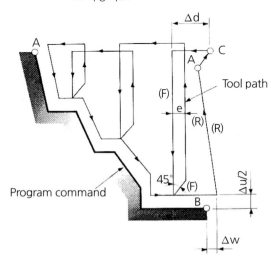

그림 2-68 G72에서의 단면 황삭 사이클

연습문제 그림은 G72 단면 황삭 사이클 프로그램의 예이다.

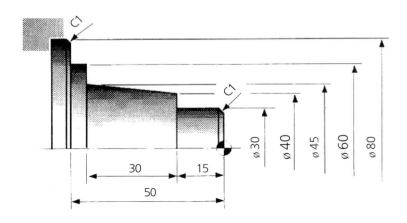

프로그램 예

```
O0005;
G50S2000T0500;
G96S180M03;
G00X85.0Z5.0T0505;
    Z0.0M08;
G01X-1.6F0.25;
G00X85.0Z1.0;                    (사이클 시작 위치)
G72P70Q80U0.5W0.2F0.25;
N70;
G00G41Z-51.0;
G01X80.0F0.2;
    X78.0W1.0;
    X60.0;
    Z-45.0;
    X40.0Z-15.0;
    X30.0;
    Z-1.0;
    X26.0Z1.0;
G40U1.0;
N80;
G70P70Q80;                       (정삭 사이클 시작)
```

G00X150.0Z200.0M09T0500;

M30;

위의 프로그램에서, 즉 G72 단면 황삭 사이클 프로그램이 끝나고 정삭가공을 다른 공구를 사용하고자 할 경우의 프로그램은?

⋮
⋮

위의 프로그램과 계속 이어서 작성한다.

G00X150.0Z200.0M09T0300;
M01;
G50S2500T0700;
G96S200M03;
G00X85.0Z5.0M08T0707;　　(사이클 시작 위치로 공구 7번 위치)
G70P70Q80;
G00X200.0Z200.0M090T0700;
M30;

연습문제 그림은 G72 단면 황삭 사이클 프로그램의 예이다.

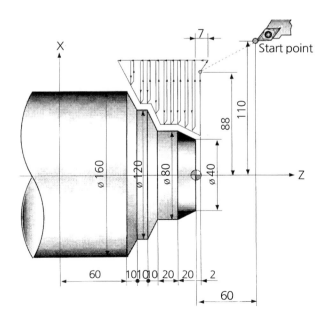

```
O1200;
G50S2500T0100;
G96S200M03;
G00X220.0Z60.0T0101;
G00X176.0Z2.0M08;                    (사이클 시작 위치)
G72W7.0R1.0;                         (45°로 도피)
G72P14Q22U4.0W2.0F0.3S500;
N14G00G41Z-70.0S700;
    X160.0;
G01X120.0Z-60.0F0.125;
    W10.0;
    X80.0W10.0;
    W20.0;
    X36.0W22.0;
    N22G40;
G70P14Q22;                           (공구를 교환하지 않고 정삭실행)
G00X230.0Z200.0M09T0100;
M30;
```

(3) 페루프(유형 반복) 선삭 사이클(G73)

일정한 패턴을 조금씩 위치를 옮겨가면서 반복하여 가공 동작시키는 사이클이다. 이 사이클에 의해 단조나 주조 등의 소재형상이 되어 있는 가공물을 능률적으로 절삭하는 데 효과적이다.

(지령형식)   G73 U(Δi)___R(d)___W(Δk)___;

G73 P___Q___W___F___(S___T___) ;

U(Δi): X축 방향 도피거리 및 방향(반지름 지정)

W(Δk): Z축 방향 도피거리 및 방향

R(d): 반복횟수(매회 절입량과 관계됨)

P: 시작 전개번호(SEQUENCE NO)

Q: 마지막 전개번호(SEQUENCE NO)

U(Δu): X축 방향 정삭 여유(반지름 지령)

W(Δw): Z축 방향 정삭 여유

F: 이송속도

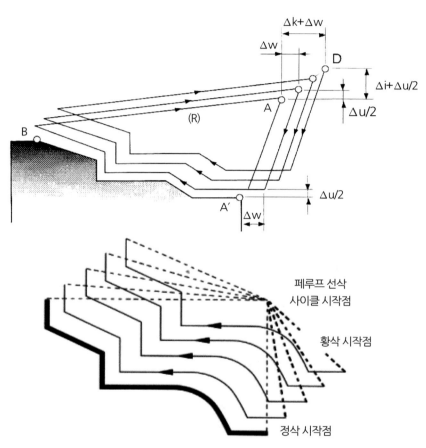

그림 2-69 G73에서의 페루프 선삭 사이클

연습문제 그림은 G73 페루프 선삭 사이클 프로그램의 예이다.

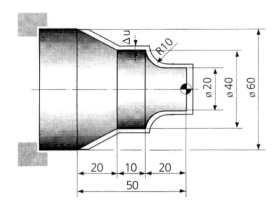

프로그램 예

O0001;
G50S2000T0300;
G96S200M03;
G00X35.0Z5.0T0303;
 Z0.0M08;
G01Z-1.6F0.25;
G00X70.0Z10.0;   (사이클 시작 위치)
G73U3.0W2.0R2;   (R값 소수점 의미 없음)
G73P44Q55U0.5W0.1F0.25;
N44G00G42X20.0Z2.0;
G01Z-10.0F0.15;
G02X40.0Z-20.0R10.0;
G01Z-30.0;
 X60.0Z-50.0;
N55G40U1.0;
G70P44Q55;   (공구를 교환하지 않고 정삭실행)
G00X180.0Z200.0M09T0300;
M30;

연습문제 그림은 G73 및 G70 페루프 선삭 사이클 프로그램의 예이다.

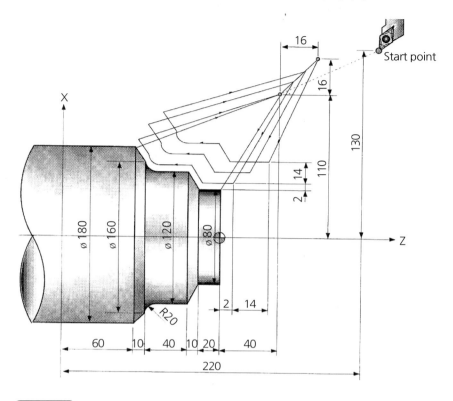

프로그램 예

O0001;
G50S2000T0300;
G96S200M03;
G00X260.0Z80.0T0303;
    X220.0Z40.0M08;   (사이클 시작 위치)
    Z0.0M08;
G73U14.0W14.0R3;
G73P88Q99U4.0W2.0F0.25S380;
N88G00G42X80.0Z2.0;
G01W-20.0F0.15S600;
    X120.0W-10.0;
    W-20.0S400;
G02X160.0W-20.0R20.0;
G01X180.0W-10.0S280;

N99G40;
G70P88Q99;   (공구를 교환하지 않고 정삭실행)
G00X260.0Z80.0M09T0300;
M30;

(4) 정삭 사이클(G70)

준비기능 G70 지령에 의해 G71, G72, G73으로 황삭 사이클 가공을 한 공작물을 정삭할 수 있다.

정삭 사이클은 G70에 이어서 정삭형상을 나타내는 블록의 시퀀스 번호를 지정한다. 프로그램은 이전 황삭 사이클 및 G71, G72, G73 연습문제 프로그램을 참조한다. G70에서는 황삭 사이클로 지령한 F기능, S기능, T기능을 무시하고 시퀀스번호 n55~n70에서 지령된 F기능, S기능, T기능이 유효하게 된다. G70부터 G73까지의 고정 사이클은 필히 메모리 운전에서 실행시킨다. 실행 후에는 소멸된다.

(지령형식) G70 P_____Q_____;

P: 사상가공의 첫 번째 전개번호

Q: 사상가공의 마지막 전개번호

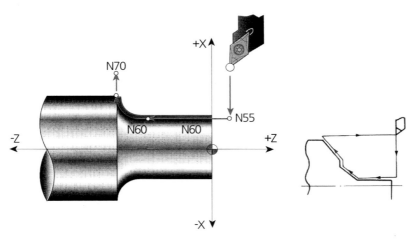

그림 2-70 G70에 의한 안·바깥지름 정삭 사이클

연습문제 그림은 G70 정삭(사상) 사이클 프로그램의 예이다. 안지름은 ϕ9.0 mm로 드릴링되어 있는 상태이다.

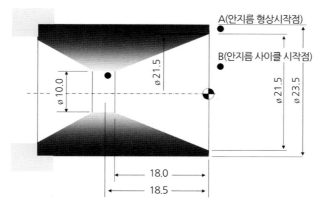

A(안지름 형상시작점)

B(안지름 사이클 시작점)

⌀21.5

⌀10.0

⌀21.5

⌀21.5

⌀23.5

18.0

18.5

프로그램 예

O0005;
G50S800T0500;
G96S100M03;
G00X9.5Z10.0T0505;
G00X9.75Z1.0M08;   (안지름 사이클 시작 위치)
G71U0.32R0.2;
G71P50Q60U0.15W0F0.1;
N50;
G41G00X22.4Z1.0;   (안지름 형상 시작 위치)
G01X9.68Z-18.5F0.075;
G40G01X9.5;
N60;
G00Z10.0M09;
    X150.0Z200.0T0500;
M01;
G50S500T0900;
G96S100M03;
G00X9.5Z10.0T0909;
    Z1.0M08;
G70P50G60;   (정삭 가공 사이클)
G00Z10.0M09;
X200.0Z200.0T0900;
M30;

➪ 복합형 고정 사이클(G74, G75, G76)

표 2-13 복합형 고정 사이클

복합형 고정 사이클	G74	단면 펙 드릴링 사이클 　이송동작을 단속하고, 절삭칩의 절단을 강제적으로 하는 고정 사이클. 일반적으로 드릴 등에 의한 깊은 구멍 가공에 이용된다.
	G75	바깥지름 · 안지름 홈파기 사이클 　G74와 같은 기능을 가진 고정 사이클. 그러나 G74가 Z축에 평행한 절삭을 하는데 반해 G75는 X축에 평행한 절삭을 한다. 일반적으로 홈가공에서 칩을 절단처리하는 경우에 이용된다.
	G76	복합형 나사절삭 사이클 　나사절삭에 있어 절입량을 자동적으로 조정하면서 황삭부터 정삭까지의 나사절삭을 하는 고정 사이클

(5) 단면 펙 드릴링 사이클(G74)

단면 펙 드릴링 사이클은 X축에 평행하게 단속 절입 동작을 하는 고정 사이클이다. 바깥지름절삭에 있어서 칩을 강제적으로 절단시킬 경우 또는 드릴 등에 의해 깊은 구멍가공에서 일정량의 절입을 반복해서 칩을 절단하는 경우 등의 프로그래밍에 이용한다.

G74 사이클이 끝나면 처음 사이클의 시작점으로 복귀한다.

▷ 드릴가공의 경우 X(U), I 및 D를 생략하고 Z축 방향만의 동작을 지령한다.

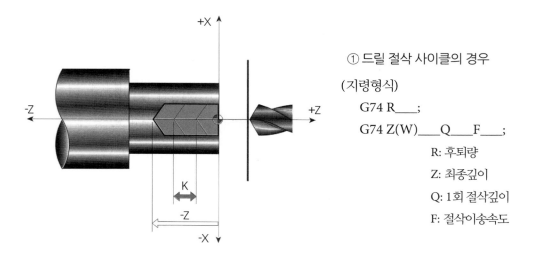

① 드릴 절삭 사이클의 경우

(지령형식)

　　G74 R___;

　　G74 Z(W)___Q___F___;

　　　　R: 후퇴량

　　　　Z: 최종깊이

　　　　Q: 1회 절삭깊이

　　　　F: 절삭이송속도

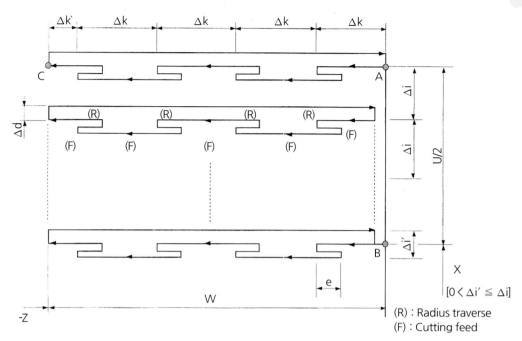

(R) : Radius traverse
(F) : Cutting feed

그림 2-71 G74 펙 드릴링 사이클 동작

② 측면 황삭 사이클의 경우

(지령형식) G74 R(e)____ ;

  G74 X(u)____ Z(w)____ P(△i)____ Q(△k)____ R(△d)____ F____ ;

  X(u): X축 성분

  Z(w): 최종 절삭 깊이

  R(e): 후퇴량(모달지령)

  P(△i): X축 방향의 이동량(반지름 지정)

  Q(△k): Z축 방향의 이동량(Q5000 = 5.0 mm)

  R(△d): Z축 가공끝점에서의 도피량(방향에 따라 부호 및 반지름 지정)

  F: 절삭이송속도

연습문제 그림은 G74 단면 펙 드릴링 사이클 프로그램의 예이다.

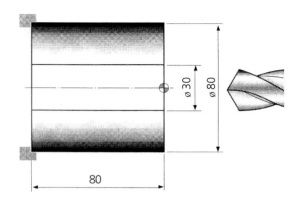

프로그램 예

O0006;
G50S350T0300;
G97S250M03;
G00X0Z5.0T0303M03; (드릴링 가공 시작 위)
G74R1.0; (도피량 1.0 mm)
G74Z-90.0Q5000F0.25; (K1000 = 1.0 mm임)
G00X50.0M09;
  X200.0Z200.0T0300;
M30;

연습문제 아래 그림은 복합형 고정 사이클을 이용한 프로그램의 작성 예이다. 안지름은 이미 ⌀17.0 mm로 드릴링되어 있다.

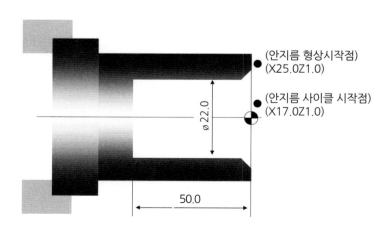

(안지름 형상시작점)
(X25.0Z1.0)

(안지름 사이클 시작점)
(X17.0Z1.0)

O0001;

N10(면가공);

G50S1800T0100;

G96S180M03;

G00X31.0Z5.0T0101;

G01X-0.8F0.2M08;

    Z2.0;

G00Z31.0;

G01Z0.0;

    X-0.8;

    Z2.0;

G00X31.0;

    X150.0Z200.0T0100M09;

M01;   (선택적 정지)

N20 (드릴링 - ϕ17.0 mm);

G97S1000T0400M03;

G00X0.0Z10.0T0404M08;

G74R2.0;

G74Z-50.0Q10000F0.2;   (1회 절삭 10.0 mm)

G00X200.0Z200.0T0400M09;

M01;   (선택적 정지)

N30(드릴링);

G50S1000T0800;

G96S150M03;

G00X17.0Z1.0T0808M08; [공구교환하면서 위치결정(보정값)]

G71U1.0R0.5;

G71P88Q99U0W0F0.15;

N88G41G00X25.0Z1.0;

G01X22.0Z-0.5F0.15;

    Z-50.0;

N99G40G00X17.0;

G00X200.0Z200.0T0800M09;

M30;

연습문제 그림은 G74 단면 펙 드릴링 사이클 프로그램의 예이다.

∴ 홈이 한 곳이면 X(u), P(△i)를 생략해도 무방함(생략 시는 동시 생략함).

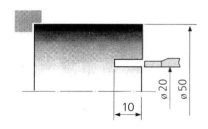 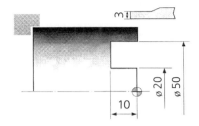

① 프로그램 예

O1111;
G97S500T0100M03;
G00X20.0Z1.0T0101M08;
G74R1.0;
G74Z-10.0Q3000F0.1;
G00X50.0;
    X200.0Z200.0T0100M09;
M30;

② 프로그램 예

O2222;
G50S2000T0100;
G96S120M03;
G00X47.0Z1.0T1010M08;
G74R1.0;
G74Z-10.0Q3000F0.1;
G00U-0.5;
G74X-10.0Z-10.0D2500Q3000F0.1;
G00X10.0Z100.0T1000M09;
M30;

연습문제 그림은 G74 단면 펙 드릴링 사이클 프로그램의 예이다.

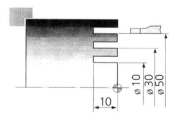

프로그램 예

O3333;
G50S2000T0800;
G96S150M03;
G00X50.0Z1.0T0808M08;
G74R1.0;

G74X10.0Z-10.0P10000Q3000F0.1;
G00X200.0Z200.0T0808M09;
M30;

(6) 바깥지름·안지름 홈가공 사이클(G75)

바깥지름·안지름 홈가공 사이클은 Z축에 평행하게 단속 이송 동작을 하는 고정 사이클이다. 바깥지름·안지름의 윤곽가공이나 홈가공으로 일정량의 절입동작을 반복해서 절삭칩을 절단하면서 절삭을 하는 경우의 프로그래밍 등에 이용한다.

G74와 X, Z방향만 바뀌었을 뿐 가공방법은 유사하다.

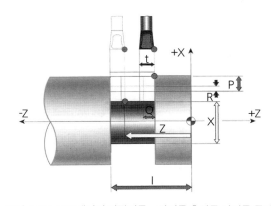

그림 2-72 G75에서의 바깥지름·안지름 홈가공 사이클 동작

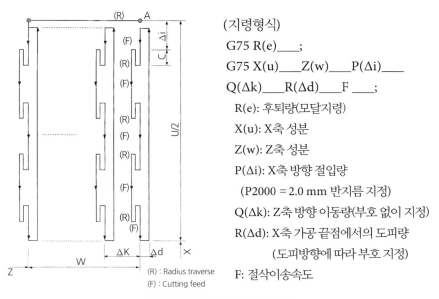

(R) : Radius traverse
(F) : Cutting feed

(지령형식)

G75 R(e)___;

G75 X(u)___Z(w)___P(Δi)___
Q(Δk)___R(Δd)___F ___;

 R(e): 후퇴량(모달지령)

 X(u): X축 성분

 Z(w): Z축 성분

 P(Δi): X축 방향 절입량

 (P2000 = 2.0 mm 반지름 지정)

 Q(Δk): Z축 방향 이동량(부호 없이 지정)

 R(Δd): X축 가공 끝점에서의 도피량

 (도피방향에 따라 부호 지정)

 F: 절삭이송속도

그림 2-73 G75에서의 사이클 동작

연습문제 그림은 G75 단면 펙 드릴링 사이클 프로그램의 예이다.

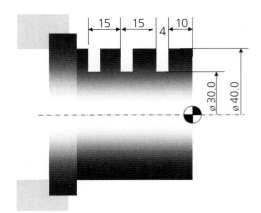

（프로그램 예）

O0001;
G50S1500T0500;
G96S100M03;
G00X42.0Z-15.0T0505M08;
G75X30.0Z-45.0P3000Q15000F0.1;
G00X150.Z200.0T0500M09;
M30;

(7) 복합형 나사절삭 사이클(G76)

복합형 나사절삭 사이클은 나사절삭 2회 이상의 절입량이 자동적으로 계산되기 때문에 G92의 나사절삭 사이클처럼 1회마다 절입량을 지정할 필요가 없다.

한 개의 블록으로 나사절삭을 지령할 수 있다.

(지령형식) G76 P(m)___ (r)___ (a) Q(Δdmin)___ R(d)___ ;

G76 X(u)___ Z(w)___ R(i)___ P(k)___ Q(Δd)___ F___;

P(m): 최종 나사 전에서의 반복횟수

(r): 나사 끝부위의 챔퍼링

(a): 나사산의 각도

ex) P 02(반복횟수) 10(챔퍼) 60(각도)

X(u), Z(w): 나사절삭의 중간점

Q(Δdmin): 최소 절입량

R(d): 사상여유(마지막 정삭여유)

R(i): 생략 시 스트레이트용 나사가공(R −; X +로 테이퍼 나사)

P(k): 나사산의 높이(소수점 생략 → P900 = 0.9 mm)

Q(Δd): 최초 절입량(소수점 생략 → Q500 = 0.5 mm)

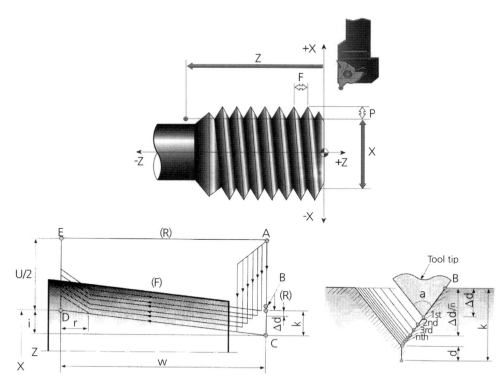

그림 2-74 G76에서의 사이클의 동작

연습문제 그림은 G76 복합형 나사절삭 사이클 프로그램의 예이다.

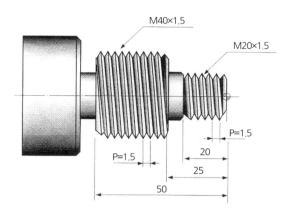

M40×1.5

M20×1.5

P=1.5

P=1.5

20

25

50

프로그램 예

O1111;
G97S800T0600M03;
G00X30.0Z5.0T0606;

G76P021060Q100R100;
G76X18.2Z-20.0P900Q500F1.5;
G00X50.0Z-20.0;
G76P021060Q100R100;   (생략 가능)
G76X38.2Z-52.0P900Q500F1.5;
G00X150.0Z200.0T0600M09;
M30;

(8) 탭핑 사이클(G84)

구멍바닥에서 주축의 회전이 역회전하여 탭핑 사이클이 실행된다. 즉 Z축의 이송이 항상 동기가 되도록 제어가 된다. G84 탭핑 동작 중에는 이송속도 오버라이드는 무시되며 피드 홀더를 눌러도 복귀동작이 종료할 때까지 정지하지 않는다.

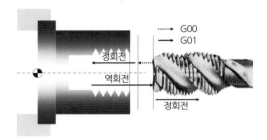

그림 2-75 G84에서의 탭핑 사이클 동작

연습문제 그림은 G84 탭핑 사이클 프로그램의 예이다.

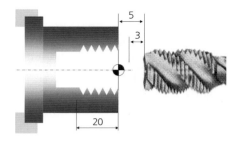

프로그램 예
O0005;
G97S500M03T0800;
G00X0.0Z5.0T0808M08;

G84Z-20.0R-3.0F1.5;
G00X150.0Z200.0T0800M09;
M30;

2.2.19 주 프로그램과 보조 프로그램

프로그램은 주 프로그램과 보조 프로그램(main program & sub program)으로 나누어져 있다. 주 프로그램은 리셋상태로부터 가공물을 최초로 시작하는 가공 프로그램이다. 보조 프로그램은 주 프로그램의 호출에 의해 실행되고 실행이 종료되면 주 프로그램으로 복귀한다. 실행 프로그램은 주 프로그램 단독으로 구성될 수 있고, 또한 주 프로그램과 여러 보조 프로그램으로 구성될 수 있다.

보조 프로그램을 몇 회라도 반복할 수 있다면 프로그램을 매우 간략히 할 수 있다. 주 프로그램과 보조 프로그램은 미리 CNC 장치의 메모리에 등록되어 있어야만 한다.

보조 프로그램 및 주 프로그램은 다음과 같이 구성한다. 프로그램 번호를 어드레스 'O' 로 지정해 놓고, 보조 프로그램 종료를 M99로 지령한다. 이때 주 프로그램의 시퀀스 번호를 어드레스 'P'로 지령해 놓으면 지령한 시퀀스 번호로 되돌아 갈 수 있다.

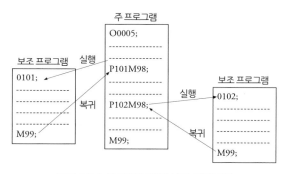

그림 2-76 주 프로그램과 보조 프로그램

주 프로그램은 그림 2-77처럼 M98 블록에 어드레스 'P'로, 보조 프로그램 번호를 어드레스 'L'로 반복횟수를 지령해 놓고, 보조 프로그램 호출은 M98을 지령한다. 어드레스 'L'을 생략하면 1회의 반복횟수로 된다.

보조 프로그램이 또 다른 보조 프로그램을 호출해서 실행시킬 수도 있다 그림 2-78은 그 예이다. 이것을 보조 프로그램의 다중호출(Nesting)이라 한다. 네스팅 횟수는 CNC 장치에

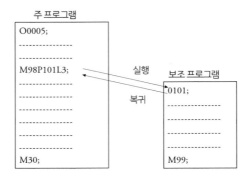

그림 2-77 보조 프로그램 반복 사용 방법

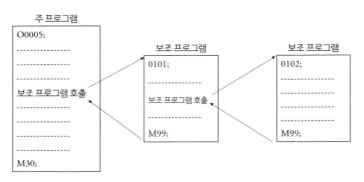

그림 2-78 보조 프로그램 다중호출

따라 다르지만 일반적으로 4회 정도이다.

2.2.20 프로그래밍의 실제

지금까지 프로그래밍에 필요한 각종 기능의 용도나 사용 예를 공부하였다. 이것에 의해 프로그래밍의 개요를 이해했다고 생각하지만, 더욱 이해를 돕기 위해 여기에서는 CNC 선반의 가공 예제를 예로써, 부품을 가공하기 위한 프로그래밍을 하여 문제에 답해가면서 실제적인 프로그램 방법을 이해하기 바란다.

(1) 부품도

CNC 선반만이 아니고 모든 공작기계에서 가공을 하기 위해서는, 먼저 도면을 확실히 해독하는 것이 중요하다. 도면을 해독함으로써 공작물 형상을 파악하고, 가공상의 주의점이나 가공방법 등 지금부터 하는 작업의 흐름을 이해할 수 있게 된다.

도면에서 알수 있는 정보로는 다음과 같은 것이 있다.

① 공작물의 형상

정면도나 평면도로부터 공작물의 입체형상을 연상할 수 있다.

② 소재의 크기와 절삭여유

공작물의 형상으로부터 가공할 부분을 검토한다.

③ 공작물의 재질

재료기호로 공작물의 재질을 숙지하고, 재질을 이행하면 공작물의 피삭성을 어느 정도 이해할 수 있다.

④ 치수 및 정밀도

각 부분의 치수 및 치수정밀도, 가공면조도, 형상정밀도 등을 검토한다.

⑤ 가공방법

공작물의 정밀도를 이했다면 바깥지름 가공, 안지름 가공 또는 황삭가공, 정삭가공 등 필요한 가공방법을 정리한다.

⑥ 가공순서

가공방법을 정리하였으면 가공순서를 검토한다.

⑦ 사용공구

가공방법이나 가공순서에 따라 가공을 하기 위해 필요한 공구를 검토한다.

⑧ 셋팅방법

공구나 공작물의 부착방법을 검토한다. 공구의 경우는 툴 홀더의 선택과 공구 부착위치를 검토하고, 공작물의 경우는 전가공의 필요성이나 척 조의 선택 등을 검토한다. 또한 도면으로부터 읽어 들이는 정보는 여러 가지가 있는데 얻어진 정보는 그대로 프로그래밍을 할 경우 판단의 기초가 되므로 가능한 한 정확히 정보를 읽어 들이는 것이 대단히 중요하다.

(2) 가공순서의 작성

도면에서 읽은 정보는 다음 프로그래밍을 쉽게 할 수 있게 미리 가공 순서표를 정리해 놓고, 기입사항으로는 가공준비, 사용공구와 절삭조건 등이 있다.

(3) 툴 레이아웃의 작성

사용공구의 종류 공구를 부착위치 및 공구번호의 지정 또는 공구와 공작물과의 상대적

위치관계 등을 정리하기 위하여 툴 레이아웃을 작성한다.

(4) 프로세스 시트의 작성

프로그램을 기입하는 용지를 프로세스 시트라 부른다. 또 공구의 이동경로를 지시한 것을 공구 경로도(tool path)라 부른다. 일반적으로 프로그래밍을 하는 경우는 미리 선정한 공구의 이동경로를 공구 경로도에 표기하고, 공구 경로도에 따라서 프로그램을 프로세스 시트에 기입한다.

지금까지 공부한 내용을 확인하면서 프로그램의 내용을 이해하기 바란다.

▶ 프로세스 시트

부품명	TEST PIECE				작성일시		페이지
프로그램명	외경황삭가공(복합)			(주, 보조)	작성자명		

공구경로도

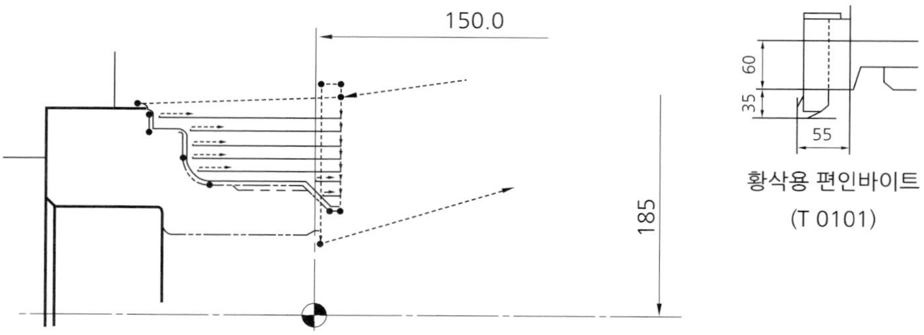

황삭용 편인바이트
(T 0101)

그림 2-79

	O／N	G	X（U）	Z（W）	R	F	S	T	M	C R
1	O 2000									∶
2	N 2001	G 28	U 0	W 0						∶
3									M 00	∶
4		G 00	（①　）	（②　）						∶
5									M 00	∶
6										∶
7	N 2100	G 96					S 120	T 0100		∶
8		（③　）	X 370.0	Z 150.0					M 08	∶
9		G 00	X 85.0	Z 3.0				（④　）	M 03	∶
10		G 71	P （⑤　）	Q （⑥　）	U 0.4	W 0.2	D 5000	F 0.3		∶
11	N 2110	G 00	X 42.0							∶
12		G 42		Z 2.0						∶
13		（⑦　）	U 8.0	W － 4.0		F 0.2				∶
14				Z － 15.0						∶
15			X 60.0	Z － 20.0	（⑧　）					∶
16			X 70.0		R － 1.0					∶
17				Z － 25.0						∶
18			X 78.0							∶
19			U 4.0	W － 2.0						∶
20	N 2120	G 40	X 86.0							∶
21		（⑨　）		Z 0.2						∶
22			X 54.0							∶
23		G 01	X 28.0							∶
24		G 00	X 370.0	Z 150.0				T 0100	M 05	∶
25									（⑩　）	∶

▶ 프로세스 시트

부품명	TEST PIECE	작성일시		페이지	
프로그램명	외경 정삭가공(복합) (주, 보조)	작성자명			

공구경로도

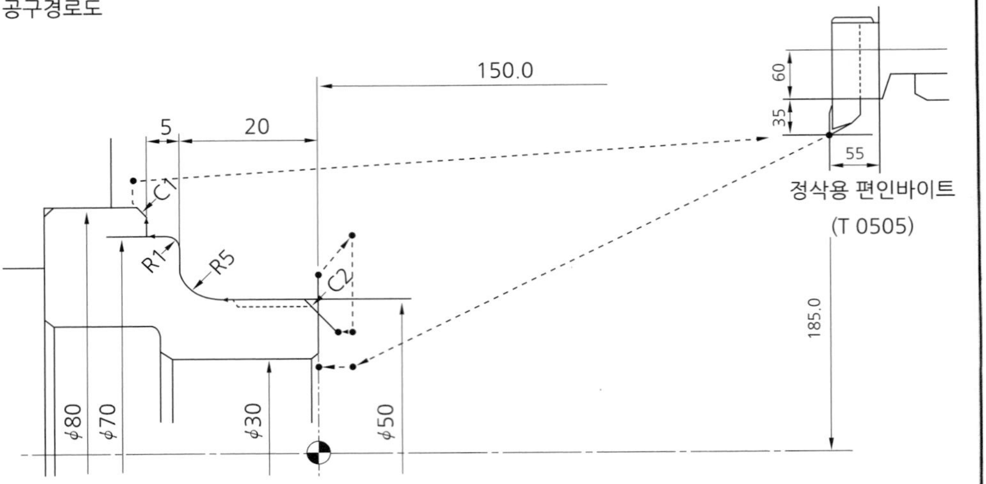

	O／N	G	X (U)	Z (W)	R	F	S	T	M	CR
1	N2300	(①)					S180	(②)		;
2		(③)	X370.0	Z150.0					(④)	;
3		(⑤)	X28.0	Z3.0				(⑥)	(⑦)	;
4		(⑧)		Z0		F0.3				;
5			X55.0			F0.2				;
6		(⑨)	X70.0	Z3.0						;
7		(⑩)	P2110	Q2120						;
8		(⑪)	X370.0	Z150.0				(⑫)		;
9									(⑬)	;
10										;
11										
12										
13										
14										
15										

그림 2-80

▶ 프로세스 시트

부품명	TEST PIECE			작성일시		페이지
프로그램명	M50 P1.5 나사 절삭가공		(주, 보조)	작성자명		

공구경로도

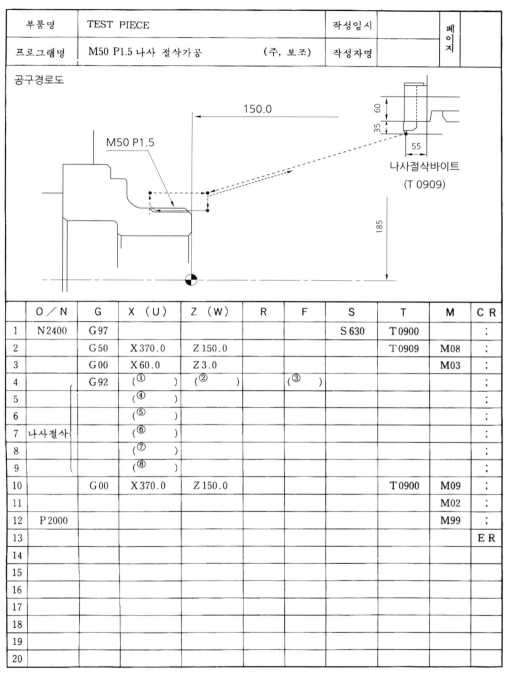

M50 P1.5

150.0

60
35
55

나사절삭바이트
(T 0909)

185

	O／N	G	X（U）	Z（W）	R	F	S	T	M	C R
1	N 2400	G 97					S 630	T 0900		；
2		G 50	X 370.0	Z 150.0				T 0909	M08	；
3		G 00	X 60.0	Z 3.0					M03	；
4		G 92	(①　　)	(②　　)		(③　　)				；
5			(④　　)							；
6			(⑤　　)							；
7	나사절삭		(⑥　　)							；
8			(⑦　　)							；
9			(⑧　　)							；
10		G 00	X 370.0	Z 150.0				T 0900	M09	；
11									M02	；
12	P 2000								M99	；
13										E R
14										
15										
16										
17										
18										
19										
20										

그림 2-81

(5) 삼각함수 계산

① 피타고라스 정리

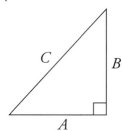

$$C^2 = A^2 + B^2 \quad C = \sqrt{A^2 + B^2}$$
$$A^2 = C^2 - B^2 \quad A = \sqrt{C^2 - B^2}$$
$$B^2 = B^2 - A^2 \quad B = \sqrt{C^2 - A^2}$$

② 삼각함수

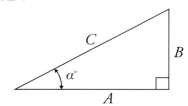

$$\sin\alpha° = \frac{B}{C} , \cos\alpha° = \frac{A}{C} , \tan\alpha° = \frac{B}{A}$$

$$A = C \times \cos\alpha° \qquad A = \frac{B}{\tan\alpha°}$$
$$B = C \times \sin\alpha° \qquad B = A \times \tan\alpha°$$
$$C = \frac{B}{\sin\alpha°} \qquad C = \frac{A}{\cos\alpha°}$$

③ 사인 법칙

ⓐ 한 변과 두 각을 알 경우 다른 두 변의 길이를 구할 때

ⓑ 두 변과 한 각을 알 경우 다른 한 각을 구할 때

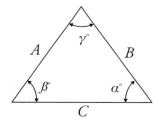

$$\frac{A}{\sin\alpha°} = \frac{B}{\sin\beta°} = \frac{C}{\sin\gamma°}$$

④ 코사인 법칙

ⓐ 두 변과 한 각을 알 경우 다른 변의 길이를 구할 때

ⓑ 세 변의 길이를 알고 다른 각을 구할 때

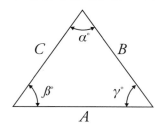

$$A^2 = B^2 + C^2 - 2BC \cos\alpha° \qquad \cos\alpha° = \frac{B^2 + C^2 - A^2}{2BC}$$
$$B^2 = C^2 + A^2 - 2CA \cos\beta° \qquad \cos\beta° = \frac{C^2 + A^2 - B^2}{2CA}$$
$$C^2 = A^2 + B^2 - 2AB \cos\gamma° \qquad \cos\gamma° = \frac{A^2 + B^2 - C^2}{2AB}$$

계산식

$$가공시간\,(\mathrm{sec/ea}) = \frac{\pi D.L \times 60}{100 V \times F} = \frac{절삭길이 \times 60}{평균회전수 \times F} = \mathrm{sec}$$

$$생산량\,(8\,\mathrm{Hrs/day}) = \frac{8\,\mathrm{Hrs} \times 60 \times 60}{개당\ 소요시간(\mathrm{sec})} = \mathrm{ea}$$

$$가공소요일 = \frac{대상시간(\mathrm{sec}) \times 가공하고자\ 하는\ 수량(\mathrm{ea})}{\dfrac{8 \times 60}{60}} = 일$$

$$표면조도 = \frac{이송량^{2}}{8 \times NOSER} \times 1000 = R \cdot t\ \mu\mathrm{m}$$

절삭량 $= \mathrm{cm}^{3}/\min$

$\mathrm{V.F.D} = \mathrm{LT}$

$$\frac{ft \times W \times D}{1000} = ML$$

V = 절삭속도
F = 이송량(mm/rev)
D = 절삭깊이
ft = 이송속도(mm/min)
W = 절삭 폭

절삭조건(재질: AL)

* EXTREME - . FINISHING   V = 870
    F = 0.05 ~ 015
    t = 0.025 ~ 2.0

    - . FINISHING   V = 720
    F = 0.1 ~ 0.3
    t = 0.5 ~ 2.0

    - . LIGHT   V = 600
      ROUGHING   F = 0.2 ~ 0.5
    t = 2.20 ~ 4.0

그림 2-82

(6) 절삭조건

표 2-14 절삭조건

재질	구분	절삭깊이 d (mm)	절삭속도 V (m/min)	이송속도 f (mm/rev.)	공구재질
탄소강 60kg/mm (인장강도)	황삭 중삭 정삭 나사 홈파기 센터드릴 드릴	3~5 2~3 0.2~0.5	180~200 200~250 250~280 124~125 90~110 1000~1600rpm ~25	0.3~0.4 0.3~0.4 0.1~0.2 0.08~0.2 0.08~0.15 0.1~0.2	P 10~20 〃 P 01~10 P 10~20 〃 SKH 2 SKH 9
합금강 140kg/mm²	황삭 정삭 홈파기	3~4 0.2~0.5	150~180 200~250 70~100	0.3~0.4 0.1~0.2 0.08~0.2	P 10~20 〃 〃
주철 HB 150	황삭 정삭 홈파기	3~5 0.2~0.5	200~250 250~280 100~125	0.3~0.5 0.1~0.2 0.1~0.2	K 10~20 K 01~10 K 10~20
알루미늄	황삭 정삭 홈파기	2~4 0.2~0.5	400~1000 700~1600 350~1000	0.2~0.4 0.1~0.2 0.08~0.2	K 10 〃 〃
청동 활동	황삭 정삭 홈파기	3~5 0.2~0.5	150~300 200~500 150~200	0.2~0.4 0.1~0.2 0.1~0.2	K 10 〃 〃
스테인리스스틸	황삭 정삭 홈파기	2~3 0.2~0.5	150~180 180~200 60~90	0.2~0.35 0.1~0.2 ~0.15	K 10~20 K 01~10 K 10~20

(주) 1) 코팅처리된 공구의 사용에 대한 조건임
　　 2) 공구의 형상 및 각도에 따라 절삭조건이 변경됨

(7) 나사가공 절삭횟수(S45C를 초경공구로 나사가공하는 경우)

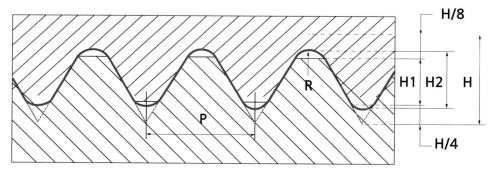

그림 2-83 나사가공 절삭횟수

(8) 나사가공의 절입방법

표 2-15 나사가공의 절입방법

절입방법	특징
반경방향 인피드	• 가장 단순하고 빠른 방법으로 인서트가 축의 수직으로 절입하고 인서트의 양날을 동시에 사용 • 16 tpl/1.0 mm보다 작은 피치에 적용 • 강한 재질과 짧은 칩이 발생하는 재질에 적용
수정 측면방향 인피드	• 16 tpl/1.0 mm보다 큰 피치에 적용 • 유효절삭날 길이가 Radial Infeed보다 작아서 chattering의 발생이 적음 • 트라페즈(Trapez)와 에크미(ACME) 나사에 적용 • 칩배출이 좋음
양쪽 측면방향 인피드	• 특히 큰 피치나 롱칩이 발생하는 경우에 적용 • 양측면 절삭날을 번갈아가며 사용함으로써 두 날의 마모량이 같아짐 • 완벽한 프로그램이 필요 • NPT처럼 절삭 끝부분이 날카로운 경우 추천

리드각(Calculating the Helix Angle β) 계산법

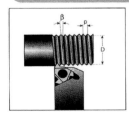

$$\beta = \arctan \frac{P \times N}{\pi \times D}$$

β - 리드각[°]
P - 피치[mm]
N - 조수
D - 소재경[mm]
Lead = P × N

그림 2-84 나사의 리드각 계산법

$$N = \frac{1000 \times Vc}{\pi \times D}$$

$$Vc = \frac{N \times \pi \times D}{1000}$$

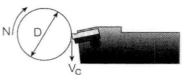

N - 회전수(RPM)
Vc - 절삭속도[m/min]
D - 소재경[mm]

그림 2-85 회전수 계산법

바깥지름 오른나사 가공

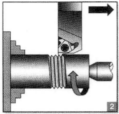

바깥지름 왼나사 가공

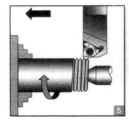
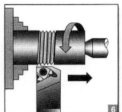

안지름 오른나사 가공

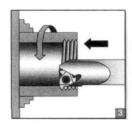
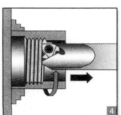

안지름 왼나사 가공

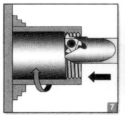
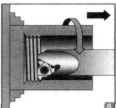

그림 2-86 나사가공 방법

03 머시닝센터

3.1 머시닝센터의 개요

자동공구 교환장치가 붙은 CNC 만능 공작기계가 머시닝센터 등장의 시초이다. 먼저 CNC 선반이나 CNC 밀링 등 범용 공작기계의 NC화에 성공했고, 실용화 단계를 지나 요즈음 다기능 복합화 가공으로서 앞으로도 CNC 공작기계의 발전전망이 밝은 추세이다.

현재 머시닝센터는 컴퓨터나 기기, 장치 등과 함께 사용의 용이성 향상과 CNC 공작기계를 대표한다.

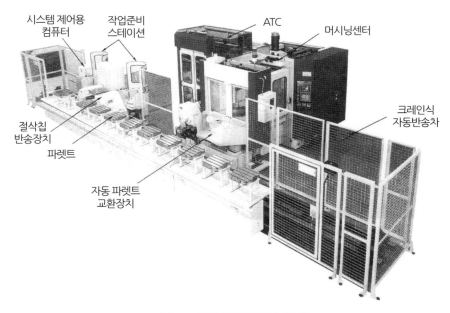

그림 3-1 머시닝센터와 생산 시스템

머시닝센터에 의한 생산에의 공헌을 특징적으로 보면 다음과 같다.

① 가공기능의 복합화
② 작업준비의 성력화
③ 생산의 시스템

3장에서는 위의 특징에 입각하여 머시닝센터 및 그 주변기기 · 장치, 나아가 생산 시스템까지의 개요를 설명하기로 한다.

3.1.1 머시닝센터란?

머시닝센터는 공작물의 작업준비의 교체 없이 공구를 자동적으로 교환하면서 밀링가공, 드릴링가공, 보링가공 등을 연속해서 할 수 있는 CNC 공작기계이다.

머시닝센터는 위에서 말한 것처럼 한 대의 공작기계에서 여러 종류의 가공을 할 수 있는 것을 말한다. 종래의 범용 공작기계와는 달리 새로운 가공개념을 가지고 등장한 CNC 공작기계이다.

머시닝센터의 등장에 의해 밀링가공, 드릴링가공, 보링가공 등을 머시닝센터가 하게 되고, 단일 가공 기능의 CNC 밀링, CNC 보링머신, CNC 드릴링머신 등은 차제에 그 수가 감소추세에 있고 머시닝센터가 급속히 보급되어 가고 있다.

그림 3-2 머시닝센터의 작업광경

3차원 형상의 가공

하우징가공

그림 3-3 머시닝센터에 의한 가공

머시닝센터의 어원은 확실하지 않지만, 'Kearney & Trecker사'가 개발한 자동공구 교환장치가(ATC)가 붙은 CNC 공작기계 'Milwaukee Matic', 1960년에 히타치 제작소가 개발한 자동공구 교환장치가 붙은 'CNC 만능공작기계'가 머시닝센터의 원형으로 되어 있다.

앞에서 말한 것처럼 머시닝센터는 여러 종류의 CNC 공작기계가 하는 가공작업을 한 대의 공작기계에서 복합적으로 하는 CNC 공작기계이다. 이 때문에 CNC 선반이나 CNC 밀링 등에서처럼 기계의 구조나 가공종류 등의 분류로 머시닝센터를 특정하는 것은 곤란하다. 대개는 공작기계 제조업체에서 명칭 분류를 하고 있지만, JIS 규격에서는 머시닝센터를 다음과 같이 정의하고 있다.

공작물 작업준비의 교체 없이 2면 이상의 여러 종류의 가공을 할 수 있는 수치제어 공작기계로 공구의 자동교환장치 또는 자동선택기능을 갖고 있는 것

즉, 머시닝센터란

① 공작물의 분할기능을 갖추고 다면가공을 할 수 있는 CNC 공작기계
② 밀링가공이나 드릴링가공 등 여러 종류의 가공을 할 수 있는 CNC 공작기계
③ 자동공구 교환장치(또는 공구자동 선택장치)를 갖추고, 가공의 종류에 맞는 공구를 자유롭게 선택할 수 있는 CNC 공작기계

라고 말할 수 있다. JIS의 정의대로라면 위의 세 조건을 전부 갖춘 CNC 공작기계만이 머시닝센터라 할 수 있지만 실제로는 ②, ③만을 갖추어도 머시닝센터라고 부른다.

3.1.2 머시닝센터의 기본 구성

　머시닝센터는 주축방향에 따라 크게 수직형 머시닝센터와 수평형 머시닝센터로 나눌 수 있다. 그림 3-5와 3-6은 주축이 수직축인 수직형 머시닝센터와 주축이 수평축인 수평형 머시닝센터이다.

그림 3-4 수직형 머시닝센터

그림 3-5 수직형 머시닝센터와 각 부 명칭

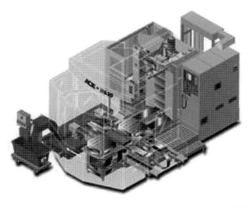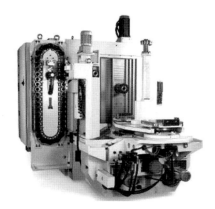

그림 3-6 수평형 머시닝센터

다음으로 그림의 머시닝센터를 참고하면서, 머시닝센터를 구성하고 있는 주요부에 대하여 설명한다.

(1) 주축

머시닝센터는 CNC 밀링이나 CNC 드릴링머신 등과 같이 주축에 부착한 공구가 주축과 함께 회전하여 공작물을 절삭한다.

주축의 회전은 CNC 장치로부터의 지령에 의해 주축 모터의 회전을 기어나 벨트 등을 이용하여 지령값의 회전수로 변속시킨다. 또 주축끝은 테이퍼 형상(7/24 테이퍼)과 스트레이트 형상의 것이 있지만 거의 모든 머시닝센터 테이퍼 형상의 주축끝(주축단)을 사용하고 있다.

주축 테이퍼형상   주축

그림 3-7 주축단의 형상

(2) 주축헤드

주축헤드(head)는 주축을 베어링으로 지지해서 주축모터의 회전을 주축에 전달한다. 주축헤드는 서보모터에 의해 상하로 이동하고, 수직형 머시닝센터에서는 그림 3-8처럼 Z축(공구)을 구성하고, 수평형 머시닝센터에서는 그림 3-9처럼 Y축을 구성한다. 또 머시닝센터의 제어축은 주축헤드의 상하 이동축과 테이블의 좌우 이동축, 새들의 전후 이동축의 3축(X, Y, Z)제어로 되어 있다.

그림 3-8 수직형 머시닝센터   그림 3-9 수평형 머시닝센터

(3) 테이블

테이블(table)은 지그·고정구 등을 이용해서 공작물을 부착하는 다이로 테이블면 위에는 T홈이나 탭구멍이 있고, 그것을 이용해서 공작물을 테이블에 고정한다.

그림 3-10 수직형 머시닝센터의 테이블   그림 3-11 수평형 머시닝센터의 파렛트

그림 3-12 수직형 머시닝센터의 테이블

그림 3-13 수평형 머시닝센터의 파렛트

테이블은 좌우로 이동하고, 수직형 머시닝센터에는 테이블의 분할기능이 갖추어져 있다. 이 경우는 그림 3-12처럼 테이블상의 파렛트(pallet)라 부르는 다이에 공작물을 고정한다. 그래서 파렛트의 회전에 의해서 공작물의 다면가공을 할 수가 있다. 파렛트의 회전축은 일반적으로 B축을 구성한다.

(4) 새들

새들(saddle)은 테이블을 지지하는 다이로 베드 위에서 전후 이동을 하고 수직형 머시닝센터에서는 Y축을, 수평형 머시닝센터에서는 Z축을 구성한다.

그림 3-14 새들

(5) 베드

베드(bed)는 칼럼이나 새들을 지지하는 다이로, 기계구성의 기초가 되는 부분이다.

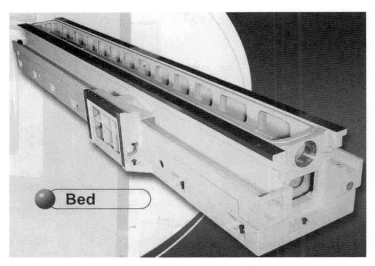

그림 3-15 베드

(6) 칼럼

칼럼(column)은 주축헤드를 지지하는 기둥이며, 칼럼에는 베드에 고정된 고정형 칼럼(그림 3-17 참조)과 베드 위에서 이동할 수 있는 트라벨링형 칼럼(그림 3-18 참조)이 있다. 트라벨링형 칼럼의 경우는 칼럼의 이동에 따라 제어축을 구성한다. 그림 3-18에서는 칼럼이 전후 이동에서 Z축을 구성하고 있다.

그림 3-16 칼럼

그림 3-17 고정형 칼럼

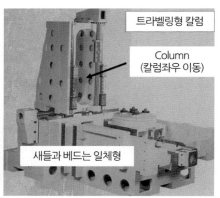

그림 3-18 트라벨링형 칼럼

(7) 자동공구 교환장치

ATC는 Automatic Tool Changer의 약자로 주축에 고정되어 있는 공구와 다음 가공에 사용될 공구를 자동교환하는 장치이다.

ATC는 공구를 교환하는 ATC 암과 많은 공구가 격납되어 있는 ATC 매거진으로 구성되어 있다. 그림 3-19는 ATC와 그 동작을 나타낸 것이다. ATC에 있는 공구의 호출방법에는 시퀀셜 공구 선택 방식과 랜덤 선택 방식이 있다. 전자는 ATC 매거진에 배열되어 있는 순서대로 공구를 교환하는 방식이고, 후자는 모든 공구에 공구번호를 지정하여 그 번호를

ATC 동작

ATC 매거진

그림 3-19 ATC

시퀀셜 공구 선택 방식

랜덤 공구 선택 상빅

그림 3-20 공구 선택 방식

드럼형   체인형

그림 3-21 ATC 매거진의 종류

ATC 장치에 기억시킴으로써 ATC 매거진의 공구를 임의로 호출하여 교환하는 방식이다. 거의 모든 머시닝센터가 랜덤 공구 선택 방식으로 되어 있다.

(8) 이송기구

이송기구는 그림 3-22처럼 서보모터, 볼나사, 볼너트 등으로 구성된다. NC 장치로부터의 지령에 의해 테이블, 새들, 주축헤드의 위치결정이나 절삭이송 등을 동작시키는 기구다.

서보모터의 회전은 기어, 벨트, 커플링 등에 의해 볼나사에 전달되고, 볼너트에 직결되어 있는 테이블, 새들, 주축헤드를 직선운동시킨다. 요즈음에는 거의 AC 서보모터가 이용되고 있다.

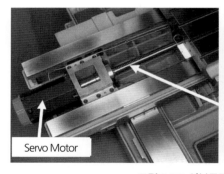
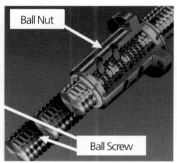

그림 3-22 서보모터와 볼나사

(9) 절삭유제 공급장치

공구 또는 공작물에 절삭유제(coolant)를 공급하고 다시 회수하는 장치이다. 절삭유제는 수용성 절삭유제 또는 불수용성 절삭유제가 사용되며, 공구와 공작물의 절삭면에 윤활 및 냉각작용을 한다.

절삭유제의 공급방식에는 다음과 같은 것들이 있다.

① 노즐 쿨란트 방식
그림 3-23처럼 주축끝 부근에 고정시킨 노즐로 절삭유제를 공급하는 방법

② 스로 쿨란트 방식
그림 3-24처럼 주축의 내부(스핀들 스로) 및 공구의 내부(툴 스로)를 통하여 절삭유제를
공급하는 방법

③ 샤워 쿨란트 방식
공구나 공작물 전체에 절삭유제를 공급하는 방법

④ 미스트 쿨란트 방식
공기와 절삭유제를 혼합해서 분무식으로 공급하는 방법 또 기계나 공작물을 세척하기 위
한 방식으로도 이용된다. 공급법의 선택, 쿨란트의 On/Off는 보조기능(M기능)으로 지령한다.

그림 3-23 노즐 쿨란트 방식

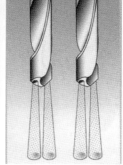

그림 3-24 스로 쿨란트 방식

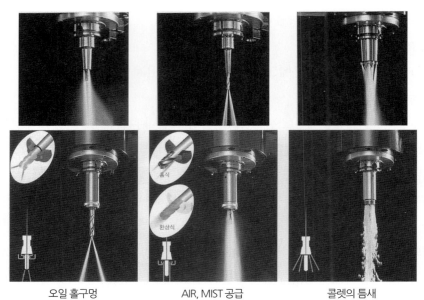

| 오일 홀구멍 | AIR, MIST 공급 | 콜렛의 틈새 |

그림 3-25 오일 홀과 미스트 공급방식

(10) 주축온도 조정장치

주축온도 조정장치는 고속으로 회전하는 주축, 베어링, 기어 등을 윤활·냉각하는 장치로, 기계의 열변위에 의한 가공정밀도 저하를 방지한다.

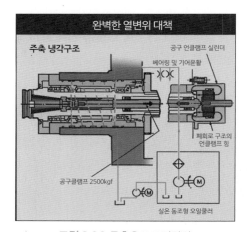

그림 3-26 주축온도 조정장치

(11) 유압장치

유압장치는 ATC의 공구교환 동작이나 파렛트(pallet)의 교환 동작 등의 구동원으로 이용되고 있다.

(12) 공압장치

공압장치는 기계 각 부로의 절삭칩이나 절삭유제의 침입방지, 공구교환 시의 주축구멍이나 툴섕크 등의 세척, 절삭유제와 공기를 혼합해서 미스트 쿨란트 등의 공압원으로서 이용되고 있다.

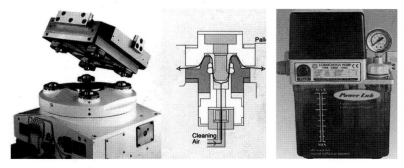

그림 3-27 파렛트 고정핀 세척   그림 3-28 윤활장치

(13) 습동면의 윤활장치

주축헤드, 테이블, 새들의 습동면에 윤활유를 공급하는 장치이다.

(14) CNC 장치와 주 조작반

최근의 CNC 장치는 CNC 장치의 조작부를 기계 본체와 일체형으로 된 기전 일체형이 많다. 주 조작반은 기계의 수동조작 등을 하기 위한 기계 조작반 및 프로그램의 MDI 입력(Manual Date Input: 수동 데이터 입력) 등을 하기 위한 CRT 조작반으로 구성되어 있다. 그림 3-29는 주 조작반의 예이다.

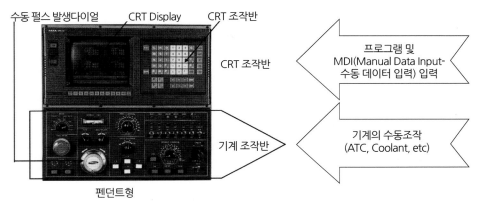

그림 3-29 주 조작반

(15) 기계 본체 및 CNC 장치의 기본사양

표 3-1은 기계 본체, 표 3-2는 CNC 장치의 기본적인 사양이다. 표의 사양은 CNC 공작 기계나 CNC 장치의 제조업체, 종류 등에 따라 다르다. 상세한 것은 각각의 취급설명서를 참조하기 바란다. 그러나 여기에서 취급한 머시닝센터의 사양은 표준적인 것이고, 다른 제조업체 사양과도 많이 공통되기 때문에 뒤에서 설명할 프로그래밍 또는 머시닝센터 작업도 표의 사양을 참고로 해서 설명하기로 한다.

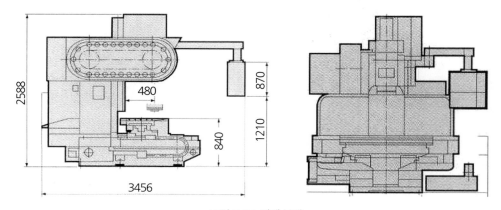

그림 3-30 기계 본체

표 3-1 기계 본체 사양(MAKINO 밀링 FNC86-30A의 경우)

항목		크기·단위·규격 등
테이블	길이×폭	1200×600 mm
	T홈의 폭×개수	18H7 mm×7개
운동범위	테이블 좌우의 이동(X축)	850 mm
	테이블 전후의 이동(Y축)	600 mm
	주축헤드 상하의 이동(Z축)	560 mm
	주축헤드부터 테이블 상면까지의 거리	225~785 mm
	주축중심부터 칼럼 전면까지의 거리	650 mm
주축헤드	주축단 형식	BT50
	주축 후론트 베어링경	ϕ105 mm
	주축속도(S4자리 직접지령)	10~3500 rpm
	주축 구동용 모터(30분 정격/연속)	AC11/7.5 kW
이송속도	절삭이송속도	0.1~4000 mm/min
	급속이송속도(X, Y축)	12000 mm/min
	급속이송속도(Z축)	12000 mm/min
ATC	공구 수납개수	30개
	공구 선택방식	랜덤
	공구 생크	MAS403-BT50
	공구 풀 스터드	MAS407-I형 P50T
	공구 최대치수(경×길이)	ϕ145×400 mm
	공구 최대중량(생크포함)	15 kg
유압장치	최고 작동 압력	40 kg/cm^2
	탱크 용량	60
	윤활 방식	강제 윤환급유 방식
절삭유장치	노즐수	4개
	펌프 토출량	18 L/min
	탱크 용량	94L
공압원		5 kg/cm 이상
전원		28 kVA
중량	본체중량	8800 kg

표 3-2 CNC 장치의 사양(FANUC-11M 사양)

기능	항목	크기·단위·규격 등
축 제 어	제어축 동시제어축수 최소설정단위 최대지령값 보간기능	3축 동시 3축 0.001 mm ±8자리 직선보간·다상한 원호보간
이송기능	급속이송속도 이송속도지령 이송속도 오버라이드 급속이송 오버리이드 자동가감속 이그젝트 스톱 드웰	G00(24 mm/min max) mm/min 직접지령 0∼200%(10%씩) 1, 25, 50, 100% 급속이송: 직선가감속, 절삭이송: 지수가감속 G09, G61, G63, G64 G04
좌표계 설정	기계원점 복귀 기계 좌표계 설정 공작물 좌표계 설정 로컬 좌표계 설정	수동, 자동(G27, G28, G29) G53 6개(G54∼G59) G52
지령치 입력	절대지령/증분지령 소수점 입력/전자계산형 소수점 입력	
주축기능	S 4자리 직접지령	
공구기능	T 2자리 지령	
보조기능	M 2자리 지령	
프로그램	프로그램 번호 시퀀스 번호 주 프로그램/보조 프로그램 테이프 코드 테이프 포맷 헬리컬절삭 고정 사이클 원호반지름 R 지령	O 4자리 지령(프로그램: 16) N 5자리 지령 보조 프로그램: 4중까지 가능 EIA, ISO 자동판별 워드 어드레스 포맷 G02, G03 G73∼G89
운전기능	자동운전 수동연결이송 머신록 보조기능록 드라이 런 싱글블록 수동 데이터 입력	사이클 스타트/피드 홀드 모든 축 또는 각 축 등 키보드에 의한 MDI 입력
공구보정기능	공구보정 개수 공구위치 옵셋 공구경 보정 C 공구보정 메모리 A	99개 G45∼G48 G41, G42, G40 ±6자리, 전공구보정에 공용, 32개
프로그램 편집	CRT 디스플레이 테이프 기억편집 백그라운드 편집 등록 프로그램 개수	9인치 캘렉터 디스플레이 80 m 자동 운전 중의 편집 가능 100개
그 외	백래시보정, 자기진단기능, 비상정지, 미러이메지, 옵셔널 블록 스킵 백래시, 프로그램 번호 서치, 시퀀스 번호, 서치, 탭핑모드(G63) 등	

3.1.3 머시닝센터의 특징·용도·종류

(1) 머시닝센터의 특징·용도

머시닝센터는 정면밀링, 엔드밀, 탭, 리머, 보링 바 등의 공구를 자동교환해 가면서, 각종 가공을 연속적으로 하는 CNC 공작기계이다.

서보모터나 볼나사에 의한 위치결정은 고속화, 착탈 등 작업준비의 성력화 등에 의해 생산성을 비약적으로 향상시킬 수 있다는 것이 특징이다.

머시닝센터는 트랜스퍼 머신이나 전용 공작기계 등과 비교하면 대량 생산면에서는 뒤떨어지나 프로그램을 작성(또는 수정)하는 것만으로 신제품 개발이나 제품의 설계 변경이 용이하다는 특징이 있고, 머시닝센터는 유연성이나 풍부한 생산체계를 구축하는 것이 가능하다.

일반적으로 머시닝센터는 중품종 중량생산에 적합한 CNC 공작기계라 한다. 그러나 최근에는 머시닝센터가 가진 고정밀도, 높은 수준의 자동화라는 특징부터 다품종 소량생산에서도 적극적으로 이용되고 있고, 부품가공에서는 기어박스, 엔진부품, 펌프, 컴퓨터나 통신기기의 부품, 항공기 부품, 고정도 가공 등 각각의 요구에 따라 다품종 소량생산을 하는 CNC 공작기계로 이용되고 있다.

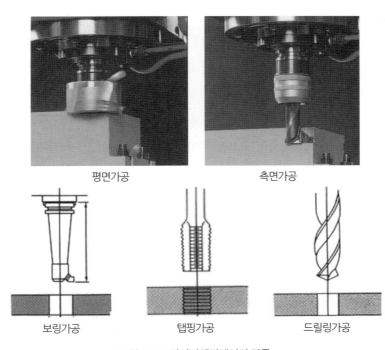

평면가공　　　　　　　　측면가공

보링가공　　　　　탭핑가공　　　　　드릴링가공

그림 3-31 머시닝센터에서의 가공

평면연삭

홈연삭

윤곽연삭

그림 3-32 머시닝센터에 의한 세라믹스 연삭가공(숫돌: 주철화이버 본드 숫돌)

더욱이 최근에는 머시닝센터의 기계적 강성을 높여서 파인 세라믹과 같은 고취성 재료를 다이아몬드도 연삭가공할 수 있는 머시닝센터로 등장하고 있다.

(2) 머시닝센터의 종류

머시닝센터는 용도에 따라 여러 종류가 있는데, 앞에서도 설명한 것처럼 일반적으로 주축의 방향에 따라 두 가지로 크게 구분할 수 있다.

수직형 머시닝센터는 테이블의 분할기능에 의해 기어박스 등과 같은 상자형 공작물의 같은 작업준비로 다면가공에 적합하다. 또 칩 처리나 절삭유제의 배출성이 좋고, 파렛트의 자동교환화 등에 의해 성력화, 무인화가 용이하고, 좀 더 고도의 자동생산 시스템에 이용되는 것이 많다.

머시닝센터의 종류는 X, Y, Z 3축의 구성에 따라 표 3-3과 같이 세분할 수 있다.

일반적인 머시닝센터의 축 제어는 X, Y, Z 3축으로 구성되어 있지만 그림 3-33처럼 스크루나 터빈 날개의 가공은 5축 제어 머시닝센터로 하고 있다. 그림 3-34는 5축 제어 머시닝센터이며, 5축의 축구성은 4.5절을 참조하기 바란다.

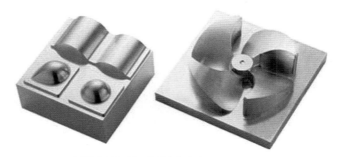

그림 3-33 5축 머시닝센터에 의한 가공 부품

표 3-3 CNC 장치의 사양(FANUC-11M 사양)

주축방향에 따른 분류	축 구성에 의한 분류	피구동체 조합			구성도	비고
		X축	Y축	Z축		
수평형 머시닝 센터	새들형	테이블	주축헤드	테이블	그림 7-25(a)	중·소형의 머시닝센터가 많다.
	트라벨링 칼럼형	칼럼	주축헤드	칼럼	그림 7-25(b)	테이블을 고정하고 공구를 X, Y, Z 3방향으로 이동시킨다. 라이화 등의 시스템머신 등에 적합하다.
		칼럼	주축헤드	주축헤드(램)	그림 7-25(c)	
		칼럼형	주축헤드	칼럼	그림 7-25(d)	X, Y, Z 각 축을 독립시킨 것으로 피구동체의 이동에 대하여 오버 행(over hang)이 없는 구조로 되고, 비교적 중·대형의 머시닝센 터에 많은 타입이다.
		칼럼	주축헤드	테이블	그림 7-25(e)	
	램형	테이블	주축헤드	주축헤드(램)	그림 7-25(f)	
	니이형	테이블	니이	주축헤드(램)	그림 7-25(g)	머시닝센터로서는 수가 적고 소형에서나 볼 수 있다.
수직형 머시닝 센터	새들형	테이블	테이블	주축헤드	그림 7-27(a)	수직형 머시닝센터의 주류를 이루고 있고, 가장 전통적인 형이다
	트라벨링 칼럼형	테이블	칼럼	주축헤드	그림 7-27(b)	각 축을 독립시킨 것으로, 피구동체의 이동에 대하여 오버 행이 없는 구조로 되고 비교적 중·대형의 머시닝센터에 많다.
		칼럼	칼럼	주축헤드	그림 7-27(c)	테이블을 고정하고 공구를 X, Y, Z 머시닝센터로서는 드물다.
	도어형	테이블	주축헤드	주축헤드(램)	그림 7-27(d)	프라노 밀리형의 머시닝센터로, 수직형 머시닝이지만, 일반적으로 도어형 머시닝센터로 구분된다.

그림 3-34 5축 머시닝센터

3.1.4 머시닝센터의 주변기기·장치

머시닝센터의 작업을 효율적으로 하기 위해서는 풍부한 기능을 가지고, 조작성이 우수해야 하며, 자동화에 대하여 확장성도 필요하다.

최근에는 FMC(Flexible Manufacturing Cell)나 FMS(Flexible Manufacturing System) 등 CNC 공작기계를 기본으로 한 자동생산 시스템이 주목받고 있으며, 머시닝센터의 자동화·무인화를 추진하는 주변기기 장치가 여러 가지 개발되어 있다. 여기에서는 머시닝센터의 주변기기·장치에 관하여 표준적인 것부터 자동화를 추진하는 것까지 현재 널리 사용되고 있는 여러 가지 기기·장치를 소개한다.

(1) 툴섕크와 풀스터드

툴섕크는 공구를 지지하여 주축에 고정하기 위한 고정구이다. 주축단의 형상에 따라서, 섕크부가 테이퍼형이나 스트레이트형이 있다. 또 풀스터드는 툴섕크를 주축에 고정시키기 위한 툴섕크의 보조구이다.

툴섕크는 그림 3-35처럼 주축헤드의 크램프 기구에 의해 풀스터드가 주축 측에 당겨져 테이퍼부가 주축구멍에 밀착되어 주축에 고정된다. MAS(일본공작기계 공업회)에서는 툴섕크 및 풀스터드의 규격을 정하고 있다.

그림 3-36에 MAS 규격(MAS403-1982)에서 정하고 있는 테이퍼형 툴섕크(BT50의 경우) 및 풀스터드의 형상·치수를 나타내었다. 테이퍼 섕크는 BT30부터 BT60이 규격화되어 있지만, BT40, BT45, BT50의 것이 많이 사용되고 있다. 툴섕크 및 풀스터드는 주축에 공구

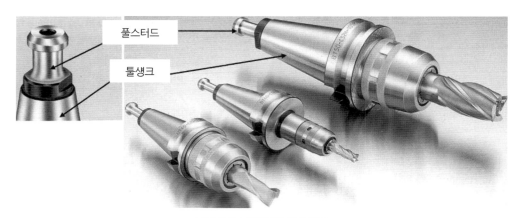

그림 3-35 툴섕크와 풀스터드

BT40

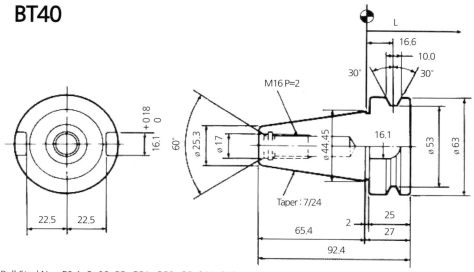

Pull Stud No.: PS-1, 2, 08, P5, G51, G58, G5, 301, 302

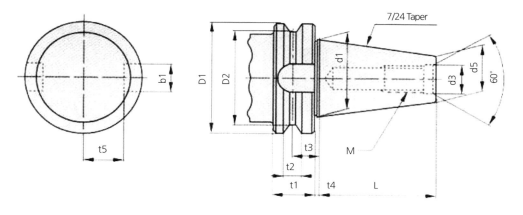

그림 3-36 툴생크(BT40)

를 고정시키기 위해 꼭 필요한 것이다. 기계의 사양에 따라 치수·형상이 다를 경우가 있기 때문에 기계에 맞는 적절한 것을 선택할 필요가 있다.

(2) 툴링 시스템

머시닝센터에서 사용한 공구는 앞에서 설명한 툴생크를 가진 각종 툴홀더를 이용해서 주축에 고정된다. 그림 3-38은 각종 공구의 고정 예이다. 또 그림 3-37의 툴 스탠드에는 많은 공구가 수납되어 있다. 이처럼 한 대의 머시닝센터에 수십 개의 공구가 필요하고, 이 때문에 공구 구입에 상당한 액수의 돈이 필요하게 된다.

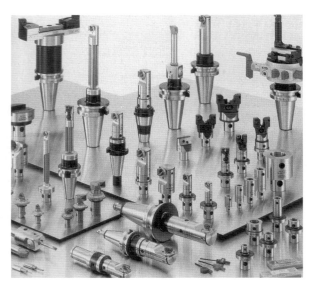

| 그림 3-37 툴 스탠드와 프리세트 | 그림 3-38 각종 공구의 예 |

그래서 머시닝센터에서 사용하는 공구를 구입할 때는 머시닝센터 간에 툴섕크의 호환성 툴홀더와 공구의 호환성 등 효율적인 공구의 운용을 위해 충분히 심사숙고해야 할 필요가 있다.

머시닝센터에서 사용하는 툴홀더와 공구는 그것을 판매하는 제조업체에 따라 여러 종류가 있다. 그래서 공구의 효율적인 운용을 하기 위해서는 미리 사용하는 툴홀더나 공구를 체계화해서 그것에 따라 적절한 공구를 선택하는 것이 좋다. 툴홀더나 공구의 체계화를 툴링 시스템이라 부른다.

툴링 시스템은 머시닝센터의 종류, 용도에 따라 그 형태가 다르지만 공작기계 제조업체나 공구 제조업체에서는 MAS 규격에 준한 툴링을 구성하고 있다. 그래서 일반적인 사용자도 MAS 규격을 참고로 한 툴링 시스템화를 도모하고 있다.

(3) 툴 프리세터

툴 프리세터(tool pre-setter)는 공구길이나 공구경을 측정하는 장치이다. 공구날(tip) 교환 시 공구날 끝선 위치에 어긋남이나, 공구 보정량의 측정 등에 이용한다. 측정치를 읽는 방법에는 그림 3-40의 마이크로미터식, 그림 3-39의 다이얼 게이지식, 그림 3-41의 광학식 등이 있다. 최근에는 그림 3-40처럼 컴퓨터를 접속시켜, 공구길이나 공구경, 공구수명, 절삭조건, 사용실적 등 각종 공구 데이터 관리를 병용하는 툴 프리세터도 있다.

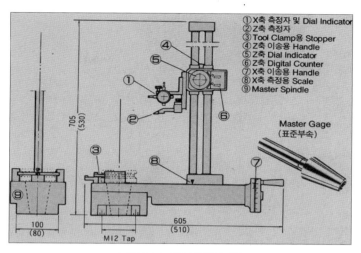

① X축 측정자 및 Dial Indicator
② Z축 측정자
③ Tool Clamp용 Stopper
④ Z축 이송용 Handle
⑤ Z축 Dial Indicator
⑥ Z축 Digital Counter
⑦ X축 이송용 Handle
⑧ X축 측정용 Scale
⑨ Master Spindle

Master Gage
(표준부속)

그림 3-39 다이얼 게이지식

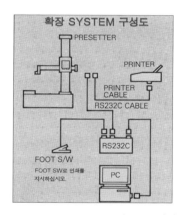

그림 3-40 마이크로미터식

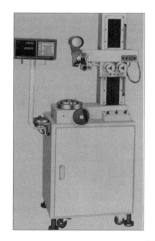

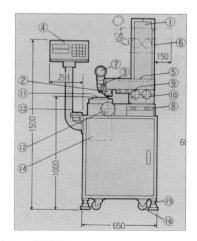

그림 3-41 광학식

(4) 공작물 고정구

공작물은 그림 3-42와 3-43처럼 각종 고정구를 이용해서 테이블에 고정한다. 공작물의 고정방법은 그 좋고 나쁜 상태에 따라 가공정밀도나 가공능률에 커다란 영향을 미친다. 그래서 고정구는 공작물의 치수, 형상, 절삭 조건, 가공 방법 등을 고려해서 가장 적합한 것을 선택 또는 설계해야 한다.

그림 3-42 머신 바이스 및 4면 고정구   그림 3-43 만능경사 테이블

고정구에서 중요한 것은 위치결정 정밀도나 반복 정밀도이다. 종래에는 지그(Jig) 등의 전용고정구가 이용되었지만, 머시닝센터처럼 공작물의 로트 수가 적게 되면 고정구의 공유화를 기하기 위해 그림 3-44처럼 볼트·너트를 이용한 범용 고정구가 많이 이용되고 있다.

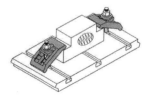

그림 3-44 각종 체결 공구

고정구가 구비해야 할 조건은 다음과 같다.

① 위치 결정이나 체결이 용이할 것
② 공정에 숙련을 필요로 하지 않을 것
③ 절삭력에 대하여 강성이 있을 것
④ 절삭칩 배출이나 청소가 용이할 것
⑤ 공구와 간섭을 일으키지 않을 것
⑥ 공유화·표준화를 기할 것

(5) APC(자동 파렛트 교환장치 또는 공작물 자동교환장치)

APC는 Automatic Pallet Changer의 약자로 파렛트(pallet)를 자동교환하는 장치이다. 기계 내 파렛트에 고정된 공작물의 가공 중에 기계 밖의 파렛트에 공작물을 고정해 기계 내의 공작물이 가공을 완료하면, 즉시 파렛트를 자동교환시켜 다음 공작물을 가공할 수 있게 하여 기계의 가동률을 크게 향상시킬 수 있다. 파렛트의 교환방식에는 그림 3-45처럼 선회식 및 셔틀식 등이 있다. 또 머시닝센터의 장시간 운전, 무인 운전을 하기 위해 다연장의 파렛트 테이블을 갖춘 것도 있다. 그림 3-46은 다연장 파렛트 테이블의 예이다.

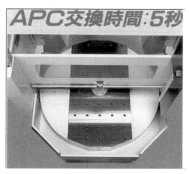

그림 3-45 선회식 파렛트

그림 3-46 다연장 파렛트 테이블

(6) 칩 컨베이어

칩 컨베이어는 절삭칩을 자동적으로 기계 밖으로 배출하는 장치이다. 그림 3-47은 칩 컨베이어의 예이다. 절삭칩을 스크루식의 컨베이어로 기계 밖으로 배출하고, 리프트로 칩통에 절삭칩을 회수한다.

스크루식

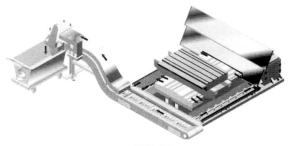
리프트업식

그림 3-47 칩 컨베이어

(7) 스플래시 가드

스플래시 가드(splash guard)는 절삭칩이나 절삭유제 등이 기계 밖으로 비산하는 것을 방지하는 것이기 때문에 그림 3-48처럼 반폐식, 전폐식이 있다. 파렛트의 자동교환장치를 갖춘 머시닝센터에서는 자동개폐도어로 되어 있는 전폐식이 많다.

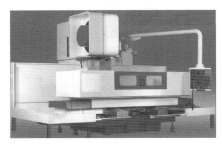
반폐식

전폐식

그림 3-48 스플래시 가드

(8) 공작물 자동계측장치

공작물 자동계측장치는 그림 3-49와 3-50처럼 터치센서를 주축에 장착하여 측정자와

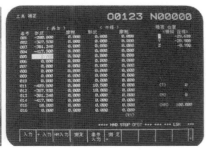

그림 3-49 공구 자동계측장치

Micro-Touch

Touch Point

Height Presetter

그림 3-50 터치센서와 하이트 프리세터

공작물과의 접촉위치로부터 공작물의 기준면 측정, 단차측정, 구멍지름, 구멍위치 측정 등을 하고, 프로그램 형상과의 오차량을 자동보정하는 장치이다.

(9) 공구파손 검출장치

드릴이나 탭 등 소형공구의 파손 유무를 그림 3-51처럼 툴 세터로 공구 인선의 접촉위치로 검출하고, 공구의 파손이 있다면 기계 운전이 중지되는 장치이다. 공구파손 검출장치로는 절삭 시 AE(Acoustic Emission의 약자)파의 이상을 감지하는 AE 센서방식 등이 있다.

그림 3-51 공구파손 검출장치

(10) 이동속도의 적응제어

이송속도의 적응제어는 절입량의 변화에 따라 생기는 절삭의 변동을 주축모터의 부하의 크기로 검출하고, 미리 설정된 범위 내의 부하로 되어 자동적으로 이송속도를 오버라이드(가속)시키는 기능이다. 이와 같이 적응제어란, 항상 최적 가공상태로 되게 기계를 자동제어하는 기능으로 이송속도 외에 에어커트 시간단축을 위한 적응제어도 있다(그림 1-57 참조).

① 열변위 보정장치

열변위 보정장치는 실온변화, 절삭열, 베어링 발열 등에 의해 발생하는 기계의 열변위를 자동적으로 보정하는 장치이다.

센서에 의한 열변위 보정, 냉각유에 의한 열변위 보정 등의 방법이 있다(그림 1-54 참조).

(11) 로봇

로봇은 테이블이나 파렛트에 고정되어 있는 공작물의 자동교환 또는 파손이나 마모된 ATC 매거진의 공구와 그 예비공구의 자동교환 등에 이용되는 핸들링 장치이다(그림 1-67 참조).

(12) 대화형 NC 장치

대화형 NC 장치는 공작물의 형상, 가공순서, 사용하는 공구 등 가공에 필요한 정보를 CNC 장치의 CRT 디스플레이 지시에 따라 입력하면 자동적으로 프로그래밍되는 기능이다. 대화형 CNC 기능은 복잡한 좌표치 계산을 간략화할 수 있고, 공구의 화면 궤적을 따라 프로그램 체크가 쉽고 프로그램의 경험이 적은 사람도 간단히 조작할 수 있는 특징이 있어 널리 보급되고 있다.

3.1.5 머시닝센터와 생산 시스템

머시닝센터는 한 대의 공작기계로 각종 가공을 할 수 있는 유연성과 전항에서 설명한 각종 주변기기·장치 등을 이용한 확장성, 단독운전에 의한 공작물 가공만이 아니라 FMS나 FMC 등처럼 고도의 성력화 무인화된 생산 시스템에 널리 이용되고 있다.

여기에서는 머시닝센터를 이용한 각종 생산 시스템의 개요를 설명한다.

(1) 스탠드 얼론 시스템

스탠드 얼론(또는 스탠딩 얼론)은 고정함 또는 독립해 있음 등의 의미를 가지고 있고, 스탠드 얼론 시스템(Stand-Alone System)은 말 그대로 머시닝센터의 단독운전에 의한 생산 시스템을 말한다. 스탠드 얼론 시스템에서는 공작물이나 공구의 착탈 프로그램이나 각종 보정량의 입력 등 모든 작업은 전문 작업자에 의해 행해진다.

그림 3-52 메모리와 종이(천공)테이프

머시닝센터의 운전은 테이프 운전과 메모리 운전으로 크게 나눈다. 테이프 운전은 NC 테이프 리더로 읽어가면서 운전을 하기 때문에, NC 테이프의 소모 읽어 들임이나 시간이 걸리는 등 효율은 그다지 좋지 않다. 메모리 운전은 CNC 장치의 메모리에 기억시킨 프로그램을 실행시켜서 운전하는 방식이다. 테이프 운전과 같은 문제는 없다. 프로그램의 변경, 추가, 소거 등의 편집이 용이하기 때문에 일반적인 작업은 거의 메모리 운전을 하고 있다. 그러나 메모리 용량을 넘는 긴 프로그램의 운전은 테이프 운전 또는 다음에 설명하는 DNC 운전이 필요하게 된다.

메모리에 프로그램을 입력시키는 방법에는 다음과 같은 방법이 있다.

① NC 테이프로부터 읽어들이는 방법
② MDI(수동 입력방법)에 의한 입력방법
③ 자동 프로그래밍 장치 등 외부기기로부터 입출력 인터페이스를 경유해서 읽어들이는 방법
④ 중앙 컴퓨터로부터 RBU(Remote Buffer Unit)를 경유해서 읽어들이는 방법

(2) DNC 시스템

DNC는 Directed Numerical Control의 약자로 CNC 공작기계의 군 관리(또는 군 제어)를 말한다. 이처럼 중앙컴퓨터 통신용 인터페이스 및 한 대에서 여러 대의 CNC 공작기계로 DNC 시스템이 구성되고 있다. 중앙컴퓨터에 의해서 CNC 공작기계로의 프로그램 전송*(Down Load) 또는 CNC 공작기계로부터의 프로그램 읽어드림(Up Load) 등이 이루어지고, 머시닝센터는 물론 여러 대의 CNC 공작기계의 동시제어가 가능하다(3. 4. 8절 참조).

---

* 파일 전송: 인터넷에서 필요한 자료나 정보를 발견하게 되면 그 파일을 자신의 컴퓨터로 가져올 필요성이 있다. 파일 전송(File Transfer Protocol: FTP)은 이러한 경우 파일을 가져오기 위한 방법 중의 하나이다. FTP는 본래 TCP/IP의 일부로서 파일 전송과 관련된 통신규약이며, 인터넷에 접속되어 있는 컴퓨터 사이에 파일을 주고받기 위한 방법으로 사용된다.

CNC 공작기계로의 프로그램 전송은 짧은 프로그램인 경우는 CNC 장치의 메모리에 직접 전송한다. 또 심야의 장시간 연속 운전을 해야 할 긴 프로그램의 가공을 할 경우에는 RBU(Remote Buffer Unit)라 부르는 증설 메모리에 중앙컴퓨터로부터 전송되어 온 프로그램을 일시적으로 저장해가면서 연속적으로 CNC 가공을 한다.

※ 메모리 스틱(USB) 사용

그림 3-53 CNC 공작기계의 USB 메모리

CNC 공작기계의 컨트롤러와 이더넷(Ethernet)* 시스템이 포함된 PC 간의 네트워크를 통해서 데이트를 전송하거나 저장할 수 있다.

프로그램 파일들을 쉽게 메모리 또는 하드 드라이브로 전송하며, 대용량 파일은 여러 대의 공작기계에 접속할 수 있으며, 초고속 데이터 전송은 1초당 1,000블록의 속도로 대용량 파일의 DNC를 쉽게 전송할 수 있다.

또 USB 지원가능으로 유저가 플래시 메모리 장치를 사용할 수도 있다.

윈도우 XP, WINDOW NT 4.0 SERVER/WORKSTATION, WINDOWS 95, 98 MILLENNIUM 2000, SERVER/WORKSTATION, WINDOWS 2000 PRO/SERVER 에서 사용할 수 있다.

IPX/SPX 또는 TCP/IP 프로토콜을 기계제어 화면에서 쉽게 조건을 설정할 수 있다. 또 Parallel(병렬)포트의 인터페이스를 통해서 ZIP 드라이브를 사용할 수 있다.

아울러 이 드라이브는 표준 PC 플로피를 사용하여 기계 가공용 프로그램을 쉽게 업로

---

* · 이더넷(Ethernet): 가까운 거리의 컴퓨터를 네트워크로 집적 연결해 주는 작은 규모 및 근거리 네트워크. 전송속도는 초당 2.94 MB를 전송할 수 있다. (거리 1.6 km 이내), (초당 10 Gbyte 전송).
  · 주소체계: 인터넷상에서 상대와 통신을 하기 위해서는 주소를 알아야 하는데 이 주소를 IP add ress 또는 Internet Number라 부른다. IP 주소는 32비트의 숫자로 구성되어 있지만, 사용자가 기억하고 사용하기 쉽도록 165.123.41.1과 같이 8비트씩 마침표로 연결된 4개의 숫자를 이용한다.

드할 수 있으며, 다른 공작기계 또는 DNC 컴퓨터 등에 쉽게 저장할 수 있다.

이송속도를 빠르게 하기 위해서 DNC를 거치지 않고 큰 용량의 프로그램을 곧바로 기계 내부의 기억용량(1~16 MB)으로부터 불러들일 수 있다.

고속 S-RAM은 D-RAM보다 빠르며, 전원이 꺼졌을 때도 데이터가 유지된다.

메모리* 잠금 스위치는 권한이 없는 사람이 프로그램을 임의로 편집할 수 없도록 메모리 잠금 기능을 사용하여 설정된 파라미터, 보정값, 매크로 변수 등을 잠글 수 있다.

(3) FMS

FMS(Flexible Manufacturing System)는 유연성 있는 자동생산 시스템으로, 시스템 전체를 관리하는 컴퓨터, 공작물을 보관하는 자동 창고, 여러 대의 머시닝센터, 공작물의 작업 준비 스테이션, 교환용 공구 매거진이나 파렛트(pallet)를 운반하는 AGV(자동반송차) 등으로 구성되어 있고, 다종다양한 공작물을 더 적은 인원으로 자동적으로 그리고 필요할 때 가공할 수 있다는 특징이 있다.

소규모에서 대규모까지 목적에 맞게 여러 가지 규모의 FMS가 이용되고 있는데, 공장레벨에서 FMS를 추구하는 것이 효율이 좋기 때문에 비교적 대규모 FMS가 많다.

FMS는 트랜스퍼 라인처럼 몇 종류의 부품가공에 한정된 대량생산형의 생산 시스템과는 달리 그 명칭과 같이 플렉시블한 자동생산 시스템이다. 생산의 유연성이 많은 대신 생산 효율을 떨어뜨리기도 하여 FMS는 대량생산에는 적합하지 않다. 일반적으로 다품종 중량생산에 적합한 생산 시스템이다(그림 1-8 참조).

(4) FMC

FMC(Flexible Manufacturing Cell)는 그림 3-54처럼 머시닝센터 등 한 대에서 여러 대의 CNC 공작기계를 중심으로 하는 가공 셀을 FMS와 같이 컴퓨터, 자동창고, 반송장치 등으로 고도로 자동화한 생산 시스템을 말한다. FMC는 FMS와 비교하면 소규모 생산이지만, 시스템에는 확장성이 있고, 일반적으로는 FMS의 기본구성 모듈로서 자리 잡고 있다.

---

* 플래시 메모리 ⇨ 휴대용 저장장치
  ① USB 메모리
  ② 플래시 메모리
  ③ 메모리 스틱 등이 있다.

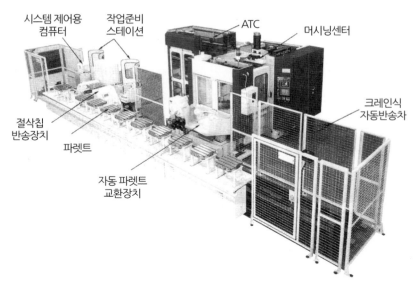

그림 3-54 FMC의 예

3.2 머시닝센터의 프로그램 기초

도면에서 얻은 가공정보를 CNC 장치가 이해할 수 있는 언어로 변환한 것을 프로그램이라 하고 이 프로그램을 작성하는 작업을 프로그래밍이라 한다. 프로그램을 CNC 장치에 읽어들여 실행시킴으로써 공작물이 가공되게 된다. 그림 3-55에 개요를 나타내었다. 이처럼 CNC 공작기계에서는 프로그램의 지령에 따라 공작물이 가공되기 때문에 프로그래밍이 매우 중요하다.

그러면 지금부터 머시닝센터의 프로그래밍에 관해서 설명하기로 한다. 프로그램 작성에 필요한 각종 기능과 그것들의 지령방법에 관해서는 3.3절에서 설명하기로 하고, 여기에서는 기계의 제어축, 지령방법, 프로그램 구성 등 프로그램 전에 꼭 알아두어야 할 기본적인 지식에 관하여 설명한다. 특히 사용하는 기계 본체 및 CNC 장치의 종류·사양에 따라 프로그램 내용은 각기 다르기 때문에 본 장에서 설명하는 사항을 프로그래밍 이전에 충분히 파악할 필요가 있다.

또 프로그래밍 방법에는 자동 프로그래밍과 수동 프로그래밍 두 가지가 있는데 여기서는 가공정보를 사람의 손으로 CNC 장치가 이해할 수 있는 언어로 번역하는 수동 프로그래밍에 관하여 설명한다.

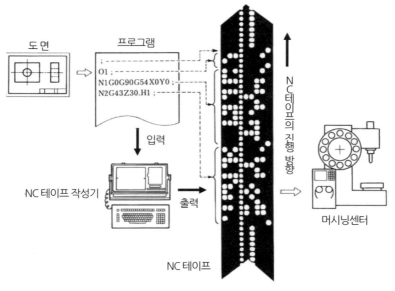

그림 3-55 프로그래밍 순서

3.2.1 기계의 움직임과 제어축

머시닝센터의 종류에는 수직형과 수평형이 있고, 축 구성에 따른 분류 등 여러 종류가 있다. 그러나 기본이 되는 제어축은 그림 3-56처럼 X, Y, Z의 3축이다. 그리고 3축은 오른손 직교좌표계에 기인하여 구성되어 있다.

그런데 기계의 실제 움직임과 오른손 직교좌표계 각 축의 (+) (−)방향을 비교하면 주축

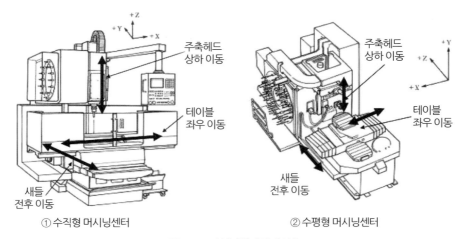

① 수직형 머시닝센터   ② 수평형 머시닝센터

그림 3-56 머시닝센터의 제어축

헤드 상하는 (+) (−)방향이 일치하지만, 그 외의 2축은 (+) (−)방향이 반대로 된다. 이것은 오른손 직교좌표계가 공구(주축헤드)의 이동방향을 기준으로 해서 좌표계를 설정한다.

즉, 가공은 공구와 공작물과의 상대운동에 의해 이루어지기 때문에, 예컨대 공작물이 (−)방향으로 이동하면, 공구는 공작물에 대해서 (+)방향으로 이동한 것과 같아지게 된다.

프로그램을 작성하는 경우는 오른손 직교좌표계에 기인하여 공작물을 고정하고 공구가 이동한다고 생각하여 좌표계를 형성한다. 이렇게 함으로써 X, Y, Z 3축의 (+) (−)방향은 일정하게 되고, 머시닝센터의 종류는 축 구성에 관계없이 프로그램을 작성할 수 있게 된다.

3.2.2 증분지령 방식과 절대지령 방식

X, Y, Z 각 축에 이동지령을 하는 방식에는 증분지령 방식과 절대지령 방식 두 가지가 있다. 증분지령은 증분치 지령이라고도 하고 이동지령은 그림 3-57처럼 공구의 시작점부터 종점까지의 이동량과 이동방향을 지령한다. 이동방향은 (+)방향 이동이라면 '+(생략 가능)' 기호를, (−)방향 이동이라면 '−' 기호를 이동량 앞에 붙인다. 절대지령은 절대치 지령이라고도 하고, 그림 3-58처럼 미리 설정된 좌표계 내에서 종점의 좌표위치를 지령한다. 또 지령치는 지령위치가 좌표계의 원점을 기준으로 해서 정방향[(+)방향] 위치라면 '+'를, (−)방향 위치라면 '−'를 붙여서 지령한다.

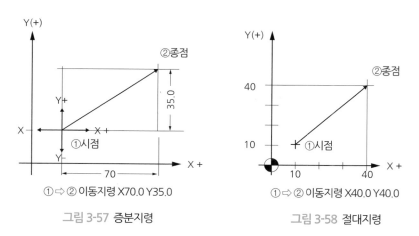

그림 3-57 증분지령 　　　　　　　　　　　그림 3-58 절대지령

자세한 것은 뒤에서 설명하겠지만, 증분지령은 준비기능의 G91을 지령하고 절대지령은 준비기능의 G90을 지령하여 각각의 방식에 따라서 지령치를 준다. 그림 3-59는 점 P1~P5까지의 공구경로 프로그램의 예이다.

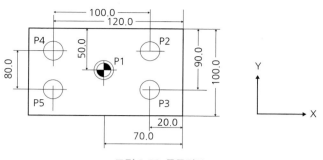

그림 3-59 공구경로

(G90) 절대지령

P1→P2 X50.0Y40.0;

P2→P3 X50.0Y-40.0;

P3→P4 X-50.0Y40.0;

P4→P5 X-50.0Y-40.0;

P5→P1 X50.0Y40.0;

(G91)증분지령

P1→P2 X50.0Y40.0;

P2→P3 X0.0Y-80.0;

P3→P4 X-50.0Y40.0;

P4→P5 X0.0Y-80.0;

P5→P1 X50.0Y40.0;

증분지령과 절대지령은 공작물 형상이나 프로그램을 쉽게 할 수 있는가에 따라 둘 중 하나를 선택한다. 일반적으로 그림 3-60 왼쪽의 경우는 절대지령(G90)이지만 오른쪽의 경우는 증분지령(G91)이 편리하다.

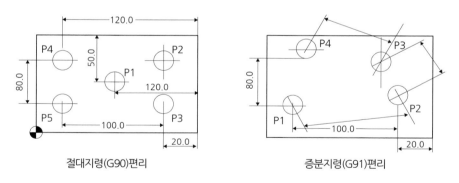

절대지령(G90)편리

증분지령(G91)편리

그림 3-60 지령방법의 선택

3.2.3 기계 좌표계와 공작물 좌표계

절대지령 방식으로 이동지령을 준 경우는 지령치의 기준이 되는 좌표계가 설정되어 있어야만 한다. 이 때문에 머시닝센터에서는 다음에 설명하는 기계 좌표계와 공작물 좌표계를 설정할 수 있게 되어 있다.

(1) 좌표계

공구가 도달하는 위치를 CNC에 가르쳐 줌으로써 CNC는 공구를 그 위치로 이동시킨다. 그 도달하는 위치를 어떤 좌표계에 대한 좌표치로 지령한다.

좌표계에는 다음의 세 종류가 있다.

① 기계 좌표계(Machine Coordinate System)
② 공작물 좌표계(Work Coordinate System)
③ 로컬 좌표계(Local Coordinate System)

프로그램축이 X, Y, Z의 3축이면 좌표치를 그림 3-61과 같이 지정한다.

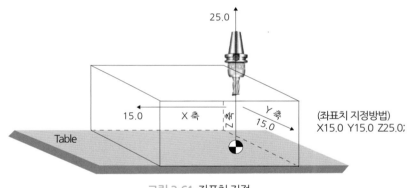

그림 3-61 좌표치 지정

① 기계 좌표계

기계 좌표계는 머시닝센터 고유의 위치, 이것을 기계 기준점(기계원점)이라 하는데, 이 기계 기준점을 원점으로 설정한 좌표계를 말한다. 기계 기준점의 위치는 머시닝센터의 종류에 따라 다르지만 수직형 머시닝센터의 경우 그림 3-62처럼 X, Y, Z 3축 각각 스트로크(+ 방향) 끝에 기계 기준점이 설정되어 있다. 또 수평형 머시닝센터에서는 X축의 기계 기준점이 스트로크 중심(테이블 중심)에 설정되어 있는 것이 많다.

일반적으로 기계 좌표계는 원점복귀(기계 고유의 위치로 각 축을 이동시키는 것으로 자세한 것은 뒤에서 설명한다)시킬 때 자동적으로 설정된다. 그래서 전원을 ON한 후 반드시

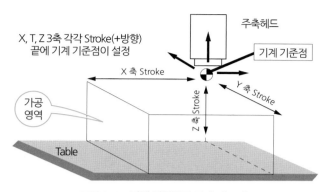

X, T, Z 3축 각각 Stroke(+방향)
끝에 기계 기준점이 설정

주축헤드

기계 기준점

X 축 Stroke

Y 축 Stroke

Z 축 Stroke

가공
영역

Table

그림 3-62 기계 기준점과 기계 좌표계

한 번은 원점복귀를 해야 한다. 또 이동지령을 기계 좌표계에서 주는 경우는 적고, 기계 좌표계는 공작물 좌표계 설정의 기준이나 자동공구교환 등의 기계동작을 하는 기계 고유의 위치를 설정하는 경우의 좌표계로 이용된다.

② 공작물 좌표계

공작물 좌표계는 그림 3-63처럼 기계 좌표계 내의 점(예를 들어 공작물의 가공 기준점)이 원점으로 설정된 좌표계이다. 기계 기준점으로부터 공작물의 가공기준까지의 거리, 이것을 공작물 좌표계의 옵셋량(보정량)으로 이 옵셋량을 미리 CNC 장치에 입력해 놓음으로써 기계 좌표계 내에 복수(최대 6개)의 공작물 좌표계를 설정할 수 있다.

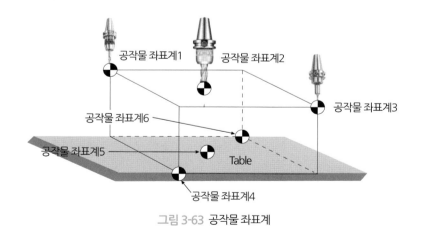

공작물 좌표계1

공작물 좌표계2

공작물 좌표계3

공작물 좌표계6

공작물 좌표계5

Table

공작물 좌표계4

그림 3-63 공작물 좌표계

그림 3-64에서는 이동지령은 설정된 공작물 좌표계 내에서 절대지령이 되어 있다. 공작물 좌표계를 이용하면, 한 개의 프로그램에서 공작물 좌표계를 바꿔가면서 여러 개의 동일

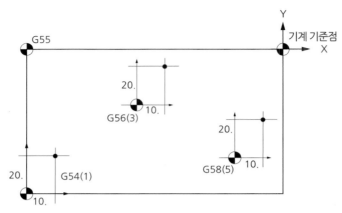

그림 3-64 공작물 좌표계 내에서의 좌표지령

⇨ G54, G56, G58의 공작물 좌표계의 지령치 모두 X10.0 Y20.0;로 된다.

형상 부품의 연속가공이나 가공 기준이 다른 이형 부품의 연속가공을 할 수 있게 되고, 프로그램의 간략화를 도모할 수가 있다.

공작물 좌표계의 Z축 옵셋량은 그림 3-65처럼 원점 복귀했을 때의 주축 단면을 기준으로 해서 옵셋량을 구한다. 이 경우 사용하는 공구의 대소에 따라 인선 선단과 공작물과의 거리가 달라지는데 공구길이는 공구경 보정기능(이동지령을 공구길이만큼 자동 보정하는 기능으로 자세한 것은 뒤에서 설명)에 의해 자동적으로 보정되기 때문에 공작물 좌표계의 설정에는 영향이 없다.

또 공작물 좌표계를 설정하는 데는 준비기능 G92를 지령해서 설정하는 방법과 G54~

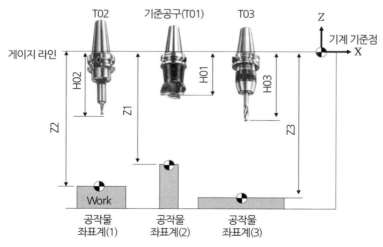

그림 3-65 공작물 좌표계의 Z축 옵셋

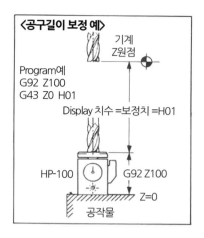

그림 3-66 공구길이 보정 예

G59를 지령해서 설정하는 방법의 두 가지 종류가 있는데 그림 3-65는 G54~G59(자세한 설명은 뒤에서)를 이용하여 설정하는 방법이다.

이 책에서는 혼돈을 피하기 위해서 G92에 의한 설정방법의 설명은 그림 3-66을 참조하는 것으로만 하고 여기서는 생략한다.

③ 로컬 좌표계

공작물 좌표계에서 또 다른 좌표계를 설정할 수 있는데, 이것을 로컬 좌표계라 부른다. 그림 3-67은 그 예이다. 로컬 좌표계는 공작물 좌표계 내에 보조 좌표계를 설정함으로써 프로그램을 쉽게 하기 위해 이용된다.

로컬 좌표계는 현재 가공 중인 어느 특정 부위에 대해 새로운 좌표계를 설정하여 가공을 쉽게 하고자 할 때 사용한다.

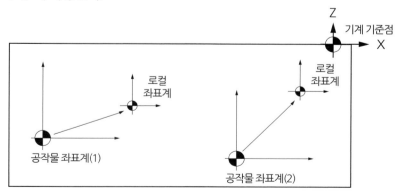

그림 3-67 로컬 좌표계

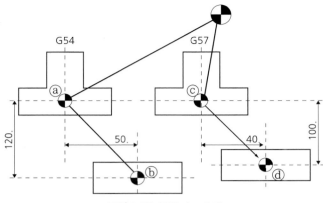

그림 3-68 로컬 좌표계 예

(G54의 경우)

(G90) G54X____ Y____ ;   → ⓐ (G54) Work 좌표계(1)

　　　 G52X50.0Y-120.0;   → ⓑ (G54) Work 좌표계(1)의 Local 좌표계

(G57의 경우)

(G90) G57X____ Y____ ;   → ⓐ (G57) Work 좌표계(4)

　　　 G57X40.0Y-100.0;   → ⓑ (G57) Work 좌표계(4)의 Local 좌표계

　　　 G52 X0Y0 ;   → G52의 취소

　　　　　　　　　　　　　　　　　　　(현재위치 → 모든 축에 대해 0의 값을 지령한다.)

3.2.4 프로그램의 구성

　프로그램은 워드, 어드레스에 의해 가변 블록 포맷으로 구성한다. 그림 3-69는 프로그램의 예이고, 그림 3-70은 블록 및 워드의 구성 예이다. 어드레스와 데이터에 의해 워드를 구성하고 하나로 묶는 복수의 워드를 조합시켜 블록을 구성한다. ';'는 EOB(End Of Block)라 하고 프로그램의 종료를 의미한다. 이렇게 한 블록을 순서대로 배열해서 그림 3-69와 같은 프로그램이 구성된다.

```
O0001;                        프로그램 번호
N10 T02;                      2번 공구호출
G54G90G00X330.0Y0;            공작물 제1좌표계 설정;
S500M03;                      추축의 회전수(500 RPM)
G43Z30.0H01;                  공구를 공작물에 가까이 접근시킨다.
Z0;                           Z0까지 급속으로 위치결정한다.
G01X-30.0F250M08;             냉각수와 함께 절삭속도 250 mm로 이송한다.
G00Z30.0.;                    높이 30.0까지 위치결정
M05;                          공구회전 정지
G91G28Z0;                     현재 위치에서 원점복귀한다.
M30;                          프로그램 종료
```

그림 3-69 프로그램 예

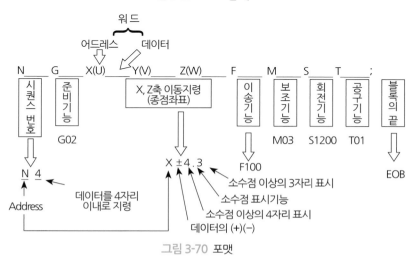

그림 3-70 포맷

　　프로그램은 미리 정해져 있는 포맷 사양에 맞추어 작성할 필요가 있다. 기계 본체나 CNC 장치의 종류에 따라서 포맷 사양이 다르지만 이 책에서는 그림 3-70의 포맷에 따라 어드레스의 데이터 표기, 배열된 항목에서 설명하는 어드레스의 종류에 따라 워드, 블록 및 프로그램을 구성한다.

　　어드레스의 데이터 표기는, 포맷에 맞춰 그림 3-70처럼 표기한다. 또 숫자의 합계가 지령 가능한 최대 자릿수로 되고, 소수점 이하의 숫자가 최소 설정 단위(0.001mm)로 된다.

　　X, Y, Z 등의 어드레스로 거리를 나타내는 데이터(혹은 어드레스로 시간이나 속도를 나타내는 데이터도 동일)는 그림 3-71처럼 소수점 입력이 가능하다. 소수점 입력에는 계산기 소수점 입력의 경우와 달리, 계산기 소수점 입력에서는 소수점을 생략할 수도 있다. 이 책에서는 혼란을 피하기 위해 소수점 입력이 가능한 데이터는 다음과 같이 표기하기로 한다.

　　소수점 입력에서는 리딩 제로(숫자의 머리가 제로) 및 트레일링 제로(소수점 이하의 끝이 제로)를 생략할 수도 있다. 또 N, G, M 등의 어드레스로 소수점 입력을 하지 않는 데이터의

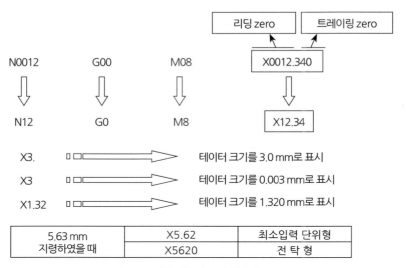

그림 3-71 리딩 제로와 트레이링 제로

경우도 리딩 제로는 생략할 수 있다. 그러나 이 책에서는 프로그램을 보기 쉽게 하기 위해 다음과 같이 두 자리 이상으로 표기한다.

어드레스 데이터는 최대 자릿수 이상을 지령할 수 없다. 또 최대 자릿수 내에서 최소 설정 단위 이하를 지령하면 최소 설정 단위의 다음 자리가 반올림된다.

3.2.5 어드레스의 종류와 의미

머시닝센터의 종류·용도에 따라 어드레스의 종류와 의미는 다르다. 이 책에서는 표 3-4에 있는 어드레스의 종류와 의미에 따라 프로그램을 구성한다. 어드레스의 용법에 관한 자세한 것은 3.3절에서 설명하기로 하고 여기에서는 주요 어드레스의 기능만 간단히 설명한다.

(1) 프로그램 번호

프로그램 번호는 CNC 장치에 등록된 프로그램을 식별하기 위한 번호로, 프로그램 선두에 어드레스 'O'에 이어서 4자리(1~9999, 단 0은 사용 불가능) 이내의 수치로 지령한다.

(2) 시퀀스 번호(전개 번호)

시퀀스 번호는 프로그램 중의 블록 구분이나 식별을 위한 번호로, 블록 선두에 어드레스 'N'에 이어서 4자리(1~9999, 단 0은 사용 불가능) 이내의 수치로 지령한다(그림 3-72 참조).

표 3-4 축 구성에 따른 머시닝센터의 분류

기능	어드레스	의미	지령범위
프로그램 번호	O	프로그램의 번호의 지령	1~9999
시퀀스 번호	N	시퀀스 번호의 지령	1~9999
준비기능	G	동작모드(직선원호 등)의 지령	0~99
Dimension Word	X, Y, Z	좌표축의 이동지령	±99999.999 mm
	A, B, C	부가축의 이동지령	
	U, V, W		
	R	원호의 반지름 지령	
	I, J, K	원호의 중심좌표 지령	
이송기능	F	이송속도의 지령	0.01~4000 m/min
주축기능	S	주축회전수의 지령	10~3500 rpm
공구기능	T	공구번호에서의 지령	01~99
보조기능	M	기계측 ON/OFF 제어지령	00~99
옵셋 번호	H, D	옵셋 번호의 지령	01~99
드웰	P, X	드웰 시간의 지령	0~99999.999 sec
프로그램 번호의 지정	P	보조 프로그램번호의 지령	1~9999
반복횟수	L	보조 프로그램의 반복횟수 지령 고정 사이클의 반복횟수 지령	0~9999
파라미터	P, Q, R	고정 사이클의 파라미터	0~99999.999 mm 또는 sec

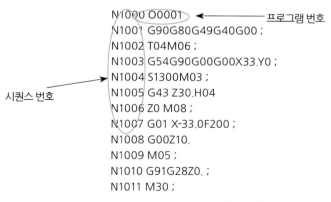

시퀀스 번호

N1000 O0001 ← 프로그램 번호
N1001 G90G80G49G40G00 ;
N1002 T04M06 ;
N1003 G54G90G00G00X33.Y0 ;
N1004 S1300M03 ;
N1005 G43 Z30.H04
N1006 Z0 M08 ;
N1007 G01 X-33.0F200 ;
N1008 G00Z10.
N1009 M05 ;
N1010 G91G28Z0. ;
N1011 M30 ;

그림 3-72 프로그램 예

(3) 준비기능(G기능)

준비기능은 블록에 다음과 같은 의미를 주기 위해 어드레스 G에 이어서 2자리(00~99) 이내의 수치로 지령한다. 급속이송, 직선절삭, 원호절삭 등의 동작지령, X·Y 평면, Y·Z 평면, Z·X 평면의 선택, 공구경, 공구길이 등 공구보정의 설정이나 공작물 좌표계의 선택, 드릴링이나 탭핑 등의 고정 사이클 선택 등을 지령한다.

(4) 좌표어

좌표어(dimension word)는 이동량과 좌표치를 설정하기 위한 워드로, 어드레스 'X, Y, Z'에 이어서 지령치(0~±9999.999 mm)를 지령하면 지령한 위치로 공구를 이동시킬 수 있다. 어드레스 'R'은 원호보간*에 있어 원호의 반지름을 지령한다. 또 어드레스 'I, J, K'는 원호보간에서 원호의 중심을 지령한다.

(5) 이송기능(F기능)

이송기능은 절삭을 하는 경우의 이송속도를 설정하는 기능으로 어드레스 'F'에 이어서 이송속도를 지령한다. 지령방법에는 F 직접지령과 F 한자리지령이 있는데, 이 책에서는 F 직접지령으로 지령하고, 이송속도를 어드레스 'F'에 이어서 지령한다.

(6) 주축기능(S기능)

주축기능은 주축회전수를 설정하는 기능으로, 어드레스 S에 이어서 주축 회전수를 직접지령한다.

(7) 공구기능(T기능)

공구기능은 공구호출 지령기능으로 어드레스 'T'에 이어서 사용되는 공구의 공구번호(01~99 또는 00은 공구기능 취소)를 지령한다.

---

* 보간: 공구는 가공 work 상태를 구성하는 직선이나 원호를 따라 움직이는 기능

(8) 보조기능(M기능)

보조기능은 주축의 정·역회전 기동, 절삭유제 ON/OFF 등 기계 측의 ON/OFF 제어를 지령하는 기능으로, 어드레스 'M'에 이어서 2자리(00~99) 이내의 수치로 지령한다.

3.2.6 NC 테이프

NC 테이프는 그림 3-73과 같이 1인치 폭의 검정 종이 테이프에 프로그램을 천공한 것으로 머시닝센터의 테이프 운전 또는 CNC 장치로의 프로그램 등록 등에 이용된다. CNC 장치의 메모리 용량이 커짐에 따라 메모리 운전을 하기 때문에 테이프 운전은 거의 사용하지 않는다.

다음은 NC 테이프가 어떻게 구성되어 있는지 설명한다.

수치제어장치(NC)가 처음 개발될 당시에는 지금처럼 전자산업이 발달하지 못하여 하드웨어자원이 상당히 부족함에 따라 가공 프로그램 저장을 주로 종이 테이프에 저장하여 사용하였다.

그림 3-73 NC 테이프(천공 테이프)

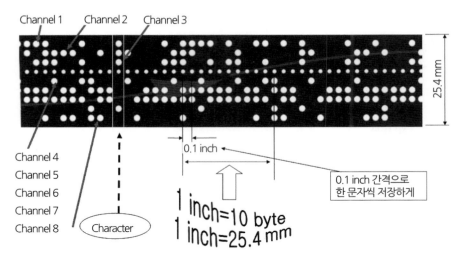

Channel 1 Channel 2 Channel 3

25.4 mm

0.1 inch

0.1 inch 간격으로
한 문자씩 저장하게

Channel 4
Channel 5
Channel 6
Channel 7
Channel 8

Character

1 inch=10 byte
1 inch=25.4 mm

그림 3-74 NC 테이프(EIA RS-227)

그림 3-74는 EIA RS-227로 정해진 NC 테이프의 형상·치수를 나타낸 것이고, 캐릭터 라인(이하 라인이라고 함)에는 8개의 구멍이 천공될 수 있게 되어 있는데 이 8열을 채널(또는 트랙)이라고 한다.

NC 테이프에서는 라인상의 8채널에 천공된 구멍을 조합시킴으로써 여러 가지 캐릭터를 표현한다. 그래서 이 구멍의 조합방법을 테이프 코드라 하고, 테이프 코드에는 EIA 코드 및 ISO 코드가 있다.

종이 테이프의 규격이 0.1인치 간격으로 한 문자씩 저장하게 되어 있어 초기 NC에서는 프로그램 저장용량을 인치 또는 미터로 표기하는 것이 합리적이었으나 현재의 NC에서는 이러한 표기가 불합리한 점이 많아 프로그램 저장용량을 테이프 길이와 바이트로 병행 표기하는 추세이다.

3.3 머시닝센터의 프로그래밍

　프로그램은 미리 정해진 테이프 포맷으로 기술된 것이다. 그러나 테이프 포맷은 기술방법을 제한하고 있지만, 프로그램 구성까지 엄밀히 제한해 나눈 것은 아니다. 이 때문에 같은 기계에서 같은 가공의 프로그램을 작성하면서도, 작성일시나 작성자(프로그래머)가 다르면 프로그램 구성이 크게 달라지게 된다. 이러한 프로그램 구성의 통일이 안 되어 있어 실제로 작업을 할 때 잘못 읽거나 체크 미스를 유발하고, 작업 트러블의 원인이 된다.

　프로그램의 작성은 언제, 어디서, 누가 작성해도 같은 형태로 구성해 프로그램이 작성되어야 할 필요가 있다. 그림 3-76은 프로그램 구성의 한 예다. 이 예에서는 가공 상황에 따라 밑줄친 부분에 데이터를 써넣기만 하면 프로그램 작성이 가능하게 한, 프로그램 구성을 패턴화한 것이다.

　3.3절에서는 프로그램에 필요한 여러 가지 기능 및 그것의 지령방법에 대해서 설명하는데 그림의 예처럼 프로그램 전체의 구성 중에 이것을 활용할 수 있게 할 필요가 있다.

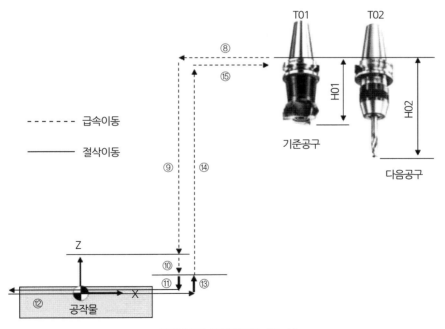

그림 3-75 공구경로(Tool-Path)

① O___ :   (프로그램 번호)

② N___ :   (전개 번호)

③ G90G40G80G00G49;   (초기 상태의 설정: 기본값)

④ T01;   (공구 1번 호출)

⑤ M06;   (공구 자동 교환)

⑥ N___ ;

⑦ T___;

⑧ G90G54G00X__ Y__ Z__ S__ M03; (공작물 좌표계 설정값으로 회전하면서 위치결정)

⑨ G43Z ___H____ ;   (공구길이 보정값으로 높이 위치결정)

⑩ Z___M08;   (절삭유 ON과 Z방향 높이 위치결정)

⑪ G01Z___F ___;   (사용자 정의 절삭속도로 깊이가공)

⑫   X___Y___Z___ :
                                     ⋮
                                     ⋮   (가공 프로그램)
                                     ⋮

⑬ G00Z M09:   (Z방향 높이로 위치결정과 절삭유 OFF)

⑭ G91G28Z0M05;   (원점복귀와 회전정지)

⑮ M30:   (프로그램 정지)

그림 3-76 공구경로에 대한 프로그램 구성

3.3.1 프로그램 번호(O)

CNC 장치에 등록된 프로그램을 쉽게 식별할 수 있게 프로그램 선두에 프로그램 번호를 지령한다. 프로그램 번호는 그림 3-77처럼 어드레스 'O'에 이어서 4자리 이내의 수치[단, 0(영)은 사용할 수 없다]로 단독 블록으로 지령한다.

프로그램 번호 지령에 이어서, 프로그램명을 소괄호 ( )로 지령할 수도 있다. 프로그램 번호를 지령하지 않은 경우는, 프로그램 최초의 시퀀스 번호가 프로그램 번호로 대응된다. 프로그램은 아래의 예처럼 프로그램 번호를 시작으로 프로그램 끝(End of Program : M02 또는 M30)으로 종료된다.

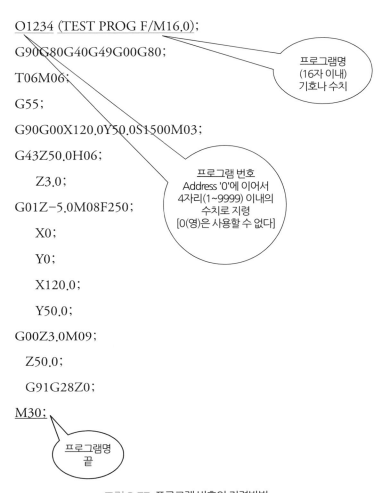

그림 3-77 프로그램 번호의 지령방법

서브 프로그램에는 반드시 프로그램 번호가 필요하다.

3.3.2 시퀀스 번호(N)

블록 구분이나 식별을 블록 선두에 시퀀스 번호를 지령한다. 시퀀스 번호는 그림 3-78처럼 어드레스 N에 이어서 5자리 이내의 수치 1~9999(단, 0은 사용 불가능)로 지령한다. 시퀀스 번호는 1블록마다 지령할 수도 있지만, 특정 블록만 지령할 수도 있다. 또 그림 3-79처럼 프로그램 번호는 같은 방식으로 시퀀스 번호에 이어서 공정 명을 (　)로 지령할 수 있다.

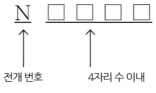

전개 번호   4자리 수 이내

그림 3-78 시퀀스 번호의 지령방법

(프로그램 예) ②

N0001 O1234 (TEST PROG F/M16.0);

N0002 G90G80G40G49G00G80;

N0003 T06M06;

N0004 G55;

N0005 G90G00X120.0Y50.0S1500M03;

N0006 G43Z50.0H06;

N0007   Z3.0;

N1000 G01Z−5.0M08F250;

N1001   X0;

N1002   Y0;

N1003   X120.0;

N1005   Y50.0;

N3000 G00Z3.0M09;

N3001   Z50.0;

N3002 G91Z28Z0;

N3003 M30;

O555 (TEST PROG B/M-10.0);　　　→ 프로그램 번호

N0100 (⬚⬚⬚⬚⬚⬚⬚⬚⬚⬚);

⬚⬚⬚⬚⬚⬚⬚⬚⬚⬚

⬚⬚⬚⬚⬚⬚⬚⬚⬚⬚　　　⎫
⬚⬚⬚⬚⬚⬚⬚⬚⬚⬚　　　⎬　초기설정
⬚⬚⬚⬚⬚⬚⬚⬚⬚⬚　　　⎭

N0200 (FACE MILL);

⬚⬚⬚⬚⬚⬚⬚⬚⬚⬚

⬚⬚⬚⬚⬚⬚　　　　　　⎫
⬚⬚⬚　　　　　　　　　⎬　정면밀링가공
⬚⬚⬚⬚⬚⬚⬚　　　　　⎭
⬚⬚⬚⬚⬚⬚

⬚⬚⬚⬚⬚⬚⬚

N0300 (END MILL 6.0);

⬚⬚⬚⬚⬚⬚⬚⬚⬚⬚

⬚⬚⬚⬚⬚⬚　　　　　　⎫
⬚⬚⬚⬚⬚⬚⬚　　　　　⎬　엔드밀가공
⬚⬚⬚⬚⬚　　　　　　　⎭
⬚⬚⬚⬚⬚⬚⬚⬚⬚⬚

N0400 (DRILL 5.0);

⬚⬚⬚⬚⬚⬚⬚⬚⬚⬚

⬚⬚⬚⬚⬚⬚　　　　　　⎫
⬚⬚⬚⬚⬚⬚⬚　　　　　⎬　드릴링가공
⬚⬚⬚⬚⬚　　　　　　　⎭
⬚⬚⬚⬚⬚⬚⬚⬚⬚⬚

N0500 (FINE END MILL 6.0);

⬚⬚⬚⬚

⬚⬚⬚⬚⬚⬚　　　　　　⎫
⬚⬚⬚⬚⬚⬚⬚⬚　　　　⎬　정삭가공
⬚⬚⬚⬚　　　　　　　　⎭

그림 3-79 시퀀스 번호의 지령방법

3.3.3 준비기능(G Code)

준비기능은 G기능이라고도 부르고, 표 3-5처럼 직선이나 원호의 보간기능, 공구길이나 공구경의 보정기능, 고정 사이클 기능 등을 어드레스 'G'에 이어서 2자리의 수치로 지령한다.

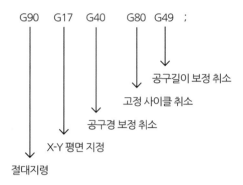

그림 3-80 초기상태의 설정

프로그램 실행 시 그림 3-80처럼 프로그램상에 미리 CNC 장치의 초기상태를 설정하기 위한 것이다.

준비기능은 그 기능에 따라 다음 2자리로 분류할 수 있다.

① 1회 유효 G기능(One shot G기능)

　지령된 블록에 한하여 G Code가 의미를 갖는 것
② 모달 G기능(Modal G기능)

　동일 그룹의 다른 G Code가 나타날 때까지 그 G Code가 유효한 것

표 3-5에서 00그룹 G기능이 1회 유효 G기능이고, 00그룹 이외가 모달 G기능이다. 모달 G기능을 지령하면, 동일 그룹 외의 G기능이 지령될 때까지 블록마다의 G기능은 그 지령을 생략할 수 있다. 또 그림 3-80처럼 다른 그룹이라면 동일 그룹 내에 복수의 G기능을 지령할 수 있다. 혹시 동일 그룹의 G기능을 동일 블록 내에 여러 개 지령한 경우는 위에서 지령한 G기능이 유효하게 된다.

또 표 3-5는 주요 G기능(FANUC-11M)을 간추린 것이다. 표 이외에도 많은 G기능이 있지만, 다른 G기능에 대해서는 CNC 장치 취급 설명서를 참조하기 바란다.

표 3-5 G기능의 종류와 의미

코드	그룹	의미	용도
■G00		위치결정	공구의 급속이송
■G01	01	직선보간	절삭이송에 의한 직선절삭
G02		원호보간 CW	시계방향 회전의 원호절삭
G03		원호보간 CCW	반시계방향 회전의 원호절삭
G04	00	드웰	다음 블록 실행의 일시 정지
G10		데이터 설정	공구 보정량의 변경
■G17		XY 평면	XY 평면지정
G18	02	ZX 평면	ZX 평면지정
G19		YZ 평면	YZ 평면지정
G27		자동원점(reference점) 복귀 체크	기계 기준점으로의 복귀 체크
G28	00	자동원점 복귀	기계 기준점으로의 복귀
G29		자동원점으로부터의 복귀	기계 기준점으로부터의 복귀
■G40		공구경 보정 취소	공구경 보정모드를 해제
G41	07	공구경 보정 좌	공구 진행 방향에 대해 좌측으로 옵셋
G42		경구경 보정 우	공구 진행 방향에 대해 우측으로 옵셋
G43	08	공구길이 보정	Z축 이동의 (+) 옵셋
G44		공구장 길이보정 옵셋	Z축 이동의 (−) 옵셋
G45		공구위치 옵셋 신장	이동지령을 보정량만큼 신장
G46	00	공구위치 옵셋 축소	이동지령을 보정량만큼 축소
G47		공구위치 옵셋 두 배 신장	이동지령을 보정량의 2배 신장
G48		공구위치 옵셋 두 배 취소	이동지령을 보정량의 2배 축소
■G49	08	공구길이 보정 옵셋 취소	공구길이 보정모드를 취소
G52	00	Local 좌표계 설정	공작물 좌표계 내에서 좌표계를 설정
G53		기계 좌표계 설정	기계 기준점을 원점으로 한 좌표계 설정
■G54		공작물 좌표계 1선택	
G55		공작물 좌표계 2선택	
G56	12	공작물 좌표계 3선택	공작물의 기준 위치를 원점으로 한 좌표계 설정
G57		공작물 좌표계 4선택	
G58		공작물 좌표계 5선택	
G59		공작물 좌표계 6선택	
G73		펙 드릴링 사이클	고속 깊은 구멍작업의 고정 사이클
G74		역 탭핑 사이클	역 탭핑 고정 사이클
G76		정밀 보링 사이클	구멍 바닥에서 공구 시프트를 하는 고정 사이클
■G80		고정 사이클 취소	고정 사이클 해제
G81		드릴 사이클	구멍가공의 고정 사이클
G82		드릴 사이클	구멍 바닥에서 드웰을 하는 구멍가공의 고정 사이클
G83		펙 드릴링 사이클	깊은 구멍가공 고정 사이클
G84	09	탭핑 사이클	탭핑 고정 사이클
G85		보링 사이클	왕복 절삭 이송 사이클
G86		보링 사이클	구멍 보링 고정 사이클
G87		백 보링 사이클	백 보링 고정 사이클
G88		보링 사이클	수동이송이 가능한 보링 고정 사이클
G89		보링 사이클	구멍 바닥에서 가능한 보링 고정 사이클
■G90	03	절대지령	절대지령 방식 선택
G91		증분지령	증분지령 방식 선택
G92	00	공작물 좌표계의 설정	프로그램상에서 공작물 좌표계 설정
■G98	10	고정 사이클 시작점 복귀	고정 사이클 종료 후에 시작점 복귀
G99		고정 사이클 R점 복귀	고정 사이클 종료 후에 R점 복귀

※ 표에서 ■의 기호가 붙은 G기능은 전원 투입시 또는 리셋된 후 그 G기능 상태로 되는 것을 나타내기 때문에, 이 상태가 CNC 장치의 초기 상태이다.

03
머시닝센터

3.3.4 보조기능(M Code)

보조기능은 M기능이라고 하고, 표 3-6처럼 주축회전의 기동, 정지, 절삭유제의 ON/OFF 또는 프로그램 제어 등의 어드레스 'M'에 이어서 2자리 수치로 지령한다.

M기능은 그 기능에 따라 다음 세 가지로 분류할 수 있다.

① 블록 내의 축 이동과 동시에 M기능이 동작하는 것(표에서 W)

   (예) M03 ⇨ 축 이동과 동시에 주축이 정회전한다.

② 블록 내의 축 이동이 완료된 후에 M기능이 동작하는 것(표에서 A)

   (예) M05 ⇨ 축 이동 후에 주축 회전이 정지한다.

③ 블록에 단독으로 지령하는 것(표에서 S)

   (예) M57 ⇨ 공구의 등록 모드를 설정한다.

       M02 또는 M30으로 등록 모드가 취소될 때까지 M57이 유효

프로그램 중의 M기능은 일반적으로 그림 3-81과 같은 구성으로 지령한다. M기능은 1블록에 한 개밖에 지령할 수 없다. 두 개 이상 지령한 경우에는 마지막에 지령한 M기능이 유효하게 된다.

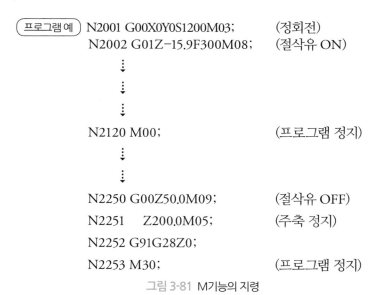

프로그램 예		
N2001 G00X0Y0S1200M03;	(정회전)
N2002 G01Z-15.9F300M08;	(절삭유 ON)
⋮	
N2120 M00;	(프로그램 정지)
⋮	
N2250 G00Z50.0M09;	(절삭유 OFF)
N2251 Z200.0M05;	(주축 정지)
N2252 G91G28Z0;	
N2253 M30;	(프로그램 정지)

그림 3-81 M기능의 지령

표 3-6 M기능의 종류와 의미

M코드	의미	기능	
M00	프로그램 정지 (Program stop)	프로그램 실행을 일시적으로 정지시키는 기능. M00 블록을 실행하면, 주축 회전을 정지, 절삭유제 OFF 및 프로그램 읽음을 정지한다. 그러나 모달 정보는 보존되어 있기 때문에 기동 스위치를 눌러 다시 시작이 가능하다.	A
M01	선택적 정지 (Optional stop)	기계 조작반의 선택적 정지 스위치가 ON되어 있으면 M00과 마찬가지로 프로그램 실행을 일시적으로 정지한다. 선택적 정지 스위치가 OFF되어 있으면 M01은 무시된다.	A
M02	프로그램 끝 (End of program)	프로그램 종료를 나타낸다. 모든 동작이 정지되고 NC 장치는 리셋 상태로 된다.	A
M30	프로그램 끝 (End of program)	M02와 마찬가지로 프로그램 종료를 나타낸다. M30을 실행하면 자동운전 정지와 함께 프로그램의 되감기(프로그램의 선두로 되돌림)가 이루어진다.	A
M03	주축 정회전	주축을 정회전(시계방향) 기동시킨다.	W
M04	주축 역회전	주축을 역회전(반시계방향) 기동시킨다.	W
M05	주축 정지	주축회전을 정지시킨다.	A
M06	공구 교환	주축 공구를 ATC 매거진 공구교환 위치에 있는 공구와 자동 교환한다.	W
M08	절삭유제 ON	절삭유제를 분출시킨다.	W
M09	절삭유제 OFF	절삭유제 분출을 정지시킨다.	A
M19	주축 오리엔테이션	주축을 정각도 위치에 정지시킨다.	A
M21	X축 미러 이미지	X축 이동지령의 부호를 '+'는 '−'로, '−'는 '+'로 변경해 프로그램 지령과 역방향으로 이동시킨다.	S
M22	Y축 미러 이미지	Y축 이동지령의 부호를 '+'는 '−'로, '−'는 '+'로 변경해 프로그램 지령과 역방향으로 이동시킨다.	S
M23	미러 이미지 취소	M21, M22 기능을 취소한다.	S
M48	M49 취소	M49 기능을 취소한다.	A
M49	이송속도 오버라이드 취소	기계 조작반의 이송속도 오버라이드 기능을 무시하고, 프로그램으로 지령된 이송속도로 한다.	W
M57	공구번호 등록 모드	ATC 매거진 포드에 장착되어 공구에 공구번호 등의 모드를 설정한다.	S
M98	보조 프로그램 호출	보조 프로그램을 호출해 실행시킨다.	A
M99	보조 프로그램 끝 (End of sub program)	보조 프로그램을 종료하고 주 프로그램으로 되돌아간다.	A

표 3-6은 주요한 M기능을 간추려 나타낸 것이다. 표 이외에도 많은 M기능이 있지만, 다른 M기능에 대해서는 기계 또는 CNC 장치 취급 설명서를 참조하기 바란다.

3.3.5 평면지정(G17, G18, G19)

평면지정은 가공평면을 선택하는 기능으로 원호보간, 구멍가공, 공구경 보정 등을 행할 때 X·Y, Z·X, Y·Z로 구성된 평면 중에서 하나의 평면을 선택할 필요가 있다. 그림 3-82처럼 평면설정은 아래의 G기능 G17, G18, G19 중 어느 것 한 개를 지령해서 가공평면을 선택한다.

① X·Y 평면은 Z축의 '+'축으로부터 본 평면,
② Z·X 평면은 Y축의 '+'측으로부터 본 평면,
③ Y·Z 평면은 X축의 '+'축으로부터 본 평면이다.

Z·X 평면의 경우 공작물의 착탈이나 기계 조작을 Y축의 '−' 측에서 할 경우가 많기 때문에 (+) (−)방향을 틀리지 않게 해야 한다.

① G17 평면: X·Y 평면지정(그림 ⓐ)
② G18 평면: Z·X 평면지정(그림 ⓑ)
③ G19 평면: Y·Z 평면지정(그림 ⓒ)

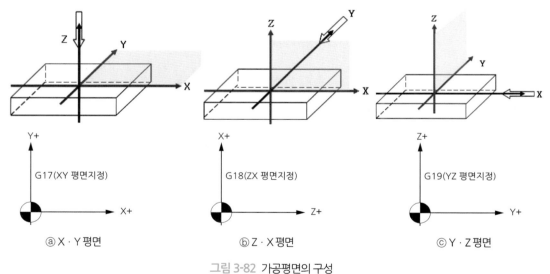

ⓐ X · Y 평면   ⓑ Z · X 평면   ⓒ Y · Z 평면

그림 3-82 가공평면의 구성

3.3.6 증분지령(G91)과 절대지령(G90)

3.2.2절에서 설명한 것처럼 이동지령의 지령방법에는 증분지령과 절대지령 두 가지 방법이 있다. 증분지령은 그림 3-83처럼 G91에 이어서 시작점(공구의 현재위치)부터 종점(지령위치)까지의 이동량과 이동방향을 지령한다. 절대지령은 미리 설정된 좌표계에 따라 종점(지령위치)의 좌표치를 지령한다.

①   G90 (G01) X___Y___Z___ ;   (절대지령)

종점의 좌표치를 지정

②   G91 (G01) X___Y___Z___ ;   (증분지령)

시점에서 종점까지 이동량과 방향지정

그림 3-83 절대지령과 증분지령

그림 3-84 및 3-85는 각각의 지령방식에 따른 프로그램 예이다. 프로그램 예에서처럼, G90, G91에 의한 이동지령의 지령방법을 자유롭게 선택할 수 있지만, 공구경로의 변경 등에 따라 프로그램의 수정은 증분지령에 비해 절대지령 쪽이 편리하다. 그래서 주된 이동지령은 절대지령으로 하고, 필요에 따라서 증분지령으로 바꾸는 경우도 있다.

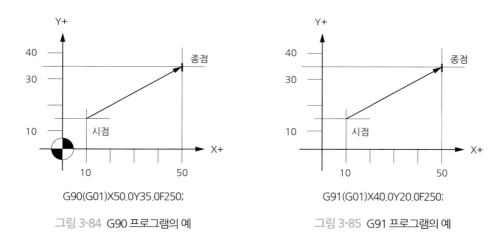

G90(G01)X50.0Y35.0F250;

그림 3-84 G90 프로그램의 예

G91(G01)X40.0Y20.0F250;

그림 3-85 G91 프로그램의 예

3.3.7 공작물 좌표계의 설정(G54~G59)

공작물 좌표계는 공작물 가공기준을 원점으로 하여 설정된 좌표계로 G54~G59 지령에 의해 최대 6개의 좌표계를 설정할 수 있다.

① G54 : 공작물 좌표계 1
② G55 : 공작물 좌표계 2
③ G56 : 공작물 좌표계 3
④ G57 : 공작물 좌표계 4
⑤ G58 : 공작물 좌표계 5
⑥ G59 : 공작물 좌표계 6

일반적으로 그림 3-87처럼 G54를 지령해 공작물 좌표계를 설정한다. 공작물 좌표계의 설정 후에는 그림 3-86과 같이 선택한 공작물 좌표계 내에 절대지령(G90)으로 이동지령을 지령한다. 여러 개의 부품을 가공하는 프로그램에서는 그림 3-86처럼 필요에 따라 공작물 좌표계를 선택해서 지령한다. 또 공작물 좌표계의 원점을 앞 장에서 설명한 것처럼 기계 기준점으로부터 공작물 좌표계의 옵셋량을 미리 CNC 장치에 입력해 놓는다.

공작물 좌표계는 그림 3-86처럼 G54~G59로 6개의 좌표계 중에 어느 것이든 선택할 수 있다.

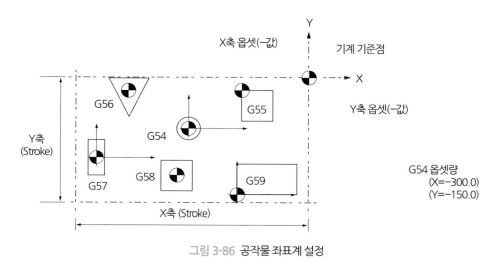

그림 3-86 공작물 좌표계 설정

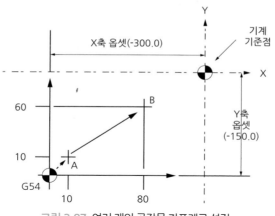

그림 3-87 여러 개의 공작물 좌표계로 설정

프로그램 예 (O→A) G90G54G00X10.0Y10.0;
(A→B) G01X80.0Y60.0F300;

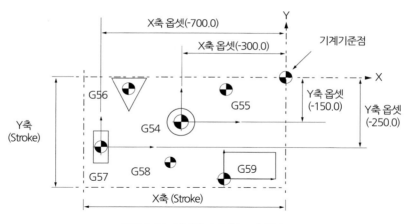

그림 3-88 공작물 좌표계(G54) 설정

G54 옵셋량	G57 옵셋량
(X=−300.0)	(X=−700.0)
(Y=−150.0)	(Y=−250.0)

위의 옵셋량을 기계 기준점으로부터 공작물 좌표계의 옵셋량을 가공에 들어가기 전에 미리 CNC 장치(메모리)에 입력해 놓는다.

3.3.8 공구기능(T Code)

공구기능은 T기능이라고도 하고(이후 T기능이라 부른다) 공구를 ATC 매거진의 공구 교환위치로 호출하는 기능으로, T기능은 그림 3-89처럼 어드레스 T에 이어서 두 자리의 수치로 지령한다. 어드레스 'T'에 이어서 두 자릿수 수치는 공구번호로 불려지기도 하기 때문에 공구번호는 01~99까지 사용할 수 있다.

공구번호는 일반적으로 공구 사용 순서에 따라 01부터 순번대로 지령한다. 아래의 프로그램 예는 T기능의 지령을 예로 든 것이다. 또 00은 공구기능을 취소하는 경우에 지령한다. T기능에 의한 공구 호출동작은 공구가 장착되어 있는 ATC 매거진 포트번호에 맞추어서 공구번호를 CNC 장치에 등록시킴으로써 이루어진다.

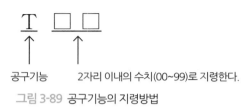

그림 3-89 공구기능의 지령방법

프로그램예

```
N100 O0001;
N101 G90G80G40G49G00;
N102 T05M06;          ⇨ 5번 공구 호출하여 자동교환
N103 T02;             ⇨ 다음 공정을 위해 미리 대기포트에 위치
N104 G54G90G00X-100.0Y50.0S1000M03;
N105 G43Z50.0H05;
        ⋮
        ⋮
N307 G91G28Z0;        ⇨ 원점복귀지령
N308 M06;             ⇨ 공구 교환(T02)
        ⋮
        ⋮
N409 M30;
```

3.3.9 주축기능(S Code)

주축기능은 S기능이라고도 하고(이후 S기능이라고 부른다) 주축의 회전수(rpm)를 설정하는 기능이다. S기능은 그림 3-90처럼 어드레스 S에 이어서 4자리 이내의 수치로 주축회전수를 직접 지령한다.

S기능으로 지령 가능한 주축회전수(최고·최저)는 기계에 따라 다르다.

이 책에서는 10~3,500rpm을 설정 가능한 주축회전수로 한다. 또 일반적으로 주축회전수에는 저속영역과 고속영역이 있는데, 변속영역의 변경은 기계에 따라 자동적으로 이루어진다. 이 경우 주축회전 중에 있어 다른 변속영역에서의 주축회전수는 주축회전이 일단 정지한 후 변속영역으로 바뀌고 새로운 주축회전수가 설정된다.

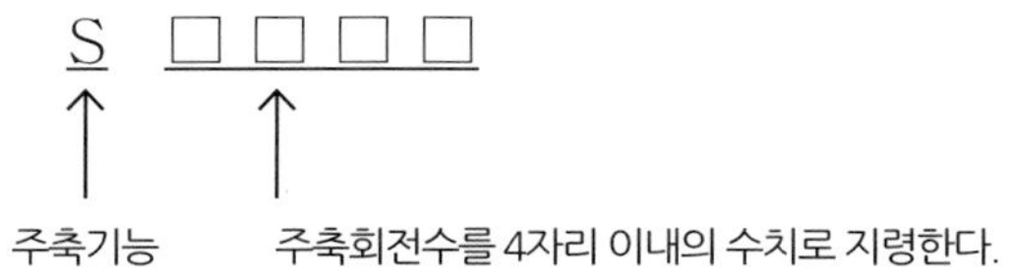

$$S \quad \square\square\square\square$$

주축기능   주축회전수를 4자리 이내의 수치로 지령한다.

그림 3-90 공구기능의 지령방법

주축회전수(rpm)는 공작물을 절삭하는 경우 공구의 절삭속도(m/min)로부터 다음 계산식에 의해 구할 수 있다.

$$N = \frac{1000\,V}{\pi\,D}$$

단, N: 주축회전수(rpm)

V: 절삭속도(m/min)

π: 원주율(3.14)

D: 공구의 지름(mm)

[계산 예]

지름이 125mm인 정면 밀링 커터로 공작물을 절삭속도 90m/min로 절삭하는 경우 주축회전수를 구하시오.

$$N = \frac{1000 \times 90}{\pi \times 125} \fallingdotseq 230 \text{ rpm}$$

위의 계산식의 주축회전수는 230 rpm, S기능 지령은 S230으로 된다. 절삭속도는 공작물의 재질, 공구의 종류, 가공정밀도 등에 따라 그 값이 달라진다.

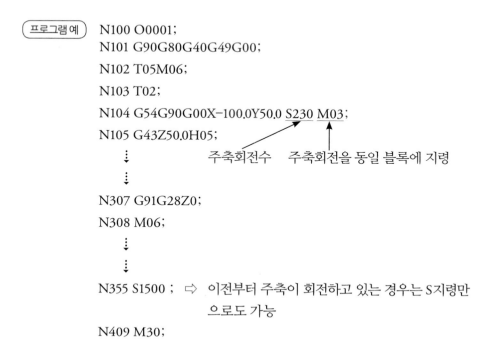

주축속도는 주축 오버라이드 스위치에 의해 오버라이드될 수 있는데 50~150%까지 속도 변경이 가능하며(제조업체에 따라 다름) 이때 실제속도는 지령 속도와는 별도로 표시된다.

3.3.10 이송기능(F기능)

이송기능은 F기능이라고도 하고(F기능이라고 부른다) 공작물을 절삭하는 경우 테이블, 새들, 주축헤드의 이송속도를 설정하는 기능이다. F기능은 그림 3-91처럼 어드레스 'F'에 이어서 이송속도를 지령한다.

F기능에는 위와 같이 이송속도를 직접 지령하는 F직접 지령 외에 F 한 자리 지령이 있다.

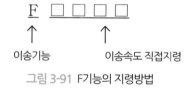

그림 3-91 F기능의 지령방법

F 한 자리 지령에서는 'F'에 이어서 1~9까지의 한 자리 수치를 직접 지령하면, 그 번호에 해당하는 설정된 이송속도를 선택할 수 있다.

프로그램 작성 시 사용 공구나 공작물의 재질 등을 모르거나 이송속도를 특별히 지정하지 않을 경우에 F 한 자리 지령이 이용된다.

F기능에서 이송속도의 소수점 입력은 인치 단위에서의 지령이나 나사절삭의 리드지령 등에서 필요한데, 통상 절삭 이송에서는 소수점 이하의 수치는 필요하지 않다. 이 때문에 F 기능은 프로그램 예처럼 소수점을 생략해서 지령해도 된다.

이송속도(mm/min)는 공구의 1날당 이송속도(mm/날)로 다음 계산식에 의해 구분할 수 있다.

$$F = f \cdot N \cdot Z$$

단, F: 이송속도(mm/min)

f: 1날당 이송(mm/날)

N: 주축회전수(rpm)

Z: 공구의 날수(날수)

[계산 예]

날수 8개의 정면 밀링 커터에서 공작물을 1날당 0.25mm로 이송하여 절삭하는 경우 이송속도를 구하시오. 단, 주축회전수는 300rpm으로 한다.

$$F = 0.25 \times 300 \times 8 (mm/min)$$

그래서 이송속도는 600mm/min 이송기능 지령은 F600으로 된다. 1날당 이송은 공작물의 재질, 공구의 종류, 가공정밀도 등에 따라 그 크기가 다르다.

3.3.11 위치결정(G00)에 의한 급속이송

위치결정(G00)은 공구를 현재 위치(시작점)부터 지령위치(종점)까지 급속이송시키는 기능이다. 위치결정 지령은 그림 3-92처럼 G00에 이어서 어드레스 'X, Y, Z'로 각 축의 이동지령을 지정한다.

이동지령은 그림 3-93의 ③과 같이 동시에 3축까지 지령이 가능하다. 또 지령치는 그림

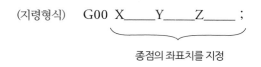

(지령형식)　G00 X＿＿＿Y＿＿＿Z＿＿＿ ;

종점의 좌표치를 지정

그림 3-92 G00의 지령방법

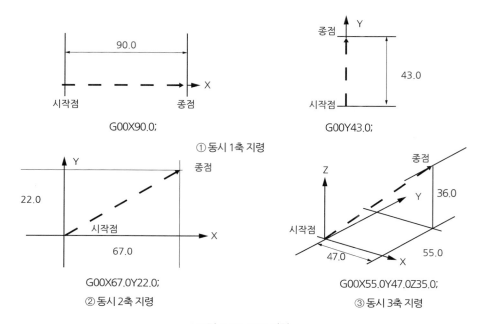

G00X90.0;

① 동시 1축 지령

G00Y43.0;

G00X67.0Y22.0;

② 동시 2축 지령

G00X55.0Y47.0Z35.0;

③ 동시 3축 지령

그림 3-93 G00 지령

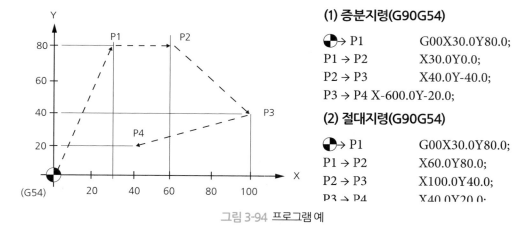

그림 3-94 프로그램 예

(1) 증분지령(G90G54)

◑→ P1	G00X30.0Y80.0;
P1 → P2	X30.0Y0.0;
P2 → P3	X40.0Y-40.0;
P3 → P4 X-600.0Y-20.0;	

(2) 절대지령(G90G54)

◑→ P1	G00X30.0Y80.0;
P1 → P2	X60.0Y80.0;
P2 → P3	X100.0Y40.0;
P3 → P4	X40.0Y20.0;

3-94 프로그램 예처럼 증분지령에서는 현재 위치부터 지령 위치까지의 이동량을 지령하고 절대지령에서는 선택한 공작물 좌표계 내의 좌표치를 지령한다. 또 G00은 모달한 G기능이고 계속해서 위치결정 지령을 하는 경우 G00지령을 생략할 수 있다.

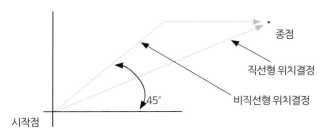

그림 3-95 G00 지령에 의한 공구경로

G00 블록을 실행하면 기계에 미리 설정되어 있는 급속 이송속도로 공구를 이동시킨다.

이 경우의 공구 경로는 그림 3-95와 같이 비직선 보간형 위치결정과 직선 보간형 위치결정 두 가지가 있다.

CNC 장치의 설정에 따라 양쪽의 공구 경로를 선택할 수 있지만, 일반적으로 비직선 보간형 위치결정을 설정하는 경우가 많다.

3.3.12 직선보간(G01)에 의한 직선절삭

직선보간(G01)은 현재 위치부터 지령위치까지 직선으로 공구를 절삭이송시키는 기능이다.

직선보간 지령은 그림 3-96처럼 G01에 이어서 어드레스 'X, Y, Z'로 각 축의 이동지령을 하고, 어드레스 'F'로 이송속도(mm/min)를 지령한다.

그림 3-97은 직선보간 프로그램의 예이다.

직선보간에서는 프로그램 예에서처럼 1축 이동지령으로 이동축에 평행한 직선절삭을, 2축 이동지령으로 경사진 직선절삭을 할 수도 있다.

G01 및 F기능은 모달이기 때문에, 계속해서 직선절삭을 지령할 경우는 G01, F기능의 지령을 생략할 수 있다. 또 자유곡면 등 3차원 형상의 공작물을 가공하는 경우는 동시 3축 이동지령을 지령하기도 하는데, 일반적인 작업에서는 X, Y의 2축 이동지령으로 공작물의 형상을 가공한다.

(지령형식)　　G01　X＿＿＿Y＿＿＿Z＿＿＿ F＿＿＿ ;

종점의 좌표치를 지정　　　　이송속도

그림 3-96 G00의 지령방법

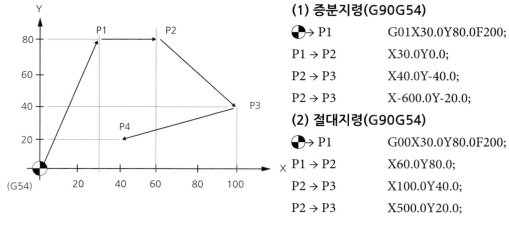

(1) 증분지령(G90G54)

◕→ P1		G01X30.0Y80.0F200;
P1 → P2		X30.0Y0.0;
P2 → P3		X40.0Y-40.0;
P2 → P3		X-600.0Y-20.0;

(2) 절대지령(G90G54)

◕→ P1		G00X30.0Y80.0F200;
P1 → P2		X60.0Y80.0;
P2 → P3		X100.0Y40.0;
P2 → P3		X500.0Y20.0;

그림 3-97 프로그램 예

Z축 이동지령으로 드릴 등에 의한 구멍가공을 한다.

연습문제 그림 3-98과 3-99의 공구경로를 G00 및 G01을 이용해서 프로그래밍하시오. 그림 중에서 ……은 급속이송, ───는 절삭이송이다. 공작물 좌표계를 G54로 하며, 이송속도는 150mm/min으로 한다.

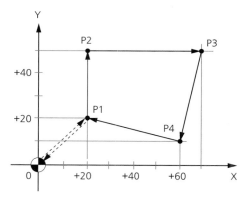

그림 3-98 공구경로

	절대지령(G90)	증분지령(G91)
→ O	G90G54G00X0Y0S400;	G90G54G00X0Y0S400;
O → P1		
P1 → P2		
P2 → P3		
P3 → P4		
P4 → P1		
P1 → O		

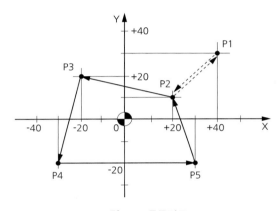

그림 3-99 공구경로

	절대지령(G90)	증분지령(G91)
O → P1	G90G54G00X40.0Y30.S400;	G90G54G00X40.0Y30.S400;
P1 → P2		
P2 → P3		
P3 → P4		
P4 → P5		
P5 → P2		
P2 → O		

연습문제 그림 3-100의 공구경로 프로그램을 (   ) 내에 필요사항을 기입해서 완성시키시오.

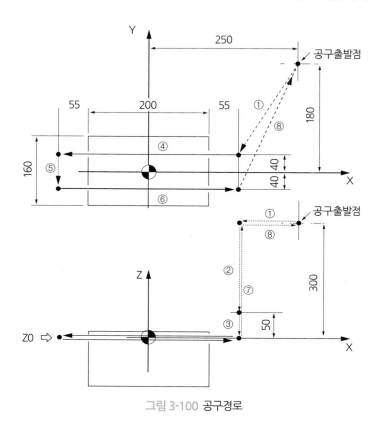

그림 3-100 공구경로

┌─────────┐
│ 프로그램 예 │
└─────────┘

① G90G54G00(　　　　　　　)Y40.0S300;
② G00Z50.0M03;
③ (　　　　)
④ (　　　　　　　) F200;
⑤ (　　　　　　)
⑥ (　　　　　　)
⑦ G00Z300.0M05;
⑧ (　　　　　　　)

3.3.13 원호보간(G02, G03)에 의한 원호절삭

원호보간은 현재 위치부터 지령위치까지 공구를 원호에 따라 절삭이송시키는 기능이다.

G02는 시계방향 원호절삭을, G03은 반시계방향 원호절삭을 지령할 수 있다.
원호보간은 지정한 평면 내에서 이루어진다.

ⓐ G17(X·Y 평면)에서는 어드레스 'X', 'Y' 및 'I', 'J'로 지령치를 지령
ⓑ G18(Z·X 평면)에서는 어드레스 'X', 'Z' 및 'I', 'K'로 지령치를 지령
ⓒ G19(Y·Z 평면)에서는 어드레스 'Y', 'Z' 및 'J', 'K'로 지령치를 지령

(지령형식)

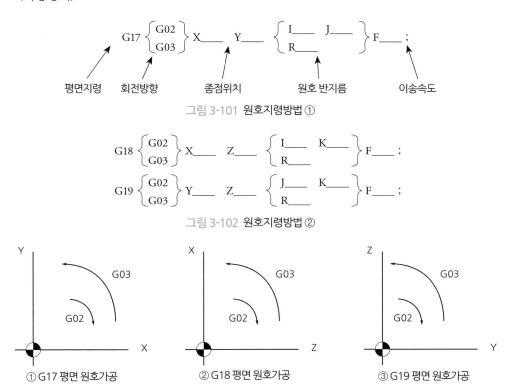

그림 3-101 원호지령방법 ①

그림 3-102 원호지령방법 ②

그림 3-103 원호지령에서의 원호보간

원호보간의 원호중심은, 어드레스 'I, J, K'로 원호의 시작점부터 중심까지의 거리를 지령하는 방법과 어드레스 'R'로 원호의 반지름을 지령하는 방법으로 두 가지가 있다. 그림 3-105의 예처럼 I·J·K 지령은 필히 증분지령치로 지령한다.

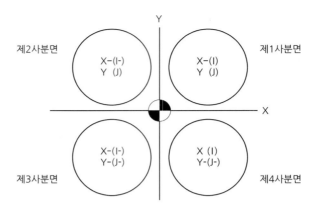

그림 3-104 원호보간에서의 I · J · K 지령방법 ①

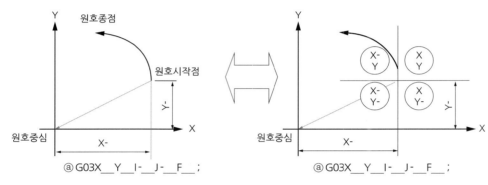

그림 3-105 원호보간에서의 I · J · K 지령방법 ②

또 R지령에 의한 원호보간에서는 그림 3-106과 같이 원호의 각도가 180° 이상 되는 경우는 R지령의 원호반지름에 (−)부호를 붙여서 지령한다.

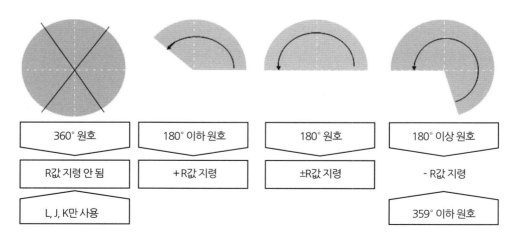

그림 3-106 원호보간에서의 R과 I · J · K 지령방법 ③

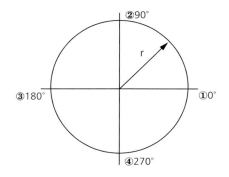

원호시작점의 위치와 I, J, K의 관계(360 가공 시)			
①	원호의 시작점이 0°일 때(0°→0°)	I-r, J0	※ 사용 편리하다.
②	원호의 시작점이 90°일 때(90°→90°)	I0, J-r	※ 정해진 규칙
③	원호의 시작점이 180°일 때(180°→180°)	Ir J0	※ I, J 변화 없다.
④	원호의 시작점이 270°일 때(270°→270°)	I0 Jr	

그림 3-107 원호보간에서의 I · J · K 지령방법

원호보간에서 종점의 좌표치를 생략하면, 공구의 현재 위치를 종점으로 하는 전원가공의 지령이 가능하다. 그림 3-107은 전원가공의 방법의 예이다. 또 R지령으로는 전원가공을 지령할 수 없다.

그림 3-108은 원호보간 프로그램의 예이다.

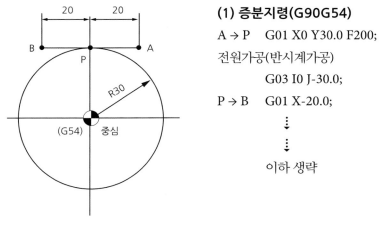

(1) 증분지령(G90G54)

A → P   G01 X0 Y30.0 F200;

전원가공(반시계가공)

    G03 I0 J-30.0;

P → B   G01 X-20.0;

    ⋮
    ⋮

이하 생략

그림 3-108 원호보간

연습문제 그림 3-109의 그림들을 공구경로를 G02 및 G03을 이용해서 프로그래밍하시오. 그림 중에서 –은 절삭이송이고, 공작물 좌표계를 G54, 이송속도는 150 mm/min 로 한다.

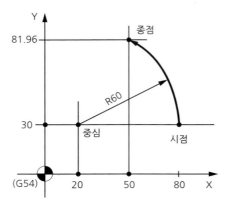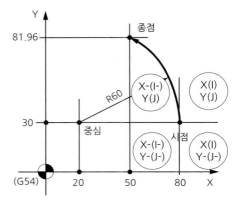

그림 3-109 원호보간의 공구경로

(1) 절대지령(R지령)   (2) 증분지령(R지령)

(G17G90G54)   (G17G91G54)

_____   _____

(1) 절대지령(I·J지령)   (2) 증분지령(I·J지령)

(G17G90G54)   (G17G91G54)

_____   _____

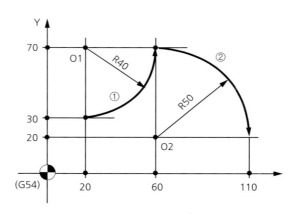

그림 3-110 원호보간의 공구경로

(1) 절대지령(I·J지령)   (2) 증분지령(I·J지령)

(G17G90G54)   (G17G91G54)

① _____   ① _____

② _____   ② _____

연습문제 그림 3-111의 공구경로 프로그램을 ( ) 내에 필요 사항을 기입해서 완성하시오.

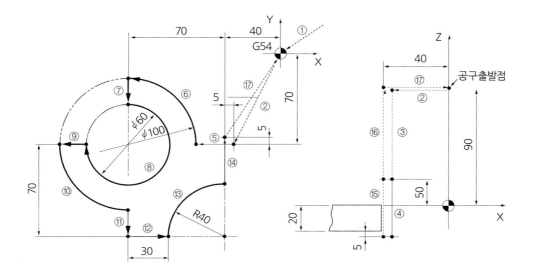

① G17G90G54G00X0Y0;

② (　　　　　　)S400;

③ (　　　　)M03;

④ (　　　　)F1000M08;

⑤ (　　　　)F200;

⑥ (　　　　　　　　　　)

⑦ (　　　　　　　　)

⑧ (　　　　　　　　　)

⑨ (　　　　　　　)

⑩ (　　　　　　　　　)

⑪ (　　　　　　　)

⑫ (　　　　　　)

⑬ (　　　　　　　　　)

⑭ (　　　　　　)

⑮ (　　　　　　)M09;

⑯ (　　　　　　)M05;

⑰ (　　　　　)

⑱ M30;

그림 3-111 원호보간의 공구경로

3.3.14 드웰(G04)

드웰(Dwell)은 다음 블록의 실행을 지정하는 시간만큼 쉬는 기능이다.

드웰 지령은 그림 3-112처럼 G04에 이어서 어드레스 'P(또는 X)' 드웰 시간(sec: 초)을
지령한다.

$$\text{(지령형식)} \quad \text{G04} \quad \text{X \_\_\_\_ ;}$$
$$\text{G04} \quad \text{P \_\_\_\_ ;}$$

그림 3-112 G04의 지령방법

구멍가공, 카운터보링, 면취 등에 있어서 구멍 바닥에서 공구이동을 일시 정지시키거나
정삭면을 가공하는 경우에 이용된다.

X축은 이동지령과 구별하기 위해 일반적으로는 그다지 사용하지 않는다.

어드레스 'P'로 드웰 시간을 지령한다. 단, 어드레스 'P'에서는 소수점 입력을 사용할 수
없기 때문에 드웰 시간은 1/1000sec로 환산(예: 1sec의 드웰 시간도 P1000)해서 지령한다.

[예] 주축회전이 300rpm 경우의 드웰 시간

(계산식) 드웰시간=60(sec)/300(회전)=0.2(sec) 이상의 드웰 필요

드웰 시간을 0.5sec로 하면 드웰은 다음과 같이 지령한다.

G04 P5000 ; (G04 X5.0;) ⇨ 소수점 의미 없음
G04 X5.0 ; ⇨ 소수점 사용(5sec)

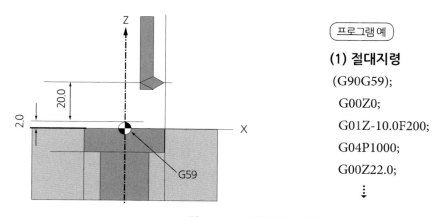

프로그램 예

(1) 절대지령

(G90G59);
 G00Z0;
 G01Z-10.0F200;
 G04P1000;
 G00Z22.0;
  ⋮

그림 3-113 G04의 프로그램 예

3.3.15 자동 원점 복귀(G28)

공구를 현재 위치부터 기계 기준점으로 복귀시키는 것을 원점 복귀라 한다. 자동 원점 복귀는 그림 3-114처럼 G28에 이어서 중간점을 지령한다.

G28 블록을 실행하면 공구는 현재 위치로부터 중간점을 경유해서 급속으로 기계 기준점으로 원점 복귀한다.

$$G28 \quad X\_\_\_ \; Y\_\_ \; Z\_\_\_ \; ;$$

중간점 이동지령

그림 3-114 절대지령과 증분지령

중간점의 지령치는 그림 3-115처럼 절대지령과 증분지령이 다르다. 증분지령으로 공구의 현재 위치를 중간점으로 지령하면 공구는 직접 기계 기준점으로 자동 복귀한다. 기계 기준점은 기계에 설정된 기계 고유의 위치이고, 일반적으로 이 위치에서 공구를 교환한다.

그래서 공구 교환 지령 전에 필히 공구의 원점 복귀를 지령해야 한다.

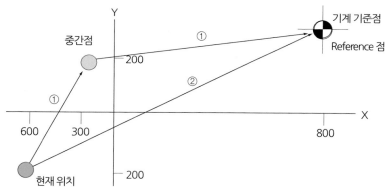

그림 3-115 절대지령과 증분지령

(절대지령 ⇨ ①과 ②의 경우)   (증분지령 ⇨ ①과 ②의 경우)

① G90G28X-300.0Y200.0;   ① G91G28X300.0Y400.0;

② G90G28X-600.0Y-200.0;   ② G91G28X0Y0;

CNC 장치가 설정하는 기계 고유의 위치를 Reference Point라고도 부른다. 통상 기계 기준점을 Reference Point와 같은 위치에 설정되어 있어 기계 기준점과 Reference Point는 같은 것으로 보아도 괜찮다.

그래서 원점 복귀는 Reference Point(RP) 복귀라 불러도 된다. 이 책에서는 원점 복귀라 부른다.

3.3.16 공구경 보정(G40, G41*, G42**)

공작물을 윤곽가공을 하는 경우 그림 3-116과 같이 공구를 반지름만큼 옵셋시킨 공구경로로 해야 한다. 이 옵셋을 자동적으로 하는 기능을 공구경 보정이라 부른다. 다음에 공구경 보정을 이용하는 프로그래밍에 대하여 설명하기로 한다.

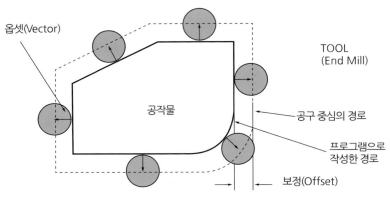

그림 3-116 옵셋된 공구경로

(1) 공구경 보정의 지령방법

공구옵셋은 선택된 평면 내에서 옵셋벡터(옵셋방향과 크기)가 계산된다. 그림 3-117과 3-118은 공구경 보정의 지령형식이며, 이것은 위치결정(G00)지령과 절삭이송의 공구 이동 중에 공구옵셋이 이루어진다.

원호보간(G02, G03)에서는 공구경 보정을 지령할 수 없다.

---

* G41(좌측경 보정) ⇨ 공구의 진행방향에서 보았을 때 공구가 공작물의 좌측에 위치한다.
** G42(우측경 보정) ⇨ 공구의 진행방향에서 보았을 때 공구가 공작물의 우측에 위치한다.

(지령형식)

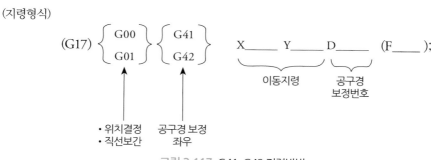

그림 3-117 G41, G42 지령방법

(지령형식)

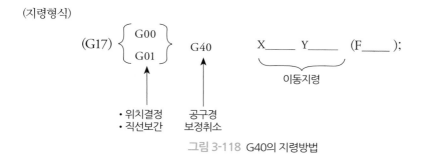

그림 3-118 G40의 지령방법

공구경 보정 좌측(G41)지령으로, 공구 진행방향에 대해 좌측으로 공구를 옵셋한다. 이 경우 절삭은 하향절삭으로 된다(그림 3-119 참조).

공구경 보정 우측(G42)지령으로, 공구 진행방향에 대해 우측으로 공구를 옵셋한다. 이 경우 절삭은 상향절삭으로 된다(그림 3-120 참조).

어드레스 'D'에 이이서 공구경 보정 번호를 두 자리 이내의 수치(01∼99, 또는 00은 보정량이 0이다)로 지령한다. 여기에서 지령하는 보정 번호에 해당되는 보정량(보정번호 메모리에 설정되어 있는 보정량)만큼 공구가 옵셋된다.

그림 3-119 G41의 공구경로

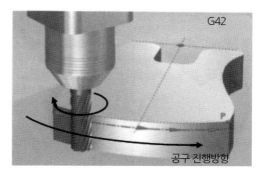

그림 3-120 G42의 공구경로

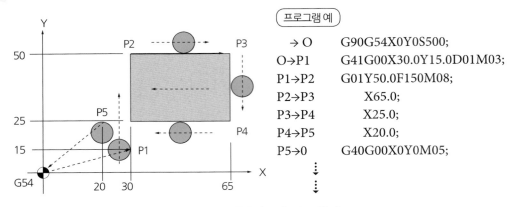

	프로그램 예	
→ O	G90G54X0Y0S500;
O→P1	G41G00X30.0Y15.0D01M03;
P1→P2	G01Y50.0F150M08;
P2→P3	X65.0;
P3→P4	X25.0;
P4→P5	X20.0;
P5→O	G40G00X0Y0M05;

그림 3-121 공구경 보정 프로그램 예

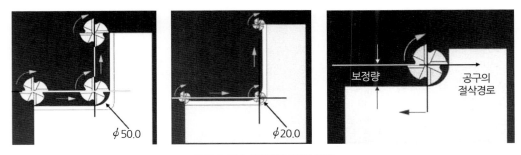

그림 3-122 공구경 보정의 이용

G40 지령으로 G41 또는 G42 옵셋을 취소한다(그림 3-118 참조).

G41, G42가 지령됨으로써 G40이 지령될 때까지를 옵셋 모드라 부른다.

그림 3-121은 공구경 보정을 이용한 프로그램 예이다. 공구경 보정은 보정량을 임의로 바꾸어 넣을 수 있으므로 공구경 보정을 이용하면 공구 지름의 대소에 관계가 없고, 공작물의 형상에 따라 프로그램 작성이 가능하다(그림 3-122 참조).

또 보정량의 조정에 의해 임의의 크기로 정삭 여유치를 설정해 황삭의 반복이나 정삭을 한 개의 프로그램으로 작성할 수 있는 등의 이점이 있다[그림 3-122 (1)과 (2) 참조].

(2) 공구경 보정에서의 공구 동작

공구경 보정에는 그림 3-123처럼 취소모드 ⇨ 스타트 업 ⇨ 옵셋모드 ⇨ 옵셋취소의 순으로 동작한다.

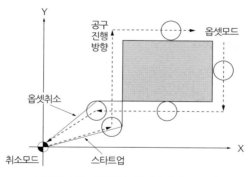

그림 3-123 공구경 보정에서의 공구 동작

① 취소모드

전원을 투입한 당초 또는 조작반의 리셋 버튼을 누른 후 또는 M02, M30 실행에 의해 프로그램이 종료한 후에는 옵셋취소모드로 된다.

취소모드(cancel mode)에서는 옵셋의 벡터의 크기는 항상 0이고, 공구 중심은 프로그램된 경로와 일치한다.

프로그램의 최후는 취소모드로 종료시켜야만 된다. 옵셋모드 상태로 프로그램을 종료시키면 공구는 보정량만큼 옵셋된 위치에서 정지한다.

② 스타트 업

취소모드로부터 옵셋모드로 바뀔 때의 공구 움직임을 스타트 업(start up)이라 한다.

스타트 업은 다음 조건을 모두 만족하는 블록이 실행되었을 때 이루어진다.

(ⅰ) G41 또는 G42가 지령되어 있다.
(ⅱ) 00 이외의 옵셋 번호가 지령되어 있다.
(ⅲ) G00 또는 G01에 의해 이동지령이 지령되어 있다.

스타트 업 모드에서는 두 블록 앞을 미리 읽어 실행하고, 스타트 업 종점위치로 공구의 진행에 대하여 직각인 옵셋벡터로 되며, 옵셋벡터 선단에 공구중심이 위치결정된다(그림 3-124 참조).

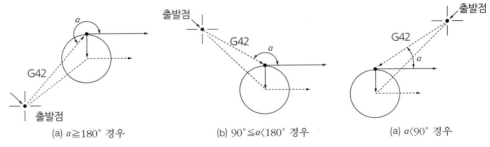

(a) $\alpha \geqq 180°$ 경우   (b) $90° \leqq \alpha \langle 180°$ 경우   (a) $\alpha \langle 90°$ 경우

그림 3-124 옵셋모드에서의 공구중심의 경로

③ 옵셋모드

스타트 업에 의해 이후의 블록에서 공구경로는 보정량만큼 옵셋된 경로로 된다. 이것을 옵셋모드(offset mode)라 부른다. 옵셋모드 중에는 그림 3-125처럼 G00, G01에 의한 이동 지령은 물론 G02, G03에 의한 옵셋도 가능하다.

옵셋모드에서는 두 블록을 미리 읽어 들이고, 옵셋된 두 개의 경로의 교점을 찾아 공구 중심이 이동된다. 또 N6부터 N7로의 공구경로는 그림과 같다.

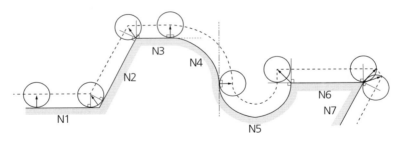

그림 3-125 옵셋모드에서의 공구중심의 경로

④ 옵셋취소

옵셋모드에서 옵셋취소모드로 바뀔 때의 공구 움직임을 옵셋취소(offset cancel)라 한다. 옵셋취소를 지령하면 G41, G42 옵셋모드는 취소되고 프로그램에서 지령한 위치로 공구중심이 위치 결정된다.

옵셋취소는 다음 조건 중 1개라도 만족하는 블록이 실행되면 이루어진다.

(ⅰ) G40이 지령되어 있다.

(ⅱ) 공구번호 00이 지령되어 있다.

옵셋취소는 G00 또는 G01에 의한 이동지령 블록으로 지령한다.

(3) 공구 보정에 관한 주의사항

① 보정량의 변경

옵셋모드 중에 보정량을 변경하면 블록 종점에 있어 옵셋벡터는 그 블록에서 지정된 보정량으로 계산되어 그림 3-126과 같이 공구가 동작한다.

② 보정량의 '+, -'

일반적으로 공구경의 보정량은 (+)값으로 CNC 장치의 공구 메모리에 입력하는데, (−)값으로 입력하면 공구는 G41과 G42가 바뀌면서 같은 동작으로 된다. 그림 3-126(오른쪽)은 원 절삭의 예이다.

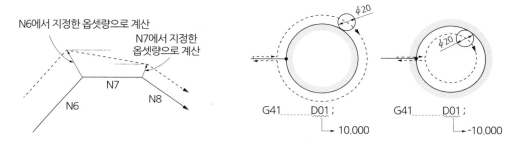

그림 3-126 옵셋모드에서의 공구중심의 경로

③ 이동이 없는 블록

스타트 업에 이어서 또는 옵셋모드 중에 있어서 이동을 하지 않는 블록을 두 개 이상 연속해 지령하면 공구경로의 교점 계산이 되지 않기 때문에 옵셋이 되지 않고 과대 절삭(또는 과소 절삭)이 생길 수 있다.

④ 옵셋모드의 전환

G41, G42 옵셋모드의 전환은 통상 G40을 지령한 후 행한다.

스타트 업 블록과 다음 블록 사이에서 옵셋방향을 바꾸는 것은 불가능하다.

⑤ 공구경 보정에 의한 과대 절삭

공구반지름보다 작은 원호 내측을 가공하는 경우나 공구반지름보다 작은 홈을 가공하는 경우는 공구경 보정에 의해 과대 절삭이 일어난다. 이 때문에 직전 블록의 실행 직후 CNC 장치는 알람이 발생하고 정지한다.

연습문제 그림 3-127을 공구경로 프로그램하여 작성하시오.

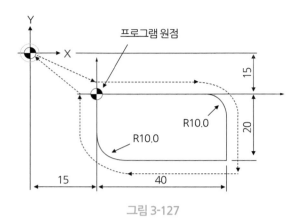

그림 3-127

<table>
<tr><td>프로그램 예</td><td>O1234;</td><td></td></tr>
</table>

O1234;
G90G80G40G49G00;
T03M06;
G54G90G00X-15.0Y15.0S2500M03;
G43Z50.0H03;
Z3.0 M08;
G01Z-10.0F200;
G41G01X0Y0D03F250;   → 스타트 업
              X30.0;
G02X40.0Y-10.0R10.0;
G01Y-20.0;
              X10.0;   D01로 지정된 양만큼
G02X0Y-10.0R10.0;   옵셋되어 진행된다.
G01Y0;
G40X-15.0Y10.0;   → 옵셋취소
              ⋮
              ⋮
(이하생략)

연습문제 그림 3-128을 공구경로 프로그램하여 작성하시오.

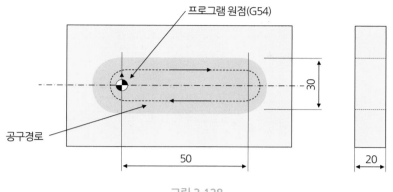

프로그램 원점(G54)

30

공구경로

50

20

그림 3-128

프로그램 예

O0005;
G90G80G40G00G49;
T07M06;
G54G90G00X0Y0S3000M03;
G43Z50.0H07;
　Z3.0;
G01Z-25.0F200M08;
G42Y15.0D07;　　　　→ 스타트 업
　X50.0;
G02Y-15.0R15.0;　　　옵셋
G01X0;　　　　　　　　모드
G02Y15.0R15.0;
G40G01Y0M08;　　　　→ 옵셋취소
G00Z50.0M05;
G91G28Z0;
M30;

연습문제 그림 3-129를 공구경로 프로그램을 표 3-7의 지시사항란에 따라 작성하시오.

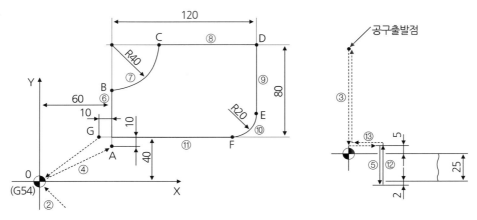

그림 3-129

표 3-7

No.	지시사항	프로그램 기입란
①	시퀀스 번호(402)	
②	XY 평면, 절대지령, 공작물 좌표계(G54) 원점위치결정, 주축회전수(500 rpm)	
③	공작물 윗면 5 mm까지 위치결정, 주축 정회전	
④	공구경 보정 좌측, A점 위치결정, 옵셋번호(01)	
⑤	공작물 밑면 2 mm까지 절삭이송, 이송속도, (200 mm/min), 절삭유제 ON	
⑥	직선절삭(A→B), 이송(120 mm/min)	
⑦	원호절삭(B→C)	
⑧	직선절삭(C→D)	
⑨	직선절삭(D→E)	
⑩	원호절삭(E→F)	
⑪	직선절삭(F→G)	
⑫	공작물 윗면 5 mm까지 위치결정, 공작물 절삭유제 ON	
⑬	공구경 보정 취소, 원점 위치결정(G→O), 주축 정지	
⑭	Z축 자동 원점 복귀	
⑮	프로그램 끝	

연습문제 그림 3-130의 공구경로 프로그램을 표 3-8의 지시사항란에 따라 작성하시오.

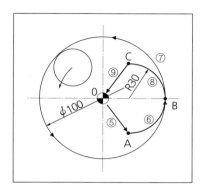

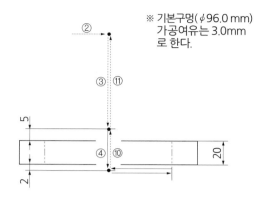

※ 기본구멍(ϕ96.0 mm) 가공여유는 3.0mm 로 한다.

그림 3-130

표 3-8

No.	지시사항	프로그램 기입란
①	시퀀스 번호(402)	
②	XY 평면, 절대지령, 공작물 좌표계(G54), 원점위치결정, 주축회전수(300 rpm)	
③	공작물 윗면 5 mm까지 위치결정, 주축 정회전	
④	공작물 밑면 2 mm까지 절삭이송, 이송속도 (200 mm/min), 절삭유제 ON	
⑤	공구경 보정 좌측, 절삭이송(O→A) 옵셋번호(01), 이송속도(180 mm/min)	
⑥	원호절삭(A→B, 좌회전)	
⑦	원호절삭(전원, 좌회전)	
⑧	원호절삭(B→C, 좌회전)	
⑨	공구경 보정 취소, 구멍 중심(C→O)으로 절삭이송, 절삭유제 OFF	
⑩	공작물 윗면 5 mm까지 위치결정, 주축 정지	
⑪	Z축 자동 원점 복귀	
⑫	프로그램 끝	

3.3.17 공구위치 옵셋(G45, G46, G47, G48)

공구위치 옵셋은 프로그램으로 지령한 이동지령에 대해 공구 보정 메모리에 설정된 보정량만큼 이동량을 신장 또는 축소시키는 기능이다. 공구위치 옵셋은 1회 유효 지령 G코드이며, G45~G48로 지령하고 각각의 기능은 다음과 같다.

① G45: 공구위치 옵셋(신장)
② G46: 공구위치 옵셋(축소)
③ G47: 공구위치 옵셋(두 배 신장)
④ G48: 공구위치 옵셋(두 배 축소)

공구위치 옵셋에 있어 공구의 동작 예는 그림 3-131과 3-132와 같다. 그림 중에서 보정량의 설정은 공구경 보정과 마찬가지로 어드레스 'D'에 이어서 2자리 수치로 보정번호를 지령한다.

공구위치 옵셋을 이용한 프로그램 예를 그림 3-132에 들었다. 공구위치 옵셋은 Z축 방향에서의 공구길이 접근 동작(축소)이나, 프로그램 예에서처럼 공구경 방향의 신장·축소 등에 이용되는데, 공구경 보정이나 공구길이 보정 등의 새로운 보정기능이 추가되어 있어, 공구위치 옵셋으로 프로그래밍하는 것은 적어지게 된다.

이동지령량   옵셋량   실제 이동량

그림 3-131

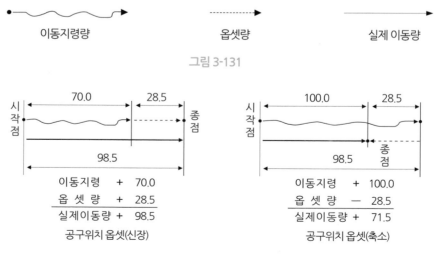

이동지령	+	70.0
옵 셋 량	+	28.5
실제이동량	+	98.5

공구위치 옵셋(신장)

이동지령	+	100.0
옵 셋 량	−	28.5
실제이동량	+	71.5

공구위치 옵셋(축소)

그림 3-132 공구위치 옵셋

3.3.18 공구길이 보정(G43, G44, G49)

Z축 방향의 공구이동을 CNC 장치에 설정한 공구량만큼 옵셋시키는 기능을 공구길이 보정이라 한다. 이 공구길이 보정을 이용하면 길이가 다른 여러 개의 공구를 사용할 경우의 프로그램 작성에 있어서, 공구길이에 관계 없이 프로그램을 작성할 수 있다는 이점이 있다.

(지령형식)

그림 3-133 공구길이 지령과 취소

다음은 공구길이 보정을 이용한 프로그램에 대하여 설명한다.

공구길이 보정+(G43)지령으로, 그림 3-135처럼 Z축 이동지령에 대해 보정량을 +측(가산)으로 옵셋한다. 또 공구길이 보정-(G44)지령으로 그림 3-135처럼 Z축 이동지령에 대해 보정량을 -측(감산)으로 옵셋한다. 어드레스 'H'에 이어서 공구길이의 보정번호를 두 자리 이내의 수치(01~99, 또 00은 보정량 0에 해당한다)로 지령한다. 여기에서 지령하는 보정번호에 대응하는 보정량(CNC 장치의 공구 보정 메모리에 설정된 보정량)만큼 공구가 옵셋된다. 또 보정번호는 전 항에서 설명한 공구길이 보정의 옵셋번호 및 공구위치 옵셋을 합쳐서 99개까지 사용할 수 있다.

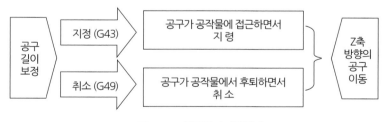

그림 3-134 공구길이 지령방법

G49 지령으로 G43 또는 G44의 공구길이 보정을 취소한다.

보정번호 H00 지령에 의해서도 G49와 같이 공구길이 보정을 취소시킬 수 있다. 또 G28 지령으로 공구가 원점 복귀할 때, 공구길이 보정이 취소되게 한다. 이 경우는 G49 지령을 생

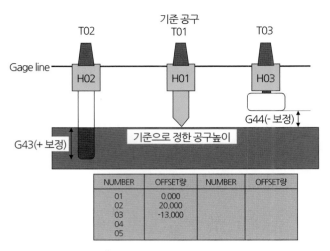

NUMBER	OFFSET량	NUMBER	OFFSET량
01	0.000		
02	20.000		
03	-13.000		
04			
05			

그림 3-135 공구길이 메모리 등록

략해도 된다.

　※ 절대지령에 있어서의 공구길이 보정

　앞에서 설명한 것처럼 절대지령은 설정된 공작물 좌표계 내에서 이동지령을 준다. 여기에서 공구길이 보정은 공작물 좌표계에서 아래의 3가지 방법으로 할 수 있다.

　① 모든 공구의 길이를 미리 측정해서 그 측정치를 보정량(+값)으로 하는 방법이 있다(그림 3-136 참조).

　② 인선 선단으로부터 공작물 기준면까지의 거리를 보정량(-값으로 한다)으로 하는 방법으로, 이 경우 공작물 좌표계의 Z축 원점을 기계 기준점에 일치시킨다.

　③ 기준공구를 지정하고 다른 공구와 기준공구와의 길이 차를 보정량으로 설정하는 방법이다(그림 3-137 참조).

　이 경우 기준공구의 인선 선단과 공작물 표준면까지의 거리를 측정하여 이것을 공작물 좌표계의 Z축 보정량으로 한다. 또 기준공구의 보정량은 0을 설정한다.

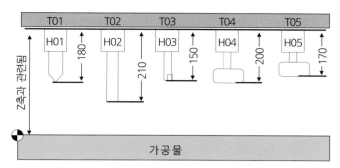

그림 3-136 공구길이를 보정량으로 하는 경우

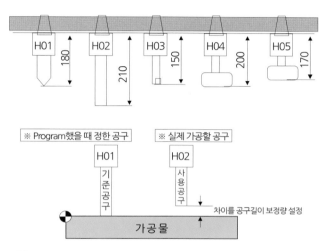

※ Program했을 때 정한 공구   ※ 실제 가공할 공구

H01   H02

기준공구   사용공구

차이를 공구길이 보정량 설정

가공물

그림 3-137 기준공구와 다른 공구와의 길이 차를 보정량으로 하는 경우

연습문제 그림 3-138의 공구경로 프로그램을 지시사항에 따라 프로그램하시오.

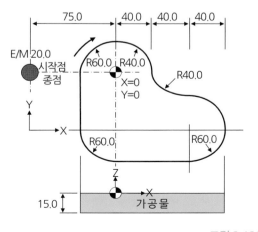

그림 3-138

※ 공구경 보정번호
  D12로 한다.
※ 이동속도
  250 mm/min로 한다.
※ 공구번호
  T12로 한다.
※ 공구길이 보정번호
  H12로 한다.

프로그램 예 O0005；
G90G80G40G00G49；
T12M06；
G54G90G00X-75.0Y0S3000M03；
G43Z50.0H12；   …▸ 공구길이 보정(공구 접근)
　Z3.0；
　Z-17.0M08；
G42G01X-60.0Y0F250D12；
G02X0Y60.0I60.0J0；
　X40.0Y20.0I0J-40.0；
G03X80.0Y-20.0I40.0J0；
G02X120.0Y-60.0I0J-40.0；
　X60.0Y-120.0I-60.0J0；
G01X0(Y-120.0)；
G02X-60.0Y-60.0I0J60.0；
G01X-60.0Y0；
G40G00X-75.0Y0M09；
G49Z200.0；（또는 G00Z200.0H00）…▸ 후퇴하면서 공구길이 보정 취소
M30；

연습문제　그림 3-139의 공구경로 프로그램을 지시사항에 따라 프로그램하시오.

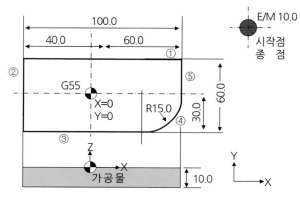

※ 공구경 보정번호
　D08로 한다.
※ 이동속도
　300 mm/min로 한다.
※ 공구번호
　T08로 한다.
※ 공구길이 보정번호
　H08로 한다.

그림 3-139

246　03. 머시닝센터

O0005;
G90G80G40G00G49;
T08M06;
G55G90X75.0Y45.0S3000M03;
G43Z50.0H08;　　　　　　　　　⋯▶ 공구길이 보정(공구 접근)
　　Z3.0;
　　Z-12.0;
G42G01X65.0Y30.0F300D08;　⋯▶ 공구경 우측 보정(공구 접근)
　　X-40.0;
　　Y-30.0;
　　X30.0;
G03X60.0Y-15.0I0J15.0;
G01X60.0Y35.0;
G40G01X75.0Y45.0M09;
G49Z200.0;（또는 G00Z200.0H00）⋯▶ 후퇴하면서 공구길이 보정 취소
M30;

프로그램 예2　　O0005;
G90G80G40G00G49;
T08M06;
G55G90X75.0Y45.0S3000M03;
G43Z50.0H08;　　　　　　　　　⋯▶ 공구길이 보정(공구 접근)
　　Z3.0;
　　Z-12.0;
G42G01X65.0Y30.0F300D08;　⋯▶ 공구경 우측 보정(공구 접근)
　　X-40.0;
　　Y-30.0;
　　　⋮
　　　⋮
　　　⋮
G40G01X75.0Y45.0M09;
G91G28Z0;　　　　　　　　　⋯▶ G28 기능에는 공구길이 보정 취소가 있다.
M30;

3.3.19 고정 사이클

드릴에 의한 구멍가공(drilling), 탭에 의한 나사가공(tapping), 보링 바에 의한 보링가공(boring) 등 일반적으로 여러 개의 블록으로 구성된 일련의 가공동작을 한 개의 블록으로 지령할 수 있게 한 기능을 고정 사이클이라고 한다. 고정 사이클은 일반적으로 구멍가공기능이라고도 한다.

다음은 고정 사이클의 프로그래밍에 관하여 설명한다.

(1) 고정 사이클의 종류

표 3-9는 고정 사이클의 일람표 예이다. 고정 사이클의 G코드는 모두 모달 코드이고, 표의 G코드를 실행하면 고정 사이클 모드로 된다. 또 고정 사이클 모드는 고정 사이클 취소의 G80을 지령해서 해제시킨다. 고정 사이클은 필히 G80을 지령해서 종료시켜야 한다.

표 3-9 고정 사이클의 종류

G코드	고정 사이클	용도
G73	펙 드릴링 사이클	고속으로 깊은 구멍가공의 고정 사이클
G74	역 탭핑 사이클	역 탭핑 고정 사이클
G76	파인 보링 사이클	구멍 바닥에서 공구 시프트를 하는 고정 사이클
G81	드릴 사이클	드릴작업 고정 사이클
G82	드릴 사이클	구멍 바닥에서 드웰을 주는 드릴작업 고정 사이클
G83	펙 드릴링 사이클	깊은 구멍 드릴작업의 고정 사이클
G84	탭핑 사이클	탭핑의 고정 사이클
G85	보링 사이클	왕복 절삭이송의 고정 사이클
G86	보링 사이클	보링작업의 고정 사이클
G87	백 보링 사이클	뒤쪽 자리내기 보링작업 고정 사이클
G88	보링 사이클	수동 이동이 가능한 보링작업 고정 사이클
G89	보링 사이클	구멍 바닥에서 드웰을 주는 보링작업 고정 사이클
G80	고정 사이클 취소	고정 사이클 모드를 취소

(2) 고정 사이클의 동작

일반적으로 고정 사이클은 그림 3-140에서 보는 것처럼 6개의 동작으로 구성되어 있다. 시작점은 구멍위치의 바로 위 위치결정점으로 고정 사이클의 스타트점을 나타낸다. R점은 공구가 시작점으로부터 급속이송으로 공작물에 접근하는 점으로 구멍가공의 개시 위치를

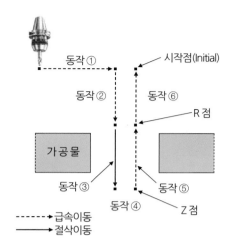

동작 ① X, Y축의 위치결정
동작 ② R점까지 급속이송
동작 ③ 구멍가공
동작 ④ 구멍 바닥 위치(Z)에서의 동작
동작 ⑤ R점까지 나오는 동작
동작 ⑥ 시작점까지 급속이송

그림 3-140 고정 사이클의 동작

나타내다. 또 Z점은 구멍가공의 완료 위치이다.

절대지령과 증분지령에서의 R점 및 Z점의 지령은 그림 3-141처럼 달라진다. 구멍가공 종료 후의 공구복귀 위치지령에는 G98에 의한 시작점 복귀와 G99에 의한 R점 복귀의 두 가지가 있다.

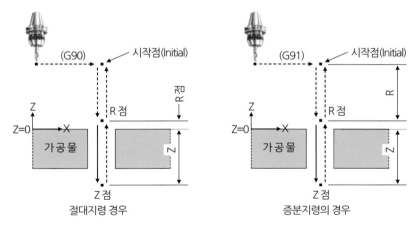

그림 3-141 R점과 Z점의 지령

그림 3-142처럼 G98 모드로 고정 사이클을 지령하면 구멍가공 후 공구는 시작점까지 복귀한다. 또 G99 모드로 고정 사이클을 지령하면 구멍가공 후 공구는 R점으로 복귀한다.

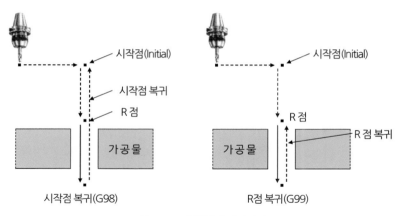

그림 3-142 공구복귀 위치지령

(3) 고정 사이클의 지령 형식

고정 사이클의 지령은 데이터 형식, 복귀점 레벨, 구멍가공 모드 등 세 개의 모달 G코드 지령에 이어서, 필요한 구멍위치 데이터, 구멍가공 데이터 및 고정 사이클의 반복횟수를 지령한다.

(지령형식)

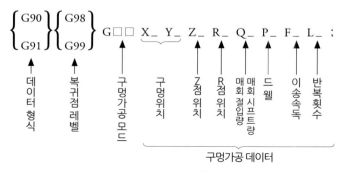

그림 3-143 고정 사이클의 지령방법

① 데이터 형식: 증분지령(G91) 또는 절대지령(G90)을 선택한다.

② 복귀점 레벨: 시작점 복귀(G98) 또는 R점 복귀(G99)를 선택한다.

③ 구멍가공 모드: G73, G74, G76, G81~G89 중의 고정 사이클을 선택한다.

④ 구멍위치: 어드레스 'X, Y'에 이어서 구멍위치를 지령한다.

⑤ Z점 위치: 어드레스 'Z'에 이어서 Z점 위치를 지령한다.

⑥ R점 위치: 어드레스 'R'에 이어서 R점 위치를 지령한다.

⑦ 매회 절입량 또는 시프트량: 어드레스 'Q'에 이어서 매회 절입량 또는 시프트량을 지령한다. 지령치는 필히 (+)값의 증분치로 지령한다.

⑧ 드웰: 어드레스 'P'에 이어서 드웰 시간을 지령한다.

⑨ 이송속도: 어드레스 'F'에 이어서 이송속도를 지령한다.

⑩ 반복횟수: 어드레스 'L'에 이어서 고정 사이클의 반복횟수(최대 9999회)를 지령한다. 단, 구멍피치를 증분치로 지령할 경우 반복횟수를 지령하지 않으면 고정 사이클을 1회로 한다.

L값을 0(영)을 지령하면 구멍가공은 하지 않지만, 구멍가공 데이터를 기억한다.

(4) 고정 사이클의 취소

G80을 지령함으로써 이송속도를 제외한 고정 사이클의 데이터를 취소할 수 있다. 또 고정 사이클 모드로 01그룹의 G코드(G00, G01, G02, G03)를 지령해도 고정 사이클은 취소된다.

(5) 구멍가공모드와 데이터 형식

프로그램에 잘 사용된다. 주요한 고정 사이클의 구멍모드와 그 데이터 형식을 아래에서 설명한다.

① G73(Back Drilling Cycle: 고속으로 깊은 구멍작업 고정 사이클)

그림 3-144처럼 일정량의 절입을 반복하면서 고속으로 깊은 구멍의 드릴가공을 하는 고정 사이클이다. 1회 절입량은 2~3 mm를 증분치로 지령한다.

또 그림 중의 d는 기계 측에 설정된 일정량의 후퇴량(통상 1.0 mm)이다.

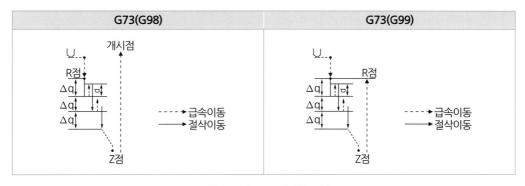

그림 3-144 G73 사이클 동작

(지령형식) G73 X___Y___Z___R___Q___P___F___;

Q: 1회 절입량(증분값)

연습문제 그림 3-145의 고정 사이클 기능을 이용하여 프로그램하시오.

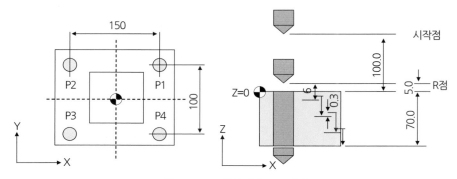

그림 3-145 고정 사이클 G73 예제

(프로그램 예) O1111;

G90G80G40G49G00;

T08M06;

G54G90X0Y0S500M03;

G43Z200.0H08;

    Z100.0;

G90G99G73X75.0Y50.0Z-80.0R5.0Q6.0F100;

    X-75.0;

    Y-50.0;

    X75.0;

    Y50.0;

G80G00Z200.0M05;

M30;

② G76(Fine Boring Cycle: 정밀 보링 사이클)

그림 3-147과 같이 구멍가공 후 공구를 일정량 시프트(후퇴)시켜 복귀시키는 고정 사이클로, 보링 바에 의해 보링작업의 정삭 등에 이용된다. 그림 3-146에서 Q가 공구의 시프트량으로, 주축이 정각도 위치에 정지[이것을 주축 정각도 위치정지 또는 오리엔티드 스핀들 스톱이라고 한다(일명 OSS)]했을 때 공구 인선에 대하여, 반대축으로 공구를 시프트한다. 또 P는 드웰을 나타낸다.

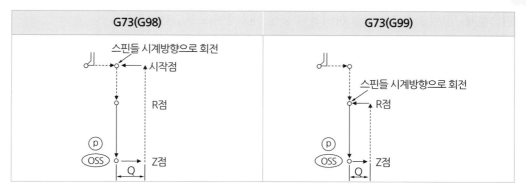

G73(G98)	G73(G99)

그림 3-146 G76 사이클 동작

(지령형식)   G74 X___Y___Z___R___Q___P___F___;

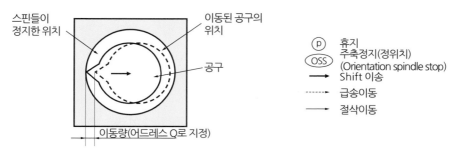

그림 3-147 정밀 보링 사이클의 동작 및 공구의 이동

③ G81(Drill Cycle: Spot Boring)

드릴가공의 가장 대표적인 고정 사이클로 스포트 보링이라고도 한다. 드릴가공 후 공구는 회전하면서 급속이송으로 시작점 또는 R점으로 복귀한다. 드릴이나 보링 바에 의한 구멍의 황삭가공 등에 이용된다.

G73(G98)	G73(G99)

그림 3-148 G81 사이클 동작

(지령형식)   G81 X___Y___Z___R___F___;

연습문제 그림 3-149의 고정 사이클 기능을 이용하여 프로그램하시오.

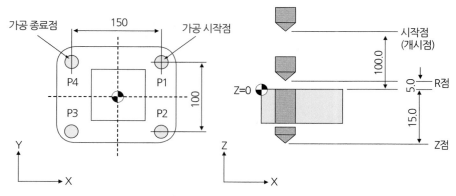

그림 3-149 고정 사이클 G81 예제

〔프로그램 예〕 O2222;
G90G80G40G49G00;
T04M06;
G54G90X75.0Y50.0S500M03;
G43Z200.0H08;
    Z100.0;
G90G99G81Z-15.0R5.0F100;
    Y-50.0;
    X-75.0;
    Y50.0;
G80G00Z200.0M05;
M30;

④ G82(Drill Cycle 또는 Counter Boring)

그림 3-150과 같이 구멍 바닥에서 드웰이 있는 고정 사이클로 카운터 보링이라고도 부른다. 자리내기나 면취 등 구멍 바닥면을 다듬을 필요가 있을 경우에 이 고정 사이클이 이용된다.

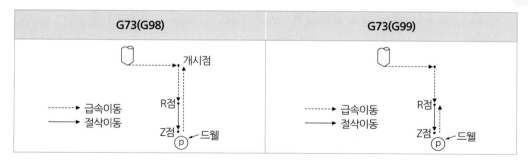

G73(G98)	G73(G99)
개시점 급속이동 절삭이동 R점 Z점 ── 드웰 ── (p)	개시점 급속이동 절삭이동 R점 Z점 ── 드웰 ── (p)

그림 3-150 G82 사이클 동작

(지령형식)   G82 X___Y___Z___R___F___;

연습문제 그림 3-151의 고정 사이클 기능을 이용하여 프로그램하시오.

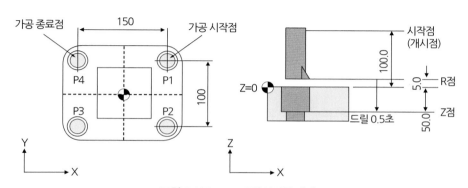

그림 3-151 G82 드릴 사이클 예제

(프로그램 예) O1111;
　　　　　　　G90G80G40G49G00;
　　　　　　　T11M06;
　　　　　　　G54G90X75.0Y50.0S800M03;
　　　　　　　G43Z200.0H11;
　　　　　　　　　Z100.0;
　　　　　　　G90G99G82Z−50.0R5.0P500F100;
　　　　　　　　　Y−50.0;
　　　　　　　　　X−75.0;
　　　　　　　　　Y50.0;
　　　　　　　G80G00Z200.0M05;　 (G91G28Z0;)
　　　　　　　M30;

⑤ G83(Back Drilling Cycle: 깊은 구멍가공 사이클)

그림 3-152와 같이 일정량의 절입과 R점 복귀 동작을 반복하는 고정 사이클이다. 드릴에 의한 깊은 구멍가공 등에서 절삭칩 제거와 공작물의 냉각이 필요한 경우에 이용된다.

매회 절입량 q는 증분치를 지령한다.

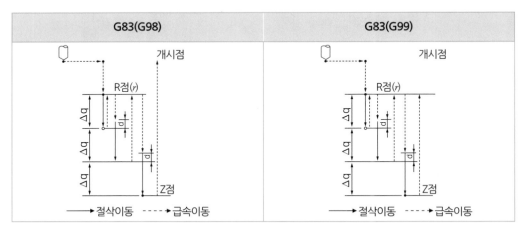

그림 3-152 G83 사이클 동작

(지령형식)　　G83 X___Y___Z___R___F___;

⑥ G84(Tapping Cycle: 오른나사가공)

탭에 의한 나사절삭을 하는 고정 사이클이다. 그림 3-153처럼 나사 피치에 해당하는 이송속도로 주축 정회전으로 절삭이송과 주축 역회전으로 복귀 동작이 이루어진다. 또 탭핑을 하는 고정 사이클에서는 R점 위치를 공작물 윗면 7.0 mm 이상으로 설정한다.

이송속도(F)는 다음 계산식으로 구해진다.

$$F(mm/min) = 주축회전수(rpm) \times 피치(mm)$$

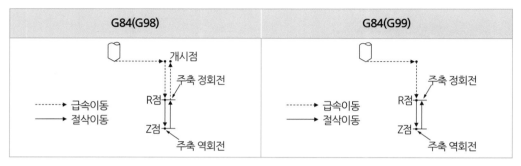

그림 3-153 G84 사이클 동작

(지령형식)　　G84 X___Y___Z___R___F___;

연습문제 그림 3-154의 고정 사이클 기능을 이용하여 프로그램하시오.

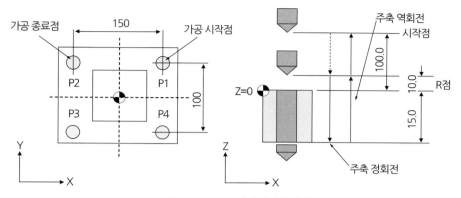

그림 3-154 G84 나사 사이클 예제

프로그램 예
O0044;
G90G80G40G49G00;
T13M06;
G54;
S640M03;
G90G99G84X75.0Y50.0Z−15.0R10.0F640M08; → 일반 탭핑
Y−50.0;
X−75.0;
G98Y50.0;
G80G00Z200.0M09;
(G91G28Z0;)
M30;

회전할 때 공구가 움직여야 하므로
→ 회전수 x 피치이다.

G90G99X75.0Y50.0Z−15.0R10.0 F640 M08;

절삭 시 움직이는 속도

⑦ G85(Boring Cycle)

그림 3-155처럼 공구의 복귀동작도 주축 정회전에 의해 절삭이송하는 고정 사이클이다.
리머(Reamer) 등에 의한 구멍의 다듬질(Fine)가공에 이용된다.

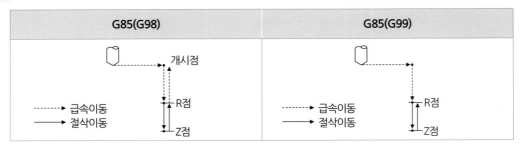

G85(G98)	G85(G99)
급속이동 절삭이동 개시점 R점 Z점	급속이동 절삭이동 R점 Z점

그림 3-155 G85 사이클 동작

(지령형식)   G85 X___Y___Z___R___F___;

⑧ G86(Boring Cycle)

그림 3-156과 같이 주축정지 후 급속이송으로 공구의 복귀동작이 이루어지는 고정 사이클이다. 보링 바 등으로 보링작업할 때 이용된다.

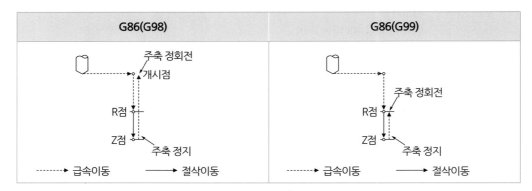

G86(G98)	G86(G99)
주축 정회전 개시점 R점 Z점 주축 정지 급속이동 절삭이동	주축 정회전 R점 Z점 주축 정지 급속이동 절삭이동

그림 3-156 G86 사이클 동작

(지령형식)   G86 X___Y___Z___R___F___;

⑨ G87(Back Boring Cycle)

그림 3-157과 같이 공작물을 뒤집어 가공이 어려운 카운터 보링 시 사용하는 사이클로, 주축이 정지 후 Q량만큼 날 반대방향으로 시프트시킨 후에 R점까지 급속이송한다.

Z점에서 회전하면서 상승되며 가공이 이루어진다.

이 공정은 반드시 초기점(initial point)을 사용해야 하며, 이 기능은 R점과 Z점의 위치가 바뀌어져 있다.

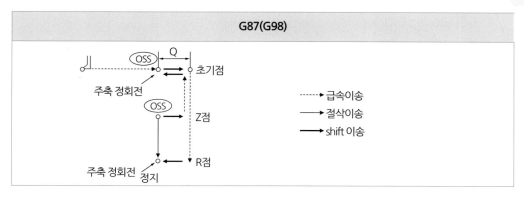

그림 3-157 G87 사이클 동작

(지령형식) G86 X___Y___Z___R___ Q___F___;

Q: G17 평면(I, J 사용가능)

G18 평면(K, I 사용가능)

G19 평면(J, K 사용가능)

⑩ G88(Boring Cycle)

그림 3-158과 같이 구멍 바닥에서 일정시간 드웰(Dwell)한 후 주축이 정지하여 구멍을 빠져 나오는 기능이다.

주축(공구)을 핸들로써 이동시킬 수 있으며, 대형기계에서 절삭상태를 확인할 때 주로 이용된다.

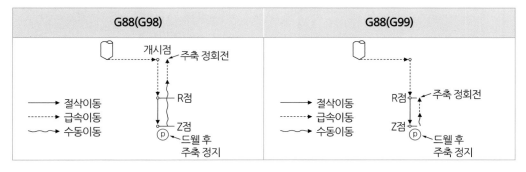

그림 3-158 G88 사이클 동작

(지령형식) G86 X___Y___Z___P___F___;

⑪ G89(Boring Cycle)

그림 3-159는 G85의 기능과 같지만 구멍 바닥에서의 드웰이 이루어진다.

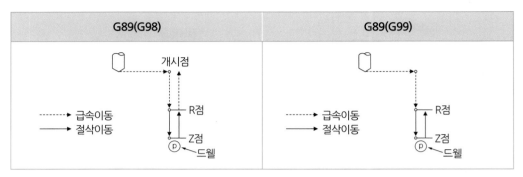

그림 3-159 G89 사이클 동작

(지령형식)   G87 X___Y___Z___P___F___;

연습문제 그림 3-160의 고정 사이클, 공구길이 보정 기능을 이용하여 프로그램하시오.
단, ∅60.0 mm의 보링가공은 이미 ∅59.5 mm로 가공되어 있다.

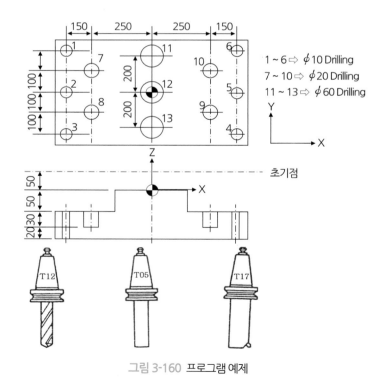

그림 3-160 프로그램 예제

```
O0044;
G90G80G40G49G00;
N10(T12:D10.0 D/R);
T12M06;
G54G90G00X-400.0Y200.0S1000M03;
G43Z50.0H12M08;
G99G83Z-103.0R-47.0Q10.0J20.0F120;        → Z=0에서 47내려온 위치임
    Y0;
G98Y-200.0;                                → 가공 후 초기점 복귀
G99X400.0;                                 → R점 가공으로 복귀
    Y0;
    Y200.0;
G80G00Z200.0M09;
M01;
N20(T05:D20.0 C/B);
T05M06;
G54;
G90G00X-250.0Y100.0S1000M03;
G43Z50.0H05M08;
G99G82Z-80.0R-47.0P2000F80;               → 2초간 드웰
G98Y-100.0;
G99X250.0;
    Y100.0;
G80G00Z200.0M09;
M01;


N30(T17:D60.0 F/B);
T17M06;
G54G90G00X0Y200.0S800M03;
G43Z50.0H17M08;
G99G76Z-102.0R3.0Q-0.5F100;
G91Y-200.0K2;                              → 같은 위치 2번 반복횟수
G80G00Z200.0M09;                           → 고정 사이클 기능 취소
G91G28Z0;                                  → 현 위치에서 원점복귀
M30;
```

연습문제 그림 3-161의 고정 사이클, 공구길이 보정 기능을 이용하여 프로그램하시오.

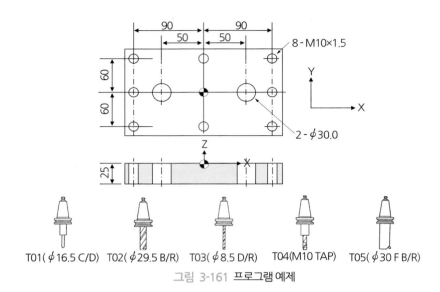

그림 3-161 프로그램 예제

(프로그램 예)　　O0022;

　　　　　　　　G90G80G40G49G00;

　　　　　　　　N1000 (T01:D16.5-C/D);

　　　　　　　　T01M06;

　　　　　　　　G54G90X-90.0Y60.0S500M03;

　　　　　　　　G43Z50.0H01M08;

　　　　　　　　G99G81Z-3.0R3.0F150;

　　　　　　　　M98P0013;　　　　　　　　　→ 서브 프로그램 호출

　　　　　　　　G80G00Z200.0M09;

　　　　　　　　M01;

　　　　　　　　N2000 (T02:D29.5-B/R);　→ 이미 φ29.5로 드릴링되어 있는 상태이다.

　　　　　　　　T02M06;

　　　　　　　　G54G90G00X-50.0Y0S1200M03;

　　　　　　　　G43Z50.0H02M08;

　　　　　　　　G85G99Z-27.0R3.0F100;

　　　　　　　　　　X50.0Y0;

　　　　　　　　G80G00Z200.0M09;

　　　　　　　　M01;

　　　　　　　　N3000 (T03:D8.5-D/R)

```
T03M06;
G54G90X-90.0Y60.0S600M03;
G43Z50.0H03M08;
G99G73Z-28.0R3.0Q5.0F100;
M98P0013;          (서브 프로그램 호출) …
G80G00Z200.0M09;
M01;
N4000 (T04:M10×P1.5 Rigid Tapping);
T04M06;
G54G90G00X-90.0Y60.0;
G43Z50.0H04M08;
M29S1000;                → (Rigid Tapping 영역설정)
                         → Rigid Tapping: 스핀들회전의 양으로 나타냄
                         → Rigid Tapping: 정·역회전 기능
G99G84Z026.0R3.0F1500;    → (F1500 = 회전수×피치)
M98P0013;
G80G00Z200.0M09;
M01;
N5000 (T05:D30-F/B_);
T05M06;
G54G90X-50.0Y0S1200M03;
G43Z50.0H05M08;
G99G76Z-26.0R3.0Q0.5F150;
    X50.0Y0;
G80G00Z200.0M09;
G91G28Z0;
M30;
```

```
O0013;
(0022의 서브 프로그램);
G91Y-60.0 K2;
    X90.0 K2;
M99;
```

반복횟수

(6) 고정 사이클에 관한 주의 사항

① 고정 사이클을 지령하는 경우 그 이전에 주축을 회전시켜 놓아야 한다. 주축이 정지해 있으면 M03 또는 M04를 지령한 후 고정 사이클을 지령한다.

② 고정 사이클 모드 중에는 X, Y, Z, R의 어느 것이나 지령되어 있으면 구멍가공 동작을 한다. 단, 어느 것도 지령하지 않는 경우는 구멍가공 동작을 하지 않는다. 또 드웰 시간

을 어드레스 'X'로 지령해도 구멍가공은 하지 않는다.

③ G99(R점 복귀)로 고정 사이클을 반복하는 경우 최종 구멍가공 후 공구는 R점 위치까지 밖에 복귀되지 않는다.

④ 구멍가공 데이터의 어드레스 'X, Y'에 의한 공구위치결정은 급속이송으로 된다.

⑤ 구멍가공 데이터의 Q, P는 구멍가공 동작이 이루어지는 블록에서 지령한다. 구멍 가공 동작을 하지 않는 블록에서 지령해도 모달 데이터로써 기억되지 않는다.

⑥ 고정 사이클의 G기능과 01 그룹(G00∼G03)의 G기능을 같은 블록으로 지령한다.

⑦ G80 블록에서 지령하는 어드레스 'Z'는 Z점 위치를 지령하는 것이 아니고 Z축의 이동지령이다. 또 이 경우는 고정 사이클 이전에 지령된 01그룹의 G기능이 유효하게 된다.

연습문제 그림 3-162의 '2-M10×P1.5(관통나사)'를 ∅8.5드릴에 의해 나사 기초 구멍가공 ∅25.0면취공구에 의한 밀링가공, M10.0탭에 의한 탭핑의 순으로, 공구를 교환하면서 가공하는 프로그램을 작성하시오. 또 공구경로는 그림 3-163 및 그림 3-164, 각 공구의 R점 및 X점 위치는 그림 3-164에, 각 공구의 절삭조건은 표 3-10에 표시하였다.

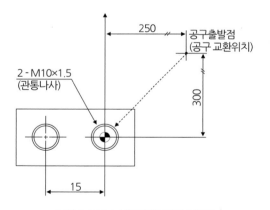

그림 3-162 나사위치와 공구출발점

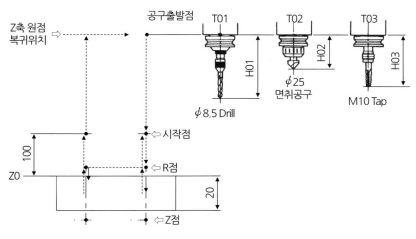

그림 3-163 Z축 방향의 공구경로

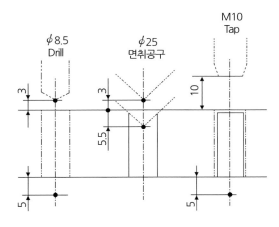

그림 3-164 각 공구의 R점 및 Z점

표 3-10 절삭조건

공구번호	공구명	절삭속도	이송
T01	⌀8.5Drill	20mm/min	0.2mm/rev
T02	⌀25면취공구	12m/min	0.2mm/rev
T03	M10 Tap	8m/min	

프로그램 기입란

3.3.20 주 프로그램과 보조 프로그램

보조 프로그램 중에 어느 고정된 시퀀스나 반복적으로 나타나는 패턴이 있을 때, 이것을 보조 프로그램으로서 미리 CNC 장치의 메모리 안에 등록(저장)해 놓으면 프로그램을 대단히 간단하게 할 수 있다.

보조 프로그램은 Tape Mode나 Memory Mode의 어느 Mode로부터도 호출이 가능하다. 또 호출된 보조 프로그램이 다시 다른 보조 프로그램을 호출할 수도 있다.

주 프로그램으로부터 호출된 보조 프로그램 및 보조 프로그램에 의해 호출될 수 있는 보조 프로그램을 열거하면 4중의 호출까지 행할 수 있다. 이것을 보조 프로그램의 다중호출(Nesting)이라 한다.

(지령형식)

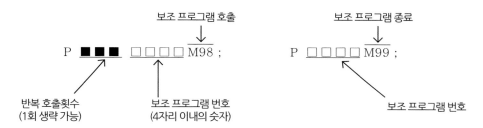

그림 3-165 주 프로그램과 보조 프로그램의 지령형식

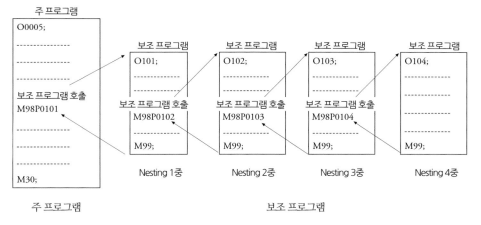

그림 3-166 주 프로그램과 보조 프로그램 *

---

* 2장 CNC 선반의 2.2.19절의 주 프로그램과 보조 프로그램 참조

연습문제 그림 3-167의 주 및 보조 프로그램을 이용하여 프로그램하시오.

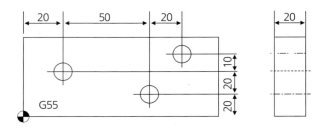

그림 3-167 주 프로그램과 보조 프로그램 예

〈주 프로그램 ①의 경우〉

　O2222;

　G90G80G40G49G00;

　T18M06;

　G55G90X0Y0S1300M03;

　G43Z50.0H18;

　G00X20.0Y40.0;

　M98P0055;

　　　X70.0Y20.0;

　M98P0055;

　　　X90.0Y50.0;

　M98P0055; ──────────→

　G90G00Z200.0M05;

　G91G28Z0;

　M30;

```
O0055;
(2222의 보조 프로그램);
G90G00Z5. 0M08;
    Z-25.0F120;
G00Z50.0M90;
M99;
```

　＊그림 3-161의 고정 사이클, 공구길이 보정 기능의 보조 프로그램을 참조하라.

〈주 프로그램 ②의 경우〉

　O2222;

　G90G80G40G49G00;

```
T18M06;
G55G90X20.0Y40.0S1300M03;
G43Z50.0H18;
    Z10.0;
 M98P0055;
G00Z50.0M05;
G91G28Z0;
M30;
```

O2222의 보조 프로그램 작성

```
O0055;
G90G00Z5.0M08;
G01Z−25.0F150;
G00Z5.0;
    X70.0Y20.0;
G01Z−25.0;
G00Z5.0;
    X90.0Y50.0;
G01Z−25.0;
G00Z5.0;
M99;
```

연습문제 그림 3-168에 따라 프로그램하시오.

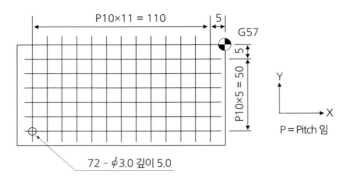

그림 3-168 주 프로그램과 보조 프로그램 예

〈주 프로그램 ②의 경우〉

    O0100;

    G90G80G40G49G00;

    T10M06;

    G57G90X-5.00Y-5.0S2500M03;

    G43Z50.0H10;

    Z5.0M08;

    M98P1000L5;   ⋯ 5회 반복과정

    M98P1111;

    G80G00Z50.0;

    G91G28Z0;

    M30;

    O2222의 보조 프로그램 작성

    　(Subprogram-1)　　　　(Subprogram-2)

    　O1000;　　　　　　　　O1111;

    　M98P1111;　　　　　　G91G99G81Z-10.0R3.0F90;

    　G91X110.0Y-10.0L0;　　　X-10.0L11;

    　G90M99;　　　　　　　G90M99;

04 프로그래밍의 자동화

4.1 CAD/CAM의 개론

4.1.1 자동 프로그래밍의 개요

CAD/CAM은 1960년대에 모니터에 그림을 그릴 수 있는 기술이 발달되고 이것을 이용하여 스케치 패드(Sketch Pad)라는 시스템이 만들어지면서 시작되었다.

1970년대와 1980년대의 엔지니어링 워크스테이션(EWS: Engineering Work Station)의 발전, 1980년대 초의 개인용 컴퓨터(PC) 출현, 1990년대의 Windows NT와 Windows 95, 98의 개발에 이어서 2000년대의 Windows 2000과 Windows XP 등의 발표로 사용자의 PC가 좀 더 쉽게 대용량의 데이터를 처리할 수 있게 됨에 따라 CAD/CAM의 보급과 발전을 더욱 가속시켰다.

세계적인 제조체제의 흐름을 볼 때, 제조현장의 CAD/CAM 활용은 필수적이며, 이런 상황에서 CAD/CAM을 이해하고, 어떻게 이용하는가는 매우 중요하다.

오늘날 설계/제작에 있어서 CAD 시스템을 도입함에 따라 도면작성, 편집 및 부분 변경은 물론 도면기호 및 KS 도표 편람에 수록된 부품들을 프로그램화하여 편리하게 이용할 수 있도록 심벌화시켜 필요한 정보를 기입하여 데이터베이스 프로그램과 연결시켜 자재 리스트 및 견적서를 작성할 수 있으며, 데이터베이스의 정보를 CRT(음극선관)의 화상(畵像)을 보고 합성하면서 설계하기 때문에 작업의 생력화(省力化) 및 고속화 등이 가능하다.

그리고 CAD에 의하여 설계된 내용이 바로 CAM으로 연결되고, CAM을 통해 NC(수치제어) 공작기계에 정확한 작업동작지시를 하게 되면 생산, 조립, 검사 등의 제조과정을 컴퓨터로 관리하여 작업의 신속성과 제품의 정밀성을 기하게 된다.

근래에는 설계도면을 입체적으로 나타낼 수 있는 많은 종류의 3차원 CAD/CAM

System이 개발 보급되어, 입체형상을 컴퓨터 화면에 완벽하게 재현시켜 줄 뿐만 아니라, 그 대상 입체의 겉넓이, 부피, 무게, 강도 등 물리적 성질까지 자동으로 계산해서 적합한 형태로 설계하여 준다.

이렇듯 CAD에서 만들어진 설계 데이터를 어떻게 하면 잘 이용하여 제조(manu-facturing)를 위한 CAM 데이터로 쉽게 이용할 수 있는가가 더 중요한 기능이 된다.

CAM 분야에서 가장 발전한 분야가 수치제어(NC) 분야이다.

이는 연마, 절삭, 밀링, 펀칭, 굽힘, 선반가공, 와이어가공, 방전가공 등등의 작업을 통하여 원자재로부터 최종 형상을 얻어내기 위해서 공작기계와 공구들을 구동하기 위한 프로그램화된 명령어의 사용과 관련된 기술이다. CAD 데이터베이스의 형상정보와 사용자 정의 정보를 바탕으로 방대한 양의 NC 데이터를 컴퓨터를 통하여 생성할 수 있다.

자동 프로그래밍(auto programming)은 고급 언어 기능처럼 프로그램을 작성한 후 컴파일하여 프로그램을 실행시키는 편집형(APT, KAPT, FAPT 등) 프로그래밍과 CAD 및 CAM 전용 소프트웨어 등과 같이 소프트웨어 화면을 통하여 대화형(OMEGA, SURF CAM, TURBO CAM 등)로 도형을 정의하는 대화형 자동 프로그래밍으로 분류한다.

1960년대 개발된 최초의 자동 프로그래밍 시스템인 APT*(Automatically Programmed Tool)는 편집형(언어) 방식의 CAM System이며, 1980년대 이후 대화형 CAM system이 많이 출현하게 된다.

그림 4-1 CAD/CAM 시스템에서의 작업광경

---

* APT(Automatically Programmed Tool): NC(수치제어) 공작기계용 소프트웨어 Language의 일종으로, MIT (Massachusetts 공과대학)에서 연구 개발한 NC용의 인공 언어 Program을 말한다.

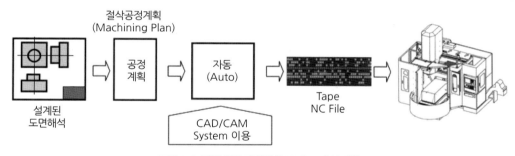

그림 4-2 자동 프로그래밍(CAD/CAM)의 이용

대화형 자동 프로그래밍에서는 CAM System의 지시에 따라 명령어나 도형을 입력 또는 선택하도록 되어 있으며, 하나의 명령에 대해 즉시 실행되어 그래픽 화면에 나타나게 되는데 이를 확인하면서 작업을 진행하게 된다.

기계 가공을 위한 대화형 자동 프로그래밍의 언어인 CAM 소프트웨어가 급격한 발전을 이루어 왔다.

자동 프로그래밍이란 머시닝센터나 CNC 선반 등 각종 NC 기계를 사용해서 기계가공을 할 경우 NC-Controller가 직접 이해할 수 있는 언어, 즉 NC-Code로 기계를 제어해 주어야 한다.

따라서 NC 프로그래머는 제반 NC-Code를 잘 이해해야 하고 실제 NC 기계의 작동과정과 공구경로 등을 직접 계산해야만 하는 어려움이 따랐기 때문에 복잡한 도형의 윤곽가공이나 3차원 자유곡면가공은 거의 불가능하였다.

이러한 수동 프로그래밍의 어려움을 해결하고 더 복잡한 형상의 가공을 위해 컴퓨터를 이용하는 방법이 개발되기 시작하였다. 즉, 프로그램은 사람이 이해하기 쉬운 언어로 작성하고, 이것을 NC-Code로 번역하는 일은 컴퓨터에 맡기는 방법이 고안되었는데, 이러한 방법을 자동 프로그래밍이라고 한다.

CAM의 변화는 크게 하드웨어적인 측면과 소프트웨어적인 측면으로 나누어 볼 수 있다. 하드웨어적인 측면에서는 워크스테이션 환경에서 PC 환경으로의 변화가 가장 두드러지게 나타나고 있다. 최근의 하드웨어의 기반이 PC로 낮추어져 있으며, 현재 CAM 소프트웨어들이 PC 환경에서 운영되고 있다. 소프트웨어적인 측면에서는 APT 계열의 언어를 사용하는 편집형 자동 프로그래밍 방식에서 시스템이 자동으로 NC-Code를 생성하는 CAM으로 바뀌었다.

04
프로그래밍의 자동화

국내에서 사용되는 CAM System의 종류를 보면

EWS(Engineering Work Station)급	PC급
Pro Engineer, Microstation, DUCT5, EUCLIDE Z-MASTER CADDS5, CATIA	Pro CAM, Speed PLUS Surf CAM, Omega Master CAM, Turbo CAM Feature CAM , UG Work NC, Power MILL Alpha CAM, Smart CAM

그 후 기계가공을 위한 컴퓨터 시스템들은 계속 발전하여 목적하는 형상의 디자인이나 도면작성 등을 수행하는 CAD와 함께 곡면 데이터 및 NC-Code를 생성하는 시스템으로서의 CAM이 보편화하였다.

이러한 CAM 시스템은 초기의 자동 프로그래밍 장치와는 달리 발전된 그래픽 환경을 제공하는 시스템으로 발전하여 어떠한 곡면도 쉽게 프로그래밍할 수 있게 되었다.

4.1.2 CAD/CAM System의 종류

CAD/CAM System은 호스트(Host) 컴퓨터와의 접속형태에 따라서 다음 네 가지로 나뉜다.

① 메인 프레임 시스템(main frame system)
② 스탠드 얼론 시스템(stand alone system)
③ 퍼스널 캐드 시스템(personal CAD system)
④ 엔지니어링 워크스테이션(engineering workstation)

4.2 CAD/CAM System

이 시스템은 1960년대 초 미국의 자동차, 항공기 제작회사 등 몇몇 생산업체들이 수없이 바뀌는 자동차 모델이나 엔진의 설계, 그리고 수십만 종의 부품이 복잡하게 얽힌 항공기 설

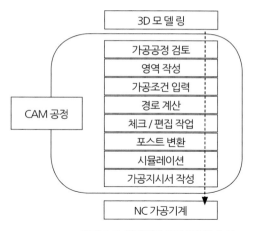

| 3D 모델링 |
CAM 공정	가공공정 검토
	영역 작성
	가공조건 입력
	경로 계산
	체크 / 편집 작업
	포스트 변환
	시뮬레이션
	가공지시서 작성
NC 가공기계

그림 4-3 일반적인 CAM 작업 순서

계 등을 사람의 손에 의존하는 데 한계를 느껴 개발한 장비이며, 우리나라는 1970년대 중반 이후에 도입하기 시작했다.

CAD/CAM이란 제품의 설계와 제작에 컴퓨터를 이용하는 것을 의미하며, CAD/CAM System이란 컴퓨터 그래픽스 기능을 이용한 하나의 소프트웨어 시스템을 의미한다.

4.2.1 CAD/CAM System 하드웨어 구성

CAD/CAM은 기하학적 형상정보와 관련되므로 사용자에게 실물처럼 보여 주는 고해상도의 컬러 그래픽 표시장치[CRT*]와 그림을 출력하는 Plotter 및 프린터, 그리고 형상정보의 편리한 입력을 위한 다양한 입력장치들이 필요하다.

그림 4-4 CAD/CAM 시스템과 Hardware 구성

---

* CRT(Cathod Ray Tube): 음극선관

4.2.2 CAD/CAM System의 기능

다양한 CAM 활동은 다양한 CAD 정보를 필요로 한다.

일반적인 CAM System은 설계된 도면이나 CAD System에서 작성된 도면정보는 CAM 활동의 기초가 되며, 또한 3차원 측정기로부터 얻어진 점(Point) 데이터 등으로 주어지는 형상정보에 근거하여 2차원과 3차원 형상을 정의하고 해당 형상 가공에 요구되는 NC-Code를 생성해 낸다. 즉, CNC 기술 분야에서 가장 중요하고 진보된 발전 중의 하나는 설계된 CAD Data를 NC Programming System을 통하여 NC 프로그램으로 변환할 수 있도록 하는 CAD/CAM Interface라 할 수 있다.

CAM System을 적용의 경우는 4.2절의 CAD/CAM System에서의 '일반적인 CAM 작업순서'의 흐름도와 Verify(가공검증)를 통해 최종적으로 기계가공을 행하게 된다.

4.2.3 CAD/CAM의 활용

우선 CAD/CAM이 활용되는 산업 분야를 살펴보면, CAD/CAM은 도면이 이용되는 모든 분야에 쓰인다고 생각하면 된다.

- · 기계(자동차, 항공기, 조선, 금형 등)
- · 전기, 전자   · 토목, 건축
- · 의류, 신발   · 그래픽 아트

그림 4-5 CAD/CAM의 활용 분야

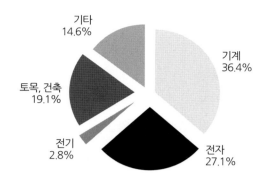

그림 4-6 CAD/CAM의 활용 분야

그림 4-6은 각 응용 분야에 대한 CAD/CAM의 시장규모를 보여 준다.

CAD/CAM을 활용함으로써 얻어지는 효과는 다른 컴퓨터 응용 분야와 매우 유사하다. 왜냐하면 이는 컴퓨터가 갖고 있는 특징으로부터 기인하기 때문이다.

컴퓨터의 특징은 신속, 정확한 계산, 방대한 자료의 저장과 신속한 검색, 강력한 통신, 프로그램에 의한 반복 업무의 자동화로 요약할 수 있다.

4.2.4 CAD/CAM의 필요성

급속한 산업화 사회로서의 변화와 산업화 사회에서의 CAD/CAM 시스템 도입은 생력화, 합리화, 표준화를 이루는 획기적인 계기가 되었다.

즉, CAD/CAM의 필요성은 산업사회의 주변 변화에서 찾아보면 다음과 같다.

(1) 시장변화의 변화

① 소비자 요구의 다양화

경제 발전으로 국민 생활이 윤택해지기 때문에 소비계층이 점점 두터워지게 된다. 그러면 자연히 제품 생산회사에서는 여러 계층의 소비자를 대상으로 다양한 제품을 개발하게 된다.

② 가격 경쟁의 격화

산업경제의 활성화로 많은 회사 및 공장이 설립되게 된다. 그러면 자연히 한 종류의 제품을 여러 회사에서 유사하게 제조하여 판매하게 된다.

가격 경쟁이 이루어져 비슷한 성능의 제품이라면 저가격의 제품이 시장성 있게 된다.

③ 제품지식의 집약화

여러 계층의 소비자를 대상으로 보면 여러 종류의 제품, 즉 생산 모델이 다양해지게 된다. 다양화된 제품의 지식을 간단히 정의하여 집약할 필요성이 생기게 된다.

④ 제품의 개발주기(life cycle)의 단축

소비자의 욕구가 색상, 성능, 모양, 크기 등 여러 종류의 분야에서 유행에 따른 빠른 주기로 변화하므로 제품 유행성에 부합해야 한다.

(2) 설계 환경의 변화

① 신제품 개발경쟁의 변화

소비자 욕구의 다양화에 따른 제품의 다양화와 제품의 유행화에 따라 각 회사들 간 신제품 개발경쟁이 필연적이 된다.

② 고품질, 저가격 설계의 필요성 증대

소비자의 욕구의 다양화와 소비 수준의 향상, 경쟁 회사들의 난립에 의해 제품경쟁이 치열해져 소비자들은 자연히 제품의 품질과 가격을 검토하여 제품을 선정하게 되므로 고품질, 저가격의 제품을 개발해야 한다.

③ 설계 납기의 단축

복잡해져 가는 제품의 경향에 반하여 납기는 갈수록 짧아지고 있다. 짧은 납기는 2, 3원화된 기업들 간에 거의 무한한 경쟁을 일으키고 그 경쟁을 극복하기 위해 새로운 방안이 다각도로 모색되고 있다.

④ 제품 사양의 다양화로 설계 작업량의 증대

설계 납기의 단축, 모델의 다양화로 인하여 각 회사별로 개발, 관리해야 할 제품 수량이 급증하여 설계, 개발에 필요한 제품 사양의 종류가 다양해짐에 따라 설계 작업량이 점점 많아지게 되었다.

(3) 제조 환경의 변화

① 다품종 소량생산

점점 짧아지는 개발주기로 인한 빈번한 모델변경 및 개발로 제조 공장에서는 자주 생산 라인을 변경시키고 다양한 종류의 제품을 생산해야 한다.

② 생산 자동화의 비율증대

큰 폭으로 상승하는 인건비 비율을 줄이고 생산성 향상을 이루기 위하여 공장 자동화 비율을 높여가고 있다.

③ 설비기계 가동률의 향상

가능한 한 갖추어진 기계 설비를 100% 활용하기 위하여 설비를 자동화하고 자체 진단기능을 이용하여 고장을 예방한다.

(4) 인적 환경의 변화

① 고학력화

고학력에 따른 인건비의 지출증대로 업무의 자동화를 추진, 가능한 한 인력의 증가를 막고 필수인원만으로 업무를 추진하게 된다.

② 고연령화

날로 번창, 확장되는 회사 혹은 산업사회에 비해 업무를 추진하고 뛰어다닐 젊은 직원 수의 증가율이 감소하여 신규인력을 확보하기가 어렵다.

③ 잔업, 야간작업의 감소

생활의 고급화와 사회, 문화의 발전, 근로자의 인건비 상승 등에 의해서 업무를 추진하는 근로자 입장에서는 가능하면 자신의 여유시간을 갖기를 원하고, 회사 입장에서는 근무시간 이외의 작업에는 OT(Over Time)에 의해 많은 비용이 부가된다.

④ 숙련된 기능 인력의 부족

단순, 반복작업을 기피함으로써 시일이 흘러갈수록 숙련된 기능인력이 부족해진다. 기능

인력이 하던 작업을 기계화, 자동화로 해결하도록 한다.

⑤ 인적 구성의 변화

임금의 상승, 인력의 고학력화, 3D의 기피 등으로, 나날이 어려워지는 인력 및 기술의 관리에 효과적이고도 궁극적인 해결책은 CAD와 CAM을 도입, 성공시키는 것이다.

4.2.5 CAD/CAM 도입의 효과

CAD/CAM의 효과와 그 평가는 대단히 어렵고 판단이 어려운 일이 많다. 예를 들면 설계공수가 몇 시간 감소된 것과 같은 것은 금액으로 환산할 수 있으나 납기의 단축, 기업의 기술적 축적 등은 평가가 어렵다. 이와 같이 직접 금전으로 환산할 수 없는 효과 쪽이 오히려 크며, 과거의 예로는 기업의 체질개선과 경쟁력 강화에 연결되고 있는데 이를 어떻게 생각하는가에 의해 평가가 달라진다.

(1) 형(型) 설계의 합리화
· 설계시간의 단축
· 설계시간의 생력화
· 설계자의 효과적 활용
· 견적의 합리화

(2) 기술 수준의 향상
· 설계자를 단순작업에서 해방
· 표준화의 추진
· 기술력의 강화
· 인재의 육성
· 신뢰성의 향상

(3) 금형가공의 합리화
· 펀치와 다이의 정밀도 향상

· 몰드에 의한 주물의 정밀도 향상

· NC 공작기계의 가동률과 능률 향상

· 가공 실수의 감소

· 컴퓨터에서 직접 NC 공작기계 제어 가능(DNC)

위와 같은 효과는 CAD/CAM System의 도입에 의해서 단기간에 얻어지는 것이 아니라 지속적인 노력에 의해 점진적으로 얻어지는 것이다.

4.2.6 CAM System을 이용한 가공효과

① 자동화 개념을 이해하는 데 도움이 된다.

② 3차원 및 자유곡면 등 다양하고 복잡한 형상에 대한 가공 데이터를 정확하고 빠르게 생성하여 가공할 수 있다.

③ 간단한 제품이라도 가공까지 실행해 봄으로써 가공공정의 전반적인 흐름을 이해하는 데 도움이 되고 3차원 가공에 대한 자신감을 갖게 된다.

④ CAM System을 효과적으로 운용하기 위해서는 CNC 공작기계의 조작 기술이 선행되어야 하므로 CNC 공작기계의 활용도를 높일 수 있다.

⑤ 황삭(roughing)가공, 중삭(semi-finishing)가공, 정삭(finishing)가공 등 가공의 단계를 이해하게 되고, 가공방식 및 가공방법을 다양화할 수 있다.

⑥ DNC 전송에 의한 가공방법을 이해하게 된다.

4.3 CAD/CAM 실무와 가공

CAD/CAM 소프트웨어들은 또한 기본적으로 NURBS를 이용한 곡면모델링에서부터 2½축(2.5축) 밀링가공 및 선반, Wire-EDM, 펀치 프레스, 플라즈마 레이저, 조각기를 포함하여 사출 및 프레스, 주조금형 및 임펠라, Mock up업체에 이르기까지 현장 실무적용에 효율적으로 운용되고 있는 소프트웨어이다.

구성 Module로는 2D&3D CAD를 기본 베이스로 하여 2~5Axis MILL, Wire EDM,

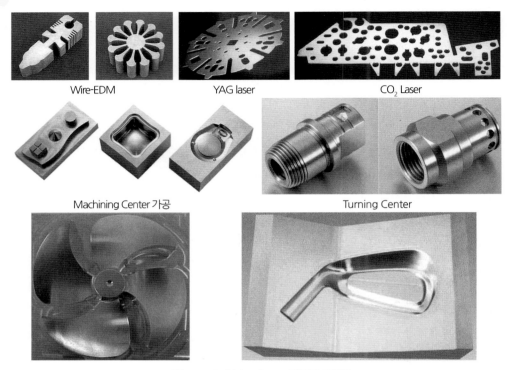

그림 4-7 Machining Center 가공과 가공품

Lathe, Verify 등으로 모든 종류의 공작기계를 효율적으로 운용한다.

형상에 대한 모델링이 끝나면 CAM의 최종목적인 G Code를 생성시켜야 한다. 즉, 모델링 데이터로부터 CL(Cut Location) 파일을 생성시킨 후, 이 데이터로 NC 공작기계가 이해할 수 있는 G Code로 변경하여 기계로 전송하여 가공을 행하게 된다.

일반적으로 절삭가공용 CAM Module에서는 Milling(2축, 2.5축, 3축, 4축, 5축) 선반(Lathe), 와이어 커트 방전가공기(Wire-Cut EDM) 등의 작업을 제공한다.

CAM 모듈에서 제공하는 가공에 대응하는 여러 가지 방법과 가공조건 등은 각 제조업체마다 약간의 방식이 다르나 원리는 비슷함을 알 수 있다.

이 절에서는 일반적으로 사용하는 CAM 프로그램을 기본으로 하여 현장 중심의 가공 프로그램을 중점적으로 하고자 한다.

일반적인 CAD/CAM System의 구성을 보면 그림 4-8과 같다.

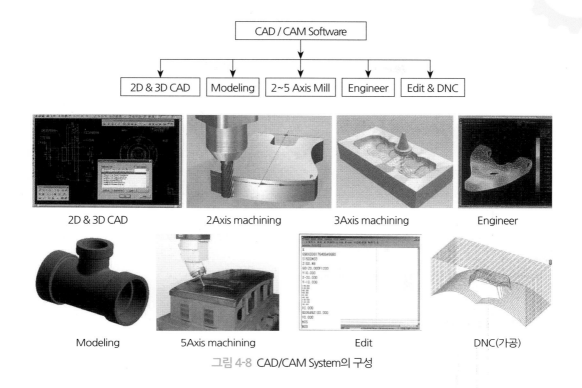

| | 2D & 3D CAD | Modeling | 2~5 Axis Mill | Engineer | Edit & DNC |

CAD / CAM Software

2D & 3D CAD

2Axis machining

3Axis machining

Engineer

Modeling

5Axis machining

Edit

DNC(가공)

그림 4-8 CAD/CAM System의 구성

4.3.1 NX 9.0 기본환경과 구성

(1) NX 9.0의 초기화면

NX 9.0을 실행하면 아래 이미지와 같은 초기화면이 나타나며, 주 아이콘별 기능은 새로 만들기(New), 열기(Open), 최근 파트 열기(Open a recent part)가 보임을 알 수 있다.

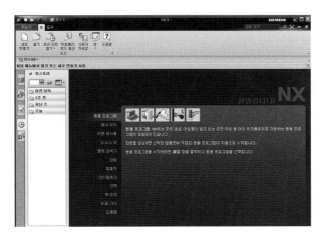

새로 만들기(New)를 선택하면 아래와 같은 화면이 나타나며 모델, 도면 등 여러 가지 탭이 있으며, 응용프로그램에 따라 템플릿을 선택하여 해당 작업을 하면 된다.

① 모델(Model): 모델은 3D 모델링 형상을 생성한다.

② 도면(Drawing): 3차원 형상을 가지고 2차원 도면작업을 생성한다.

③ 시뮬레이션(Simulation): 3차원 형상을 가지고 유한요소 해석을 한다.

④ 제조(Manufacturing): 머시닝센터, CNC 선반, 와이어커팅머신 등 가공에 필요한 NC 데이터를 생성한다.

⑤ 검사(Inspection): 제품에 대한 모델링 파일을 기준으로 측정기를 사용 또는 측정값을 기준으로 검사 데이터를 생성한다.

⑥ 메카트로닉스 개념 설계자 : 대화형으로 기계 시스템의 복잡한 움직임을 시뮬레이션을 하는데 사용하는 프로그램이다.

⑦ 선박 구조

왼쪽 그림은 모델링을, 가운데 그림은 도면을, 오른쪽 그림은 제조(가공)와 관련된 탭 (Tap)을 보여주고 있다.

(2) NX 9.0의 모델링 기본화면

모델 탭 상에서 확인(OK)을 선택하면 아래와 같은 기본창(화면)이 나타난다.

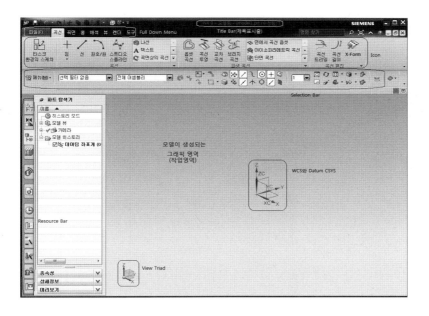

① 제목표시줄(Title Bar): 현재 작업하고 있는 NX 9.0버전과 응용프로그램 상태를 나타 내며, 작업 창을 최대화하였을 경우 현재 *.prt 파일명을 표시한다.

② 풀다운 메뉴(Full-Down Menu): 메뉴 표시줄에서 선택한 메뉴에 대한 하위 메뉴를 말한다.

③ 팝업 메뉴(Pop-Up Menu): Shift를 누른 채 마우스를 오른쪽 버튼을 클릭하거나 마 우스 오른쪽 버튼을 길게 누르면 나타나는 메뉴이다.

④ 좌표계(Coordinate System): 오른손 직교좌표계로서 XC, YC, ZC축으로 구성되고 서로 90°씩 떨어져있다. 좌표계는 부품을 생성할 때 방향을 지정할 수 있으며, Datum Plane, 스케치 평면 등을 작성할 때 참조되며 중요한 위치에 있는 좌표계를 저장하였다가 필요할 때 불러들여 사용하는 데 중요한 역할을 한다.

■ 데이텀 좌표계(CSYS: Coordinate System)

초기의 모델링 기본화면에는 Datum 좌표계와 WCS(Work Coordinate System)는 2개가 서로 겹쳐진(오른쪽 그림) 상태를 사용에 따라 이동하여 사용할 수 있다.

Datum CSYS(왼쪽 그림)는 3개의 축(X,Y,Z)과 3개의 평면(XY평면, YZ평면, ZX평면)과 그리고 1개의 점으로 이루어져 있으며, 스케치 평면이나 기준축, 원점으로 사용된다.

이 좌표계는 다양한 특징형상을 생성할 때 편리하게 이용된다.

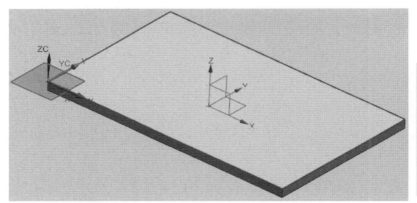
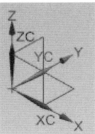

■ 작업좌표계(WCS: World Coordinate System)

NX에서의 WCS는 상대좌표를 말하며 모든 Solid, Curve, Reference Feature의 작성기준이 된다.

　㉮ 절대 좌표계(Abssolute): 원점이 (0, 0, 0)인 절대적으로 움직이지 않는 좌표계이다.
　㉯ 작업 좌표계(WCS): 사용자가 작업을 하면서 필요에 따라 이동하며 설정할 수 있는 좌표계이다.
　㉰ 작업 좌표계 다이나믹(WCS Dynamic): WCS를 동적으로 마우스를 이용하여 옮기거나 회전시킬 수 있는 기능이다. WCS Dynamic은 부품의 원점을 이동하거나 원하는 축 방향으로 이동, 두 축 사이에서 회전할 수 있는 기능을 가지고 있다.

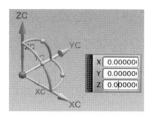

⑤ 리소스 바(Resource Bar): 파트 탐색기, 어셈블리 탐색기 등 작업에 편리한 보조기능을 제공하며 히스토리는 전체 시간순서 대로, 모델별로 정렬하고 활용한다.

-  어셈블리 탐색기: 조립된 제품의 상태를 트리구조로 보여준다.
- 구속조건 탐색기: 조립부품의 구속조건 상태를 트리구조로 표시한다.
- 파트 탐색기: 작업내용을 히스토리구조로 표시한다.
- 재사용 라이브러리: 자주 사용하는 객체를 라이브러리화한 후 필요할 때 꺼내서 사용할 수 있다.
- 역할: 메뉴, 도구모음, 아이콘 크기 팁 등 사용자가 주로 사용하기 편한 기능들을 메뉴화하여 선택할 수 있도록 한다.

(3) 마우스 사용 및 팝업 메뉴

휠 마우스를 기본으로 사용하며, 솔리드나 서페이스 객체를 작성할 때, 객체의 면이나 선, 모서리 등의 객체를 선택할 때, 선택을 해제할 때, 또는 팝업 메뉴를 사용할 때 마우스를 이용한다.

① 마우스 왼쪽 버튼(MB1) 기능

마우스 첫 번째 버튼이라고 하며, 아이콘, 메뉴, 객체 등을 선택할 때 사용하고 선택된 객체를 드래그 할 수도 있다.

커서를 모델링 위에 위치시켜 객체가 선택된 상태에서 MB1를 짧게 누르면 수정작업
(편집, 치수 등)에 관련된 아이콘이 나타난다.

■ 키보드의 'Shift+MB1'은 선택된 객체를 해제한다.

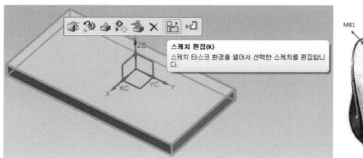

② 마우스 가운데 버튼(MB2) 기능

마우스 두 번째 버튼 혹은 휠이며 줌인(줌아웃)을 실행하고 확인(OK)이나 적용(Apply)
시키며 모델을 다양한 방향으로 돌려볼 수 있다.

■ 키보드의 'Shift+MB2 또는 MB2/MB3'는 PAN(배율 변화 없이 화면이동)의 기능이다.

■ 키보드의 'Ctrl+MB2 또는 MB1+MB3'는 줌인(줌아웃) 기능이다.

③ 마우스 오른쪽 버튼(MB3) 기능

마우스 세 번째 버튼이며 작업창(모델이 생성되는 그래픽영역)에서 화면의 보기상태를
쉽게 선택할 수 있는 팝 업 메뉴(Pop_up Menu)를 표시한다.

㉮ MB3 기능 1

커서를 모델링이 아닌 곳에 위치시킨 상태에서 MB3를 짧게 누르면(왼쪽 그림) 자
주 사용하는 다른 기능이 화면에 디스플레이 되고, 길게 누르면 오른쪽 그림과 같
은 기능이 나온다.

■ 갱신(S) : 전체화면에 표시된 부분을 재표시한다.

■ 맞춤(F) : 모델링이 화면 전체에 보여진다.

■ 확대(Z) : 그래픽영역에서 2점을 지정하여 선택된 영역을 확대한다.

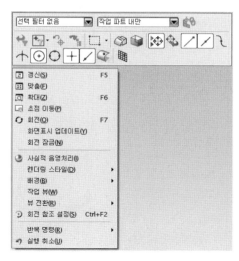
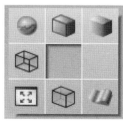

■ **초점 이동(P)** : 그래픽영역에서 MB1을 누른 상태로 보고 있는 작업평면을 상하좌우로 이동시킨다.

■ **회전(O)** : 그래픽영역에서 MB1을 누른 상태로 객체를 회전시킨다.

㉯ MB3 기능 2

커서를 모델링(왼쪽 그림) 위에 위치시킨 상태에서 MB3를 길게 누르면 수정작업에 관련된 아이콘이 나타난다.

㉰ MB3 기능3

커서를 모델링(오른쪽 그림) 위에 위치시킨 상태에서 MB3를 짧게 누르면 수정작업에 관련된 아이콘이 나타난다.

■ 키보드의 'Ctrl+Shift+MB1(MB2/MB3)' 기능

Ctrl+Shift를 누른 상태를 유지한 채 MB3 버튼을 클릭하면 다양한 기능들을 사용하여 좀 더 쉽게 모델링을 할 수 있다.

왼쪽 그림은 'Ctrl+Shift+MB1', 중간 그림은 'Ctrl+Shift+MB2', 오른쪽 그림은 'Ctrl+Shift+MB3'의 키보드를 이용한 다양한 팝 업 메뉴를 보여주고 있다.

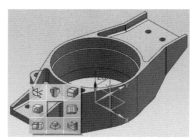 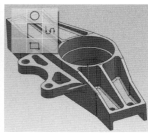 

(4) 프로그램 언어(Korean ⇄ English) 변경

프로그램 언어를 변경하는 방법은 바탕화면의 '내컴퓨터' MB3선택/속성/'고급시스템 설정' 클릭/'고급' 선택/'환경변수' 선택/시스템 변수 UG11_LANG 활성화시킴/'편집' 선택하여 사용자 언어를 변경할 수 있다.

(5) NX 9.0 화면 구성

아래 그림은 을 선택하여 NX를 실행시킨 후 '새로 만들기/모델' 탭상에서 확인(OK)을 선택할 때 나타나는 창(오른쪽 그림: 모델링 실행 화면)이다.

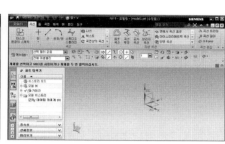

① 풀다운 메뉴(Full Down Menu)

    ㉮ 파일(New): 새로 만들기, 기존파일 열기와 저장, 종료 그리고 도면작업과 제조(가공), 동작 시뮬레이션 등 사용자의 필요에 의해 다양한 모듈을 선택하여 사용할 수 있다. 그림은 파일의 모듈 선택에 관련된 내용을 보여주고 있다.

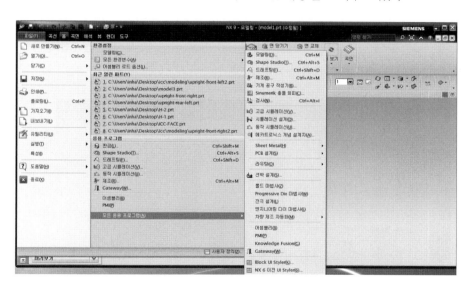

㉯ 홈(Home): 스케치, 데이텀 평면, 곡면 및 불린 작업 등 모델링에 관한 전반적인 작업 및 편집 작업을 할 수 있다.

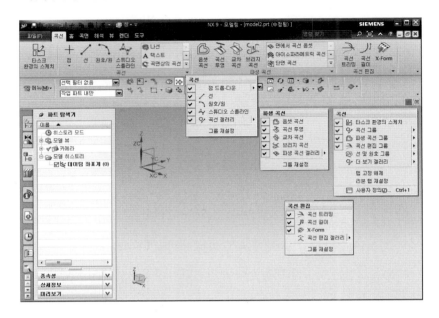

㉰ 곡선(Curve): 새로운 도형을 작성하거나 파생 곡선, 스케치 곡선편집 등을 타스크 환경의 스케치 모드에서 스케치를 한다.

㉱ 곡면(Surface): 곡면(면 블랜드, 모서리 블랜드 등), 곡면 오퍼레이션(곡면 옵셋, 바디트리밍 등), 곡면 편집(X-Form, UV 방향편집 등), 곡면형상에 관한 모든 것들을 모델링한다.

㉲ 해석(Analysys): 측정(단순거리와 각도, 각도 및 거리 측정 등) 면 형상(단면 및 구배해석 등)의 결과를 해석하며, 이 명령어는 고급 시뮬레이션 응용 프로그램에서 사용한다.

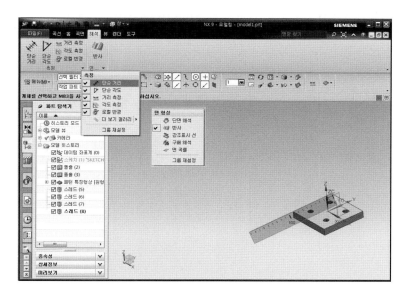

ⓑ 뷰(View): 방향(확대, 회전, 맞춤 등), 가시성(표시 및 숨기기, 레이어 설정 등), 스타일(음영처리와 와이어프레임 등), 시각화(환경설정 및 객체 화면표시 편집 등)의 다양한 기능들을 활용하여 모델링한다.

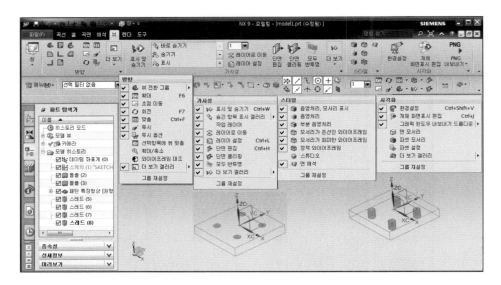

ⓢ 렌더(Render): 렌더 모드(사실적 음영처리, 고급 스튜디오 등), 설정 등을 한다.

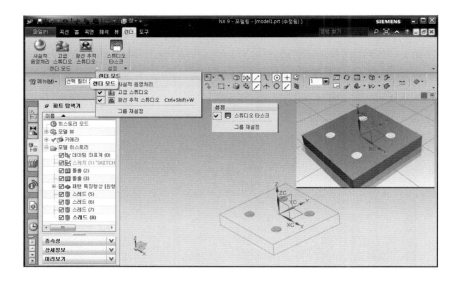

㉵ 도구(Tool): 유틸리티(수식, 객체이동 등), 동영상(레코드, 기록설정 등), 재사용 라이브러리 등의 기능을 사용할 수 있다.

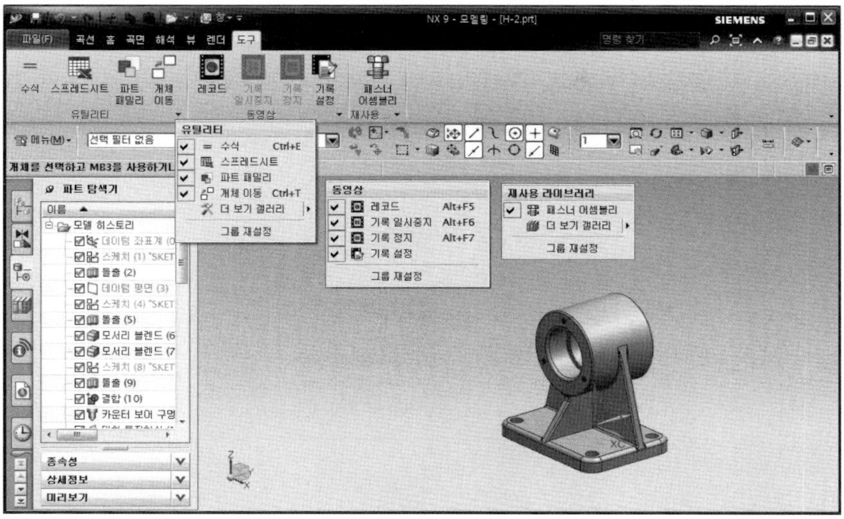

(6) NX 9.0 사용자 환경설정

① 사용자(User) 기본값

풀다운 메뉴의 파일의 모든 환경변수에서 사용자가 원하는 환경설정을 할 수 있다.

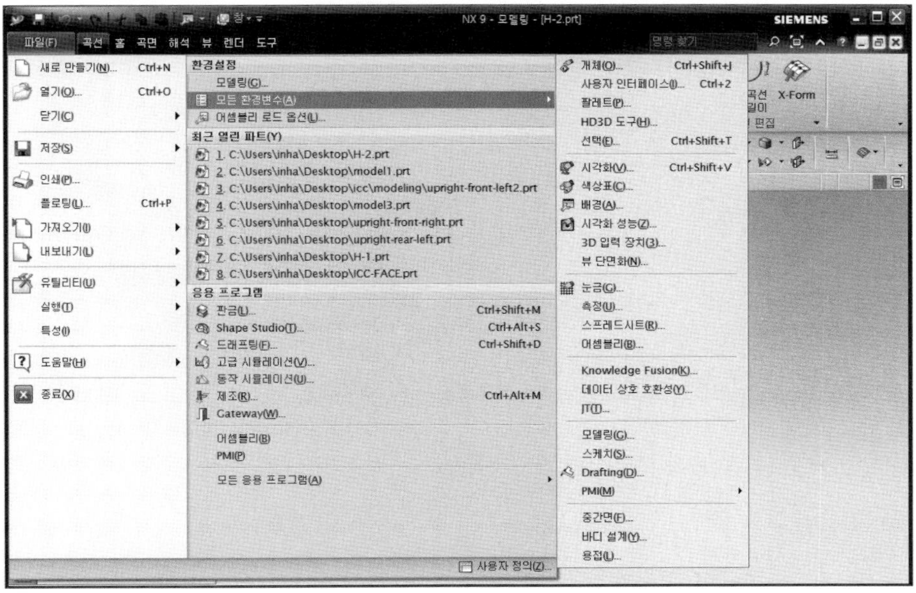

모델링 시 템플릿의 바탕 색상을 기본적으로 제공하기 때문에 배경색(기본그라데이션)은 변하지 않는다.

② 사용자 정의

그림처럼 마우스를 위치한 상태에서 MB3 버튼을 누르면 팝 업 메뉴가 나타나며, 이때 '사용자 정의'를 선택한다.

사용자 정의 도구에는 리본탭, 명령, 단축키와 옵션 등 기타 여러 가지를 정의할 수 있다.

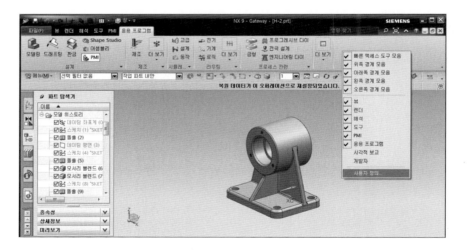

아래 그림은 사용자 정의 도구에서의 옵션, 레이아웃 등 정의한 내용을 보여주고 있다.

③ 아이콘(버튼) 추가 및 제거

그래픽 윈도우의 아이콘이 없는 빈 공간에서 MB3를 누르면 메뉴를 추가(☑) 또는 제거
(□없음), 선택할 수 있고, 그림처럼 '사용자 정의'를 선택하여 메뉴 또는 아이콘을 추가하거
나 삭제할 수 있다.

㉮ 아이콘(버튼) 추가

팝 업 메뉴의 '사용자 정의'를 선택하여 대화상자가 나타나면, 여기에서 '명령/모
든 탭/곡선/파생곡선(활성화 상태)'의 그림처럼 다양한 명령어가 디스플레이 되
면 원하는 아이콘을 선택(MB1을 누른 상태 유지)하여 원하는 곳에 위치시킨 후
MB1을 해제하면 그림처럼 아이콘이 추가된다.

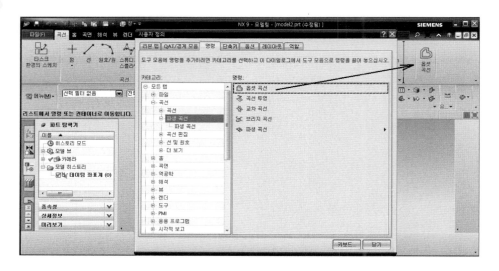

④ 아이콘(버튼) 제거

커서를 제거하고자 하는 아이콘에 위치시킨 후 그림처럼 '곡선 탭에서 제거'를 활
성화시킨 후 선택하면 제거된다.

④ 단축키 생성 및 제거

㉮ 단축키 추가

그래픽 빈 공간에 그림처럼 마우스를 위치한 상태에서 MB3 버튼을 누르면 팝 업
메뉴가 나타나며 이때 '사용자 정의'에서 '키보드'를 선택하면 '키보드 사용자 정
의' 박스가 나타난다.

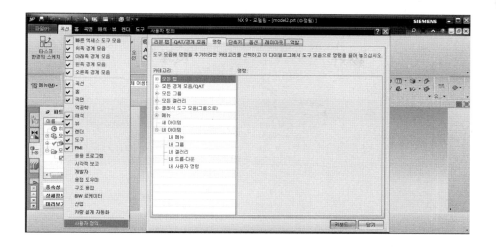

■ 단축키 추가(생성)는 그림의 동그라미 안에 먼저 Shift 또는 Alt와 Ctrl을 누른 상태에서 알파벳(또는 숫자)을 선택하면 된다(예 : Ctrl+W).

'삽입/곡면/메쉬곡면(활성화 상태)'에서 '새 단축키 누르기'의 빈공란에 원하는 단축키(예: Ctrl+W)를 입력시키고 '할당'을 선택하면 된다.

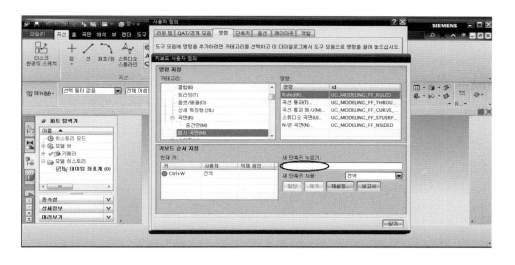

④ 단축키 제거

그림처럼 제거하고자 할 단축키를 활성화시킨 후 '제거' 버튼을 선택하면 단축명
령어가 제거됨을 알 수 있다.

(7) 스냅 점과 점

① 스냅 점

도구에서 지오메트리 오브젝트 생성 및 편집 시 점 위치를 지정할 때 사용할 특정 종류
의 점 추정 방법을 하나 이상 지정한다.

모델링, 스케치 및 동적 WCS에서 사용한다.

도구에서 지오메트리 오브젝트 생성 및 편집 시 점 위치를 지정할 때 사용한다.

■ 스냅 점 활성(🖾) : 객체 위치가 점으로 스냅하도록 스냅 점을 활성화한다.

ON : 🖾

OFF : 🖾

■ 스냅 점 지우기(🖾) : 활성화(ON)된 스냅 점을 모두 해제하는 기능으로 사용자가 원

하는 하나의 스냅 점만 선택하여 사용하는 기능이다.

■ 끝점(☑): 곡선의 끝점을 쉽게 선택하는 기능이다.

■ 중간점(☑): 선형곡선, 열린 원호 및 선형 모서리의 중간점을 선택한다.

■ 제어점(◥): 곡선의 중간점과 끝점, 기존점, 스플라인의 Knot점을 선택한다.

■ 교차점(⊞): 두 곡선의 교차점을 선택한다.

■ 원호 중심(◉): 원호 중심점을 선택한다.

■ 사분점(◙): 원호의 사분점을 선택한다.

■ 기존점(✛): 기존 점을 선택한다.

■ 곡선 상의 점(◢): 커서 중심에 가장 가까운 곡선 상의 점을 선택한다.

■ 면 상의 점(◔): 커서 중심에 가장 가까우면서 면 위에 있는 점을 선택한다.

■ 경계 있는 눈금의 점(▦): 경계 있는 눈금의 점을 선택하도록 한다.

② 점

점을 추정(infer)하거나 객체를 선택하거나 확인을 사용하여 좌표위치에 점을 지정한다.
점 세트는 선택된 객체에 대한 100분률에 대한 개수로 생성된다.

오른쪽 그림은 선택된 객체에 대한 점의 개수(5개)를 보여주고 있다.

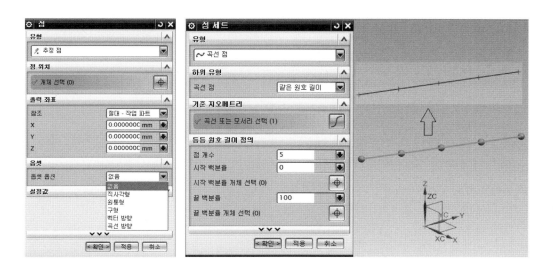

㉮ 점 위치: 임의 점 또는 객체상의 한 점을 지정하여 점을 생성한다.

㉯ 출력좌표: X, Y, Z값을 직접 입력한 좌표값에 점을 생성한다.

㉮ 옵셋(옵션): 위 그림과 같이 직사각형, 원통형, 구형 등 다양한 방법(거리, 각도 등)
으로 입력하여 점을 생성한다.

(8) 데이텀(Datum: 기준)

기준은 스케치 점을 지정된 위치에 고정시키는 고정점이다. Datum Plane, Datum Axis
을 들 수 있으며, 기하공차의 데이텀은 오차 측정(평행도, 직각도 등)을 하기 위한 메모리 내
에 있는 측정 요소를 가리킨다.

① 데이텀 평면(Datum Plane)

데이텀 평면은 다양한 자유 곡선을 작성하거나 솔리드 모델링의 스케치 평면을 작성하기
위한 기본 평면을 작성하는 명령어이며, 사용자가 다양한 형태의 평면을 만들어 사용할 수
있다.

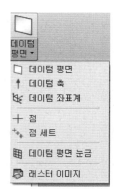 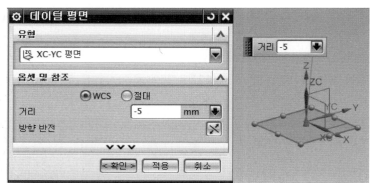

② 데이텀 축(Datum Axis)

데이텀 평면을 작성하거나 회전 피처, 회전 방향 등을 정의할 때 사용되는 관계 축이나
고정축으로 구분하여 사용할 수 있다.

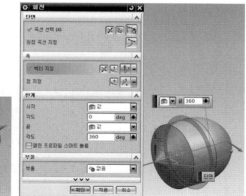

③ 데이텀 CSYS(기준 좌표계)

대화상자의 유형에서 옵션을 선택하면 데이텀 CSYS의 연관 컴포넌트, 해당 데이텀 축, 데이텀 평면 및 해당 원점을 개별적으로 선택하여 다른 오브젝트의 생성을 지원할 수 있다.

아래 그림은 Y축으로 80.0 mm 이동된 데이텀 좌표계를 보여주고 있다.

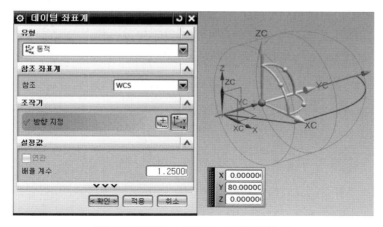

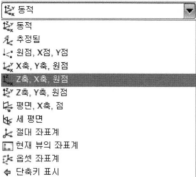

(9) 스케치

스케치(sketch)는 프로파일(profile)을 구성하는 2차원의 곡선을 수집한 것이다. 사용자가 적용하는 규칙을 이용하여 프로파일 파라메트릭으로 제어할 수 있어서 명시적 2차원 지오메트리에서 스케치가 다양해진다. 이 규칙을 '구속조건(sketch constraints)'이라고 하는데, 모델링에 기초하여 구속조건의 본질을 구성하는 Unigraphic Solid Modeling의 매우 강력한 부분이다.

프로파일은 '돌출'되거나 회전된 형상을 만들거나 스위핑 형상 또는 관통곡선 로프트 표면 같이 형태가 자유로운 형상의 단면을 정의하기 위해 사용된다.

프로파일은 '설계의도'를 완전 포착하는 데 필요한 구속조건 일부나 전부를 포함하거나 또는 전혀 포함하지 않을 수도 있다.

치수 및 지오메트리 구속조건은 매개변수로 인한 변경사항을 수행할 수 있게 해줄 뿐만 아니라 설계의도를 세우는 데 사용할 수 있다.

① 왜 스케치인가

스케치를 이용하는 가장 확실한 이유는 설계의도가 잘 알려져 있고 구속조건이 신속하게 적용되어 그 의도를 만족시킬 수 있는 경우이다. 다른 이유는 특정 설계의도를 확인하기 위해 많고 다양한 솔루션을 반복해야 할 때이다.

스케치가 '면'이나 '기준평면'에 놓이면 기준면, 기준 위치가 변경될 때 자동적으로 이동된다.

스케치는 구속할 필요가 없기 때문에 이 접근법은 형상을 만드는 매우 빠른 방법이며, 여전히 충분한 수정의 연관성을 가지고 있고, 스케치 곡선을 사용하여 작성된 형상의 프로파일을 쉽게 변경할 수 있게 된다.

② 스케치 화면구성

스케치를 작성하기 위해서는 풀다운 메뉴의 '홈/스케치' 또는 '곡선/타스크 환경의 스케치'를 선택하거나 '메뉴/뷰/스케치'를 선택하여 스케치를 작성한다.

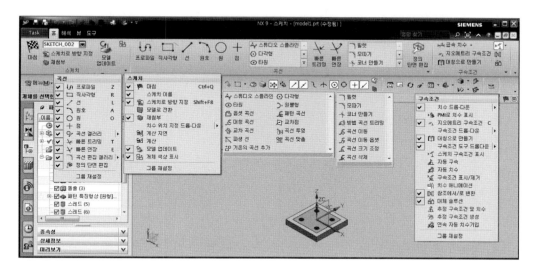

■ 스케치 요소

▶ 마침: 스케치 작업을 종료한다.

▶ 스케치 이름: 스케치 이름 변경 및 스케치를 편집한다. 기본 스케치이름은 SKETCH_000이 기본값이다.

▶ 스케치로 방향 지정: 작업 중인 평면을 직접 내려다보는 평면 방향으로 보여지게 정의한다.

▶ 모델로 전환: 현재 모델링 뷰로 뷰의 방향을 지정, 이 뷰는 스케치 타스크 환경을 시작하기 전에 표시되는 뷰이다.

▶ 재 첨부: 다른 평면 또는 데이텀 평면에 스케치를 추가, 스케치의 방향 참조를 변경한다.

▶ 계산 지연: 스케치 평가를 선택하기 전까지 스케치 평가를 지연한다.

▶ 객체 색상 표시: 스케치 곡선들의 색상을 변경한다.

③ 직접 스케치(direct sketch)

직접 스케치는 '홈/도구 아이콘( )'을 선택 또는 '파일/삽입/스케치'를 선택하여 사용하면 3차원 상에서 직접 스케치의 평면 정의가 가능하다.

스케치 작업을 종료하기 위해 스케치 종료(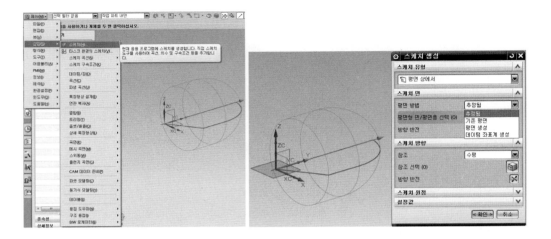) 아이콘을 선택하면 스케치 작업이 종료되면서 모델 영역으로 빠져나간다.

④ 타스크 환경의 스케치(sketch in task environment)

그림처럼 풀다운 메뉴의 '곡선/타스크 환경의 스케치'를 선택하여 스케치 평면을 정의한다. 대화상자의 내용은 직접 스케치와 같은 내용을 포함한다.

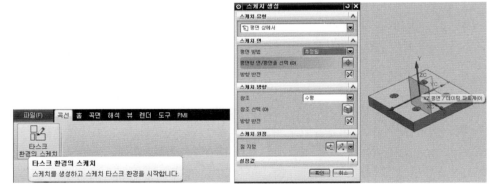

■ 스케치 유형: 사용할 스케치 평면을 정의한다.

▶ 평면상(On Plane)에서: 평면을 스케치 면으로 이용하여 사용한다.

▶ 경로상(On Path)에서: 곡선상에 평면을 정의하여 사용한다.

■ 스케치 면: 추정됨, 기존평면, 평면생성, 데이텀 좌표계생성 등을 이용하여 기존의 평면이나 새로운 평면 또는 면(XY, YZ, XZ)을 지정하여 확인한다.

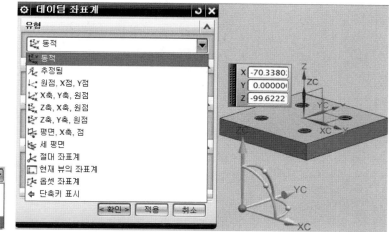

■ 스케치 방향: 스케치 면을 지정했을 경우, 지정된 면의 참조 객체를 지정함으로써 스케치 면의 작업방향을 설계자가 원하는 방향으로 스케치 원점을 지정할 수 있다. 아래 그림의 스케치 방향은 수직방향을 보여주고 있다.

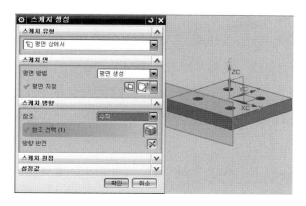

■ 스케치 원점: 스케치 평면의 원점을 지정한다.
■ 설정: 중간데이텀 좌표계 생성, 연관 원점, 작업파트 원점 투영을 설정할 수 있다.

⑤ 스케치 곡선(sketch curve)

스케치상에서 생성할 수 있는 곡선명령과 편집명령들을 이용하여 다양한 스케치 형상을 만들 수 있다.

  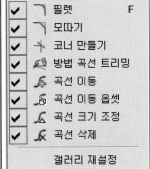

▶ 프로파일(Profile): 선과 원호로 연결된 곡선을 생성하며, 최종 선의 끝이 다음 선의 끝이 된다.

▶ 선(Line): 구속조건을 추정하면서 단순 직선을 생성한다. 좌표와 길이값 및 각도 입력 등 다양한 방법으로 직선을 생성한다.

▶ 직사각형(Rectangle): 세 가지 방법 중 하나를 사용하여 직사각형을 생성한다.

▶ 원호(Circle): 3점에 의한 원과 중심 및 직경 입력으로 원을 생성한다.

▶ 빠른 트리밍(Quick Trim): 가장 가까운 교차점 또는 선택한 경계에 맞춰 곡선을 제거한다.

▶ 빠른 연장(Quick Extend): 가장 가까운 교차점 또는 선택한 경계까지 곡선을 연장한다.

▶ 스튜디오 스플라인(Studio Spline): 다수의 점을 통과하는 곡선을 생성하고 편집하며, 도면작업에서 파단면 작업할 때 유용하게 이용된다.

▶ 패턴 곡선(Pattern Curve): 스케치 평면상에 있는 곡선체인에 패턴을 생성한다.
  · 원형(Circular): 회전 축 및 선택적인 방사형 간격 매개변수를 사용하여 배열(Layout)을 정의한다.
  · 선형(Linear): 한 개 또는 두 개의 선형 방향을 사용하여 배열을 정의한다.

· 일반: 하나 이상의 타겟(Target) 점 또는 좌표계로 정의된 위치를 사용하여 배열을 정의한다.

▶ 대칭 곡선(Mirror Curve): 스케치 평면상에 있는 곡선 체인의 대칭패턴을 정의한다.

▶ 곡선 투영(Project Curve): 3차원으로 생성된 모서리, 곡선, 점 등을 현재 스케치 평면의 법선 방향으로 (모델링 외부면) 투영시킨다.

▶ 파생선(Derived Line): 선 하나 선택 시 옵셋된 선을 만들 수 있고, 두 개의 선을 선택시 두 선을 2등분하는 선을 생성한다.

▶ 곡선맞춤(Fit Curve): 지정된 데이터 점에 맞추어 스플라인, 선, 원 또는 타원을 생성한다.

▶ 필렛(Fillet): 두 곡선 또는 세 곡선 사이에 필렛(r값)을 생성하며, 필렛을 만든 후 잔여 선을 남거나 혹은 제거할 수 있다.

▶ 모따기(Chamfer): 선택된 두 개의 스케치 선 사이의 모서리에 대칭 및 비대칭 그리고 옵셋 및 각도 등 작업이 대화상자에서 선택하여 사용하며, 작업 후 잔여 선을 남게 또는 제거할 수도 있다.

▶ 코너 만들기(Maker Corner): 선택된 두 선을 연장(Extend)하거나 트리밍하여 자동적으로 코너를 만든다.

▶ 방법곡선 트리밍(Trim Recipe Curve): 선택한 경계(곡선)로 방법(투영/교차)곡선을 연관성 있게 트리밍한다.

▶ 곡선 이동(Move Curve): 곡선 세트를 이동하고 이에 따라 인접 곡선도 조정한다.

▶ 곡선 이동 옵셋(Offset Move Curve): 지정된 옵셋 거리에서 곡선 세트를 이동하고 이에 따라 인접 곡선도 조정한다.

▶ 곡선 크기 조정(Resize Curve): 반경 또는 직경을 변경하여 곡선 세트의 크기를 조정하고 인접 곡선을 조정하여 수용한다.

▶ 곡선 삭제(Delete Curve): 곡선 세트를 삭제하고 이에 따라 인접곡선도 조정한다.

⑥ 스케치 도구 아이콘의 추가 및 제거

㉮ 그림처럼 추가 및 제거하고자 하는 툴바에 커서(예: 직사각형)를 위치시킨 후 MB3 버튼을 누른다. 나타난 옵션에서 지정하여 제거 및 추가를 선택한다.

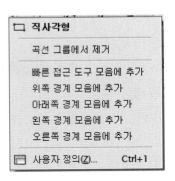

㉯ 스케치 곡선을 클릭하고 선, 원호, 직사각형 등을 선택하여 추가한다.

왼쪽 그림은 스케치 도구 아이콘의 추가이고 오른쪽 그림은 제거하는 경우이다.

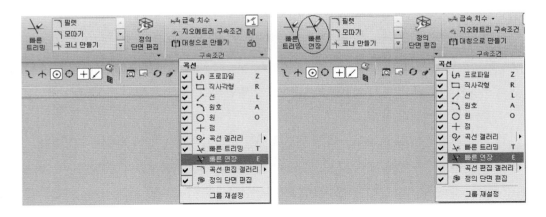

(10) 스케치 구속

작성된 스케치상의 곡선에 대하여 치수나 기하학적 도형의 구속(Sketch Constraints)조건을 정의하거나 참조선, 대체 솔루션 및 치수 애니메이션 등을 할 수 있으며 작성한 구속조건을 보거나 삭제할 수 있다.

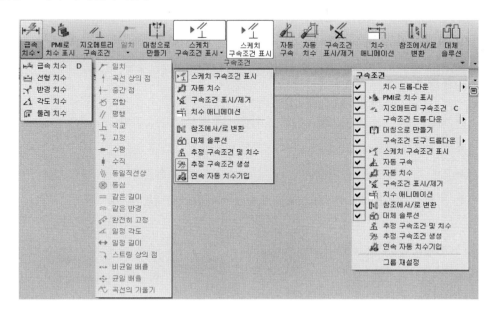

① 급속 치수(Rapid Dimensions)

선택한 객체와 커서 위치로부터 치수 유형을 추정(Infer)하여 치수구속 조건을 생성한다.

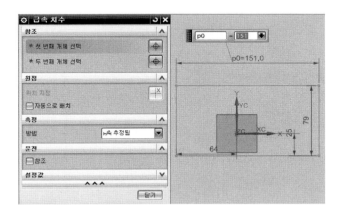

■ 스케치 치수(Sketch Dimensions)

▶ 추정치수(Infer): 치수 모든 명령어를 대신하여 사용가능하며, 자동으로 추측하여 치수를 기입한다.

▶ 수평치수(Horizontal): X축 방향에 대한 두 점 사이의 거리를 치수로 구속한다.

▶ 수직치수(Vertical): Y축 방향에 대한 두 점 사이의 거리를 치수로 구속한다.

▶ 평행치수(Parallel): 선택된 두 점 사이의 평행한 치수로 거리를 구속한다.

▶ 직교치수(Perpendicular): 선택한 선과 점 등을 선택하여 정상에서의 직각 거리를 치수로 구속한다.

▶ 지름치수(Diameter): 호나 원의 크기를 지름치수로 구속한다.

▶ 반지름치수(Radius): 호나 원의 크기를 반지름치수로 구속한다.

▶ 각도치수(Angular): 두 선 사이의 치수를 각도로 구속한다.

▶ 둘레치수(Perimeter): Tangent하게 연결된 곡선의 총 길이를 정의한다.

② 스케치 구속조건(Sketch Constraints)

아래 왼쪽 그림처럼 선택된 요소에 정의될 수 있는 다수의 형상에 대해 구속을 정의한다.

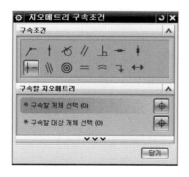

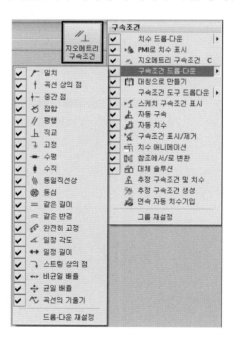

■ 형상구속 조건: 대략적으로 작성된 스케치를 기하학적 구속조건을 적용하는 것이며, 파라메트릭 기법에 의한 설계를 수행할 경우 중요하게 사용되는 기능이다.

구속할 객체를 선택하면 선택한 객체에 구속할 수 있는 아이콘 모음이 나타난다. 즉 스케치 선분의 곡선을 각각 선택한 후 필요한 구속조건을 사용자가 선택하여 사용한다.

▶ 수평(Horizontal): 선택하는 선을 수평으로 정의한다.

▶ 수직(Vertical): 선택하는 선을 수평으로 정의한다.

▶ 동일직선상(Collinear): 두 개 이상의 선형 객체를 같은 직선상에 있거나 통과한다고 정의한다.

▶ 접합(Tangent): 선택하는 두 객체가 접한다고 정의한다.

▶ 곡선상의 점(Point On Curve): 스케치 점의 위치를 곡선에 놓여있다고 정의한다.

▶ 평행(Parallel): 선택하는 두 개 이상의 선이 평행하다고 정의한다.

▶ 직교(Perpendicular): 선택하는 두 개 이상의 선이 수직하다고 정의한다.

▶ 동일길이(Equal Length): 선택하는 두 개 이상의 선이 길이가 같다고 정의한다.

▶ 동일반지름(Equal Radius): 선택하는 두 개 이상의 호의 반지름이 같다고 정의한다.

▶ 동심(Concentric): 두 개 이상의 호가 같은 중심을 갖는다고 정의한다.

▶ 고정(Fixed): 선택된 객체의 위치를 고정한다고 정의한다.

▶ 상수각도(Constant Angle): 선이 일정한 각도를 갖는다고 정의한다.

▶ 상수길이(Constant Length): 두 개 이상의 선이 같은 길이를 갖는다고 정의한다.

▶ 중간점(Midpoint): 스케치 점의 위치를 곡선의 중심점과 일치한다고 정의한다. 끝점 이외의 위치에서 곡선을 선택한다.

▶ 일치(Coincident): 두 개 이상의 점을 같은 위치에 있다고 정의한다.

▶ 균일(Uniform): 수평 길이가 변경되면 스플라인이 수평과 수직방향으로 비례적으로 눈금을 지정한다.

▶ 비균일(Non-Uniform): 수정 중 수직방향으로 원래 치수를 유지하는 동안 구속된 스플라인 수평방향으로 눈금을 지정한다.

▶ 완전히 고정(Full Fixed): 선택된 객체를 완전히 고정한다.

(11) 스케치 관리(Sketcher)

메뉴 표시줄이나 Sketcher 도구막대에는 스케치 객체를 추가하고 편집할 수 있는 명령들을 제공하며 작성된 스케치 이름을 재정의하거나 스케치 작성을 모두 마치고 종료하는 기능들을 수행한다.

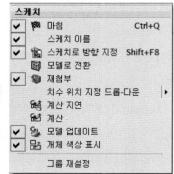

① 스케치 마무리(Finish Sketcher)

스케치 작성을 모두 마치고 작성된 스케치를 이용하여 솔리드 피처를 작성하기 위해 스케치 명령을 종료한다.

메뉴 표시줄의 'Task/스케치 종료'를 선택하여 종료하거나 마침(🏁) 아이콘을 선택하여 스케치를 종료한다.

② 스케치 이름(Sketch Name)

사용자가 작성한 모든 스케치의 이름이 표시되며, 이들 중에는 편집을 하고자 하는 스케치 이름을 선택하면 선택한 스케치로 이동(또는 스케치 커브를 더블클릭)되며 스케치를 편집할 수 있다.

드롭다운 리스트에는 작업 파트의 모든 스케치, 다음 작업을 수행한다.

스케치 이름 변경 및 스케치를 편집한다.

③ 스케치 방향지정

현재 작업 중인 평면을 스케치 평면에 맞게 뷰 방향을 정의한다.

그림과 같이, 예를 들면 현재 ISO View에서 TOP(평면) View(오른쪽 그림)로 뷰 방향이 재정의된다.

 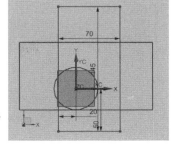

④ 재첨부(Reattach)

스케치를 다른 평면형 면/데이텀 평면/경로에 첨부하거나 스케치 방향을 변경한다.

⑤ 모델 업데이트(Update Model)

스케치 변경 시 모델을 업데이트한다.

4.3.2 모델링과 CAM-1(2차원 가공)

(1) 도면 및 작업공구 준비하기

도면에서 치수 및 공차와 관련된 내용을 주의 깊게 살펴본다.

① 도면 준비하기

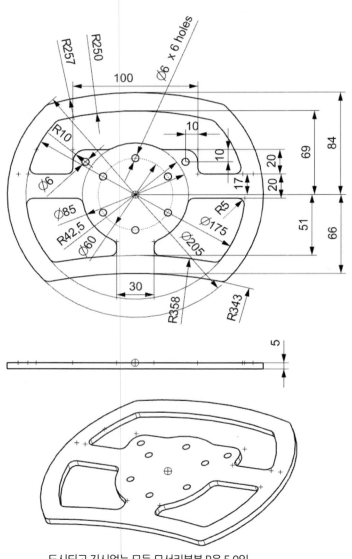

도시되고 지시없는 모든 모서리부분 R은 5.0임
기본공차는 ±0.05

② 공구 준비하기

가공에 사용할 공구와 공작물은 가공하기 전에 미리 기계에 장착해 놓는다.

사용 공구명		주축회전수 (RPM)	이송 속도 (mm/min)	비 고
Ø 3.0 센터드릴		X	X	사용치 않음
Ø 6.0 드릴	구멍뚫기	2500	120	사용
Ø 10.0 4날 엔드밀	안쪽 부분가공	2500	160	사용
	바깥쪽 부분가공	1500	130	
평줄, 방청유 종이걸래	수기가공			기타/ 마무리사용

(ㄱ) Ø 3.0 센터드릴   (ㄴ) Ø 6.0 트위스트드릴   (ㄷ) Ø 10.0 4날 엔드밀

(2) 모델링(Modeling) 작업

NX 9.0을 더블클릭하여 실행시키고, 그림처럼 새로 만들기(Ctrl+N)에서 모델을 선택하고(기본값) 파일이름(HANDLE)과 저장할 폴더를 입력한 다음 확인(확인)을 선택한다.

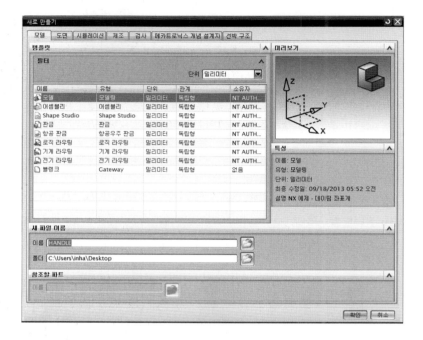

위의 대화상자에서 '유형: 모델링, 단위: 밀리미터' 기타 등을 확인한다.

또 모델링작업 순서도 도형을 생성하기 전에 도면을 꼼꼼히 살핀 후 모델링 작업에 들어갈 준비를 한다.

(3) 2D 스케치 작성 준비하기

① 메뉴/삽입/타스크 환경의 스케치를 선택하거나 툴바(Toolbar)에서 타스크 환경의 스케치(⬚) 아이콘을 선택한다.

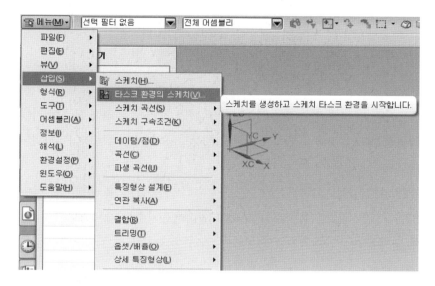

② 스케치를 작성하기 위해서는 먼저 스케치 평면과 축을 정의해야 한다. WCS의 XC-YC의 평면이 스케치 평면으로 적용되며 화면에 표시되는 스케치 도구막대에서는 원하는 평면 아이콘을 선택하여 스케치 평면을 정의할 수 있다.

따라서 스케치 유형은 평면 상에서 'XY평면/데이텀 좌표계'(왼쪽 그림)를 선택하거나 리셋(↩)(기본값: XY평면)하고 확인(확인)을 선택하면 스케치 모드로 들어간다.

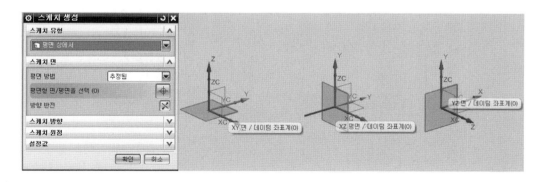

아래 그림은 타스크 환경에서 XY평면의 스케치 모드이다.

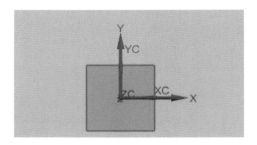

③ 그림과 같이 메뉴/환경설정/스케치를 선택하면 '스케치 환경설정' 박스가 나타난다. 스케치 환경설정 대화상자의 옵션들은 기본적으로 사용되는 스케치 영역에서의 사용자 기준을 정한다.

그림(스케치 환경설정)처럼 치수 레이블에는 수식/이름/값 등을 선택하여 사용할 수 있으며 여기서는 '값'에 텍스트 높이는 3, 그리고 연속자동치수 기입을 해제(■)시키고 확인(확인) 버튼을 누른다.

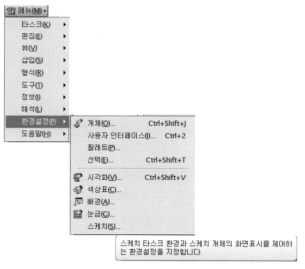

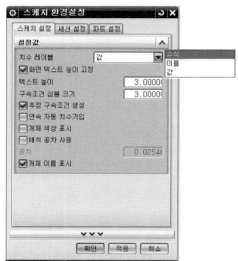

(4) 스케치 작성하기(XY평면)

① 스케치 커브/원(◯) 아이콘을 선택한다.

마우스를 작업좌표계의 원점에서 시작하는 도면의 중심에 생성되는 R42.5(Ø85.0)를 그림처럼 입력하여 원호를 그린다.

아래 그림은 완성된 원호이다.

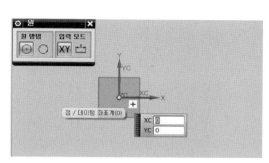 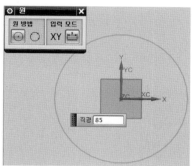

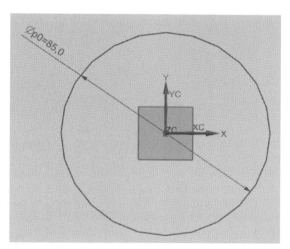

② 다시 한 번 마우스를 작업좌표계의 원점에서 시작하여 도면의 중심에 생성되는 R87.5(Ø175.0)를 그림처럼 입력하여 원호를 그린다.

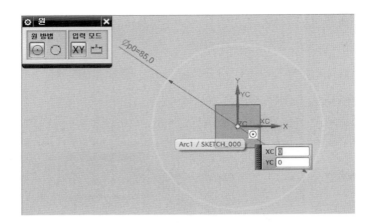

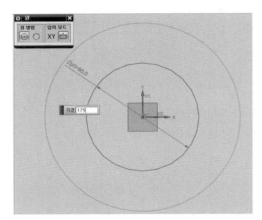

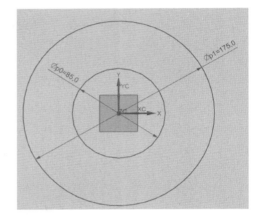

③ 위의 순서 ②와 같은 방법으로 도면의 중심에 생성되는 R102.5(D205.0)를 그림처럼 입력하여 그리면 아래와 같은 원호가 만들어진다.

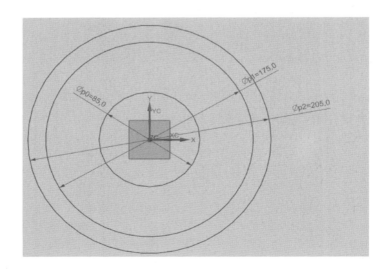

④ 원호/호 ( ) 아이콘을 이용하여 3점 원호인 번호 1, 2, 3의 위치에 마우스를 선택하여 그림처럼 대략적인 위치에서 원호를 그린다.

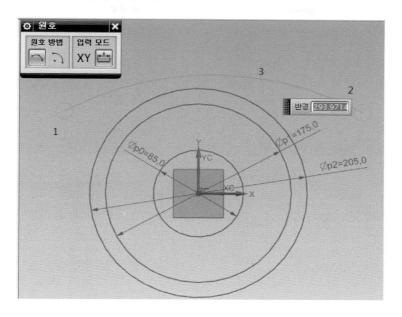

⑤ 반경치수 ( ) 아이콘을 선택하여 도면의 치수(R257)로 입력한다.

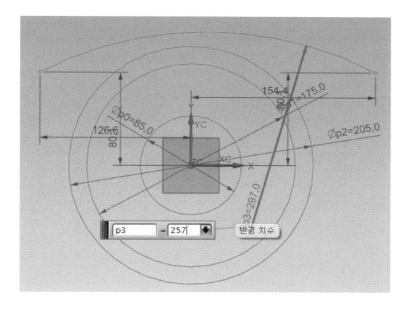

04
프로그래밍의 자동화

⑥ 구속조건(⬚)에서 곡선상의 점(⬚)을 선택하고 생성된 원호중심(번호 1)을 YC축 (번호 2)과 일직선상에 일치하도록 지오메트리를 구속시키면 아래 그림과 같다.

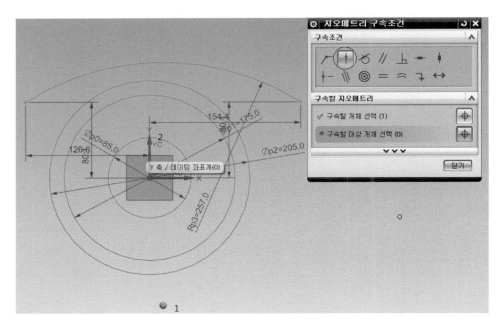

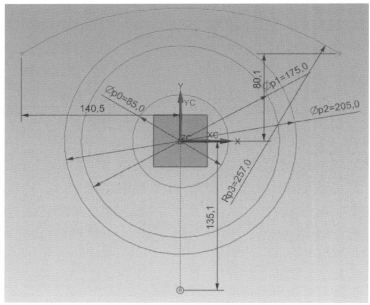

⑦ 선형치수(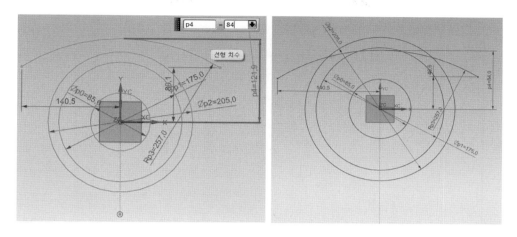) 아이콘을 이용하여 XC축과 원호(R257) 만곡점에서의 거리값 (84.0 mm) 치수를 구속한다.

⑧ 최종 R257은 아래 그림과 같다.

원호를 트림(자르기)을 실행하지 않은 상태이며, 바로 아래 원호(R250)를 생성한 후 트림을 실행하도록 한다.

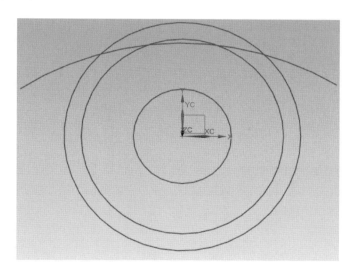

⑨ 위의 ④, ⑤, ⑥, ⑦과 같은 방법으로 3점(1, 2, 3지정) 원호(R250)를 생성한 후 원호중심을 YC축과 일치시킨다.

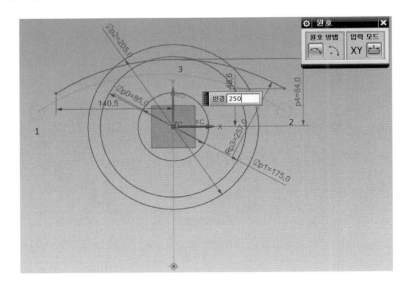

구속조건을 이용하여 생성된 원호중심을 YC축과 일치(⬆)시킨다.

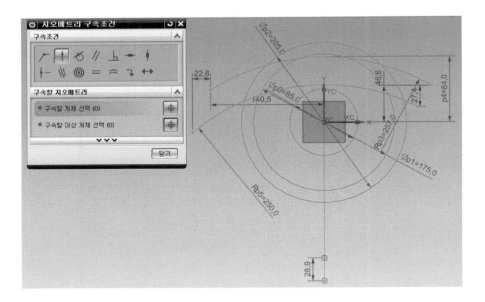

R250값으로 입력(변경)한다.

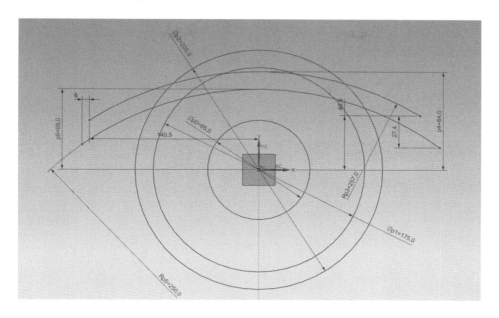

아래 그림은 스케치를 종료한 후의 상태를 보여준다.

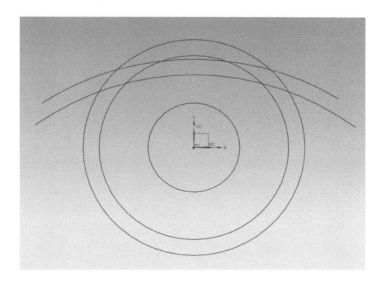

⑩ 빠른 트리밍(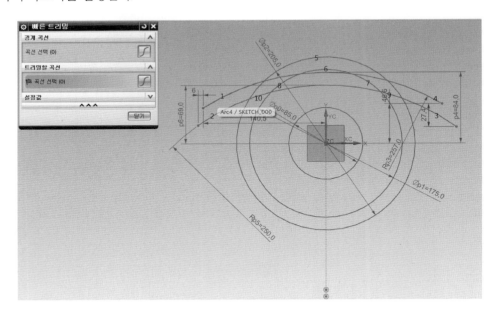) 아이콘을 선택하여 불필요한 선(1, 2, 3, 4, 5, 6, 7, 8, 9, 10선택)에 대하여 자르기를 실행한다.

⑪ 자르기가 완료된 후의 형상이며 스케치를 종료한다.

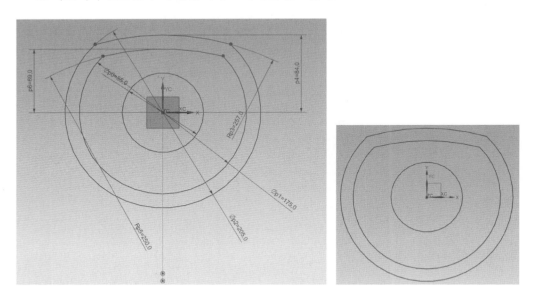

⑫ 스케치 종료(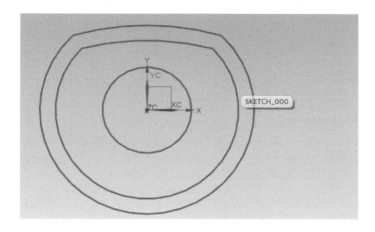) 이후 그래픽 작업영역에서 스케치 커브를 더블 클릭하면 'SKETCH_000'으로 자동적으로 스케치 모드로 들어간다.

⑬ 원호/호( ) 아이콘을 이용하여 위의 ④, ⑤, ⑥, ⑦과 같은 방법으로 3점(1, 2, 3 지정) 원호 (R358)과 원호 (R343)을 생성한 후 구속조건( )에서 곡선상의 점( ) 아이콘을 선택하고 원호중심을 YC축과 일치시키면 아래 그림과 같다.

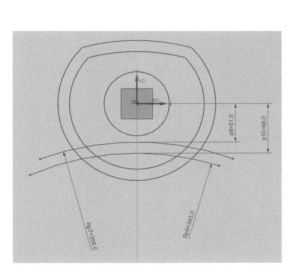
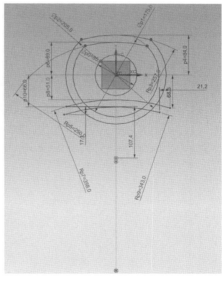

⑭ 빠른 트리밍(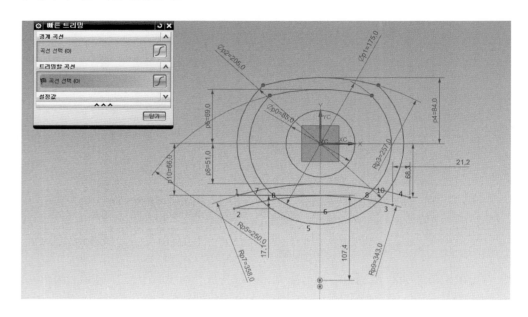) 아이콘을 선택하여 불필요한 선(순선 1, 2, 3, 4, 5, 6, 7, 8, 9, 010 선택)에 대하여 자르기를 실행한다.

아래 그림은 자르기가 완료된 상태의 그림이다.

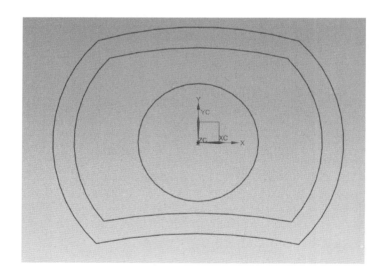

※ 스케치 모드에서 작성된 치수를 숨기기( ) 아이콘을 사용하여 치수를 모두 선택
한 후 확인버튼을 선택하면 화면에서 치수가 보이지 않게 된다.

치수가 삭제되는 것이 아니라 화면에서만 보이지 않는 것이며 단축키는 'Ctrl+B'이다.

맨 아래 그림은 숨기기가 완료된 그림이다.

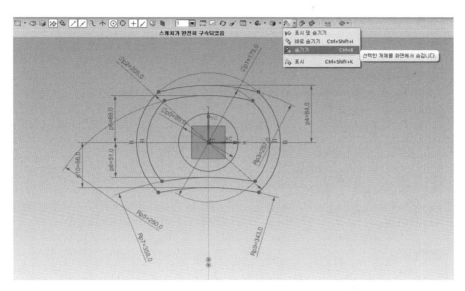

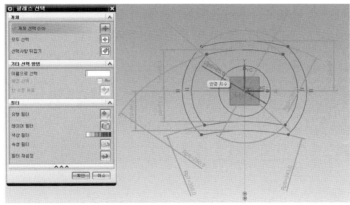

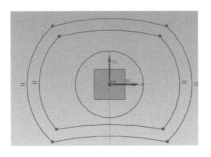

⑮ 선(✎) 아이콘을 선택하여 직선 커브(3개)를 도면과 비슷한 위치에 그린다.

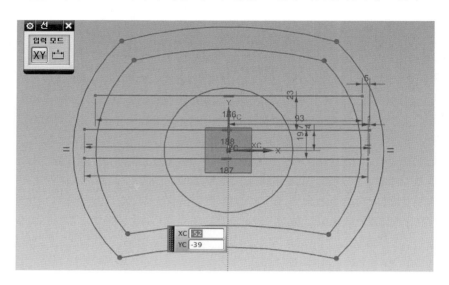

이어서 선(수직선 1, 2, 3, 4의 4개)을 그림처럼 도면과 비슷한 위치에 그린다.

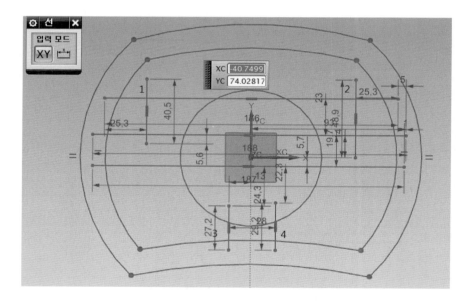

⑯ 치수를 XC축으로부터 일정거리 값으로 그림(3개 치수)처럼 치수를 구속시킨다.

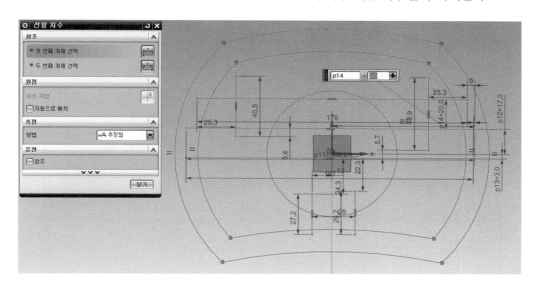

이어서 선(수직선 4개)을 그림처럼 치수를 YC축으로부터 일정거리 값으로 그림(순서 1과 YC축과 다시 1과 3 선택)처럼 치수를 구속시킨다.

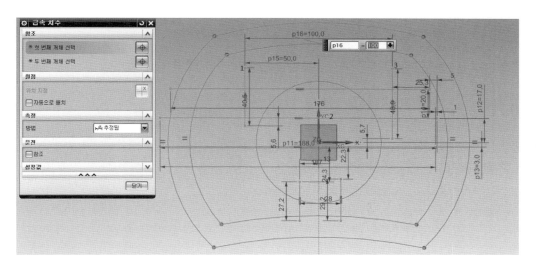

이어서 그림(위와 같은 방법)처럼 치수를 구속시킨다.

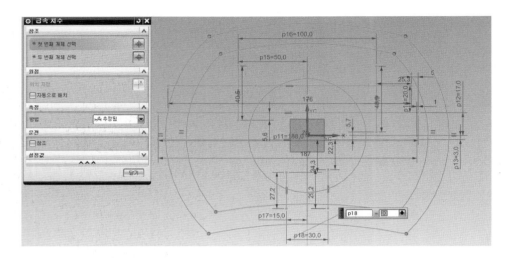

숨기기(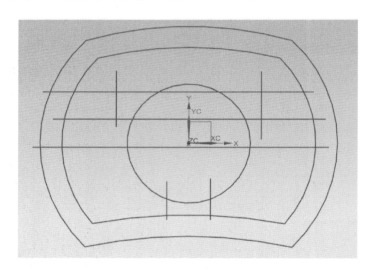)아이콘을 사용하여 치수를 모두 선택한 후 확인(확인) 버튼을 선택하면
화면에서 치수가 보이지 않게 되며 단축키는 'Ctrl+B'이다.

⑰ 빠른 트리밍(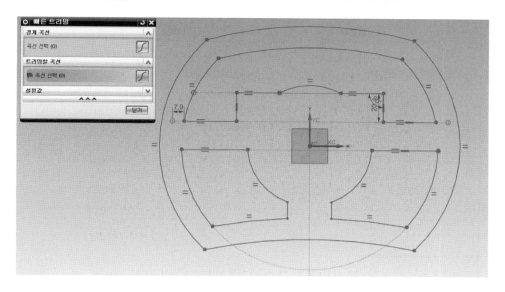) 아이콘을 선택하여 불필요한 선 자르기를 실행한다.

⑱ 원(○) 아이콘을 선택하여 6.0 mm 원호(1개)를 그리고 나서 YC축과 일직선상에 위치하도록 구속시키고 중심에서 반지름 거리 값(30.0 mm)만큼 위치시킨다.

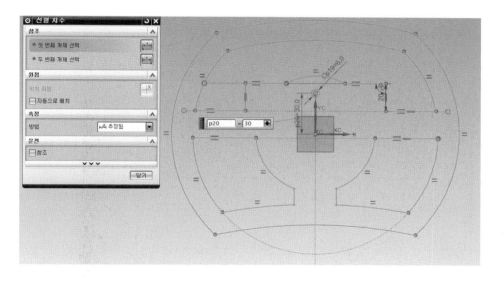

⑲ 패턴곡선(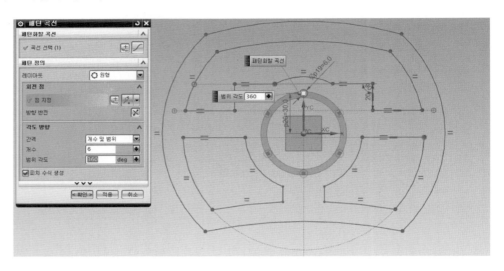) 아이콘을 선택하여 '패턴화할 곡선'에서 곡선선택은 6.0 mm 원호를 선택하며, 점 지정은 좌표계의 중심점을 선택하고 각도와 방향은 그림처럼 입력하고 확인 (확인)을 선택한다.

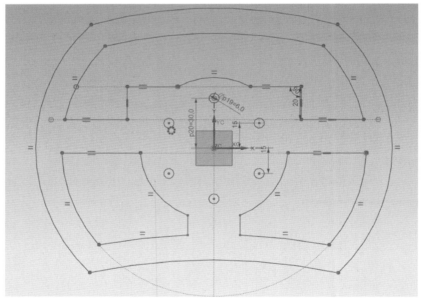

■이어서 필렛(⌐) 아이콘을 이용하여 R10.0 필렛 처리(번호 1, 2)한다.

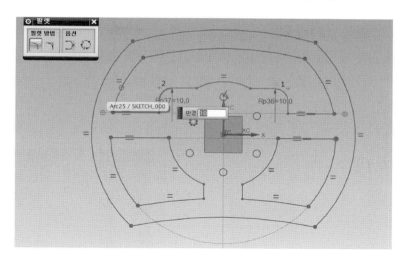

■이어서 원(○) 아이콘을 선택하여 6.0 mm 원호(2개)를 방금 만든 모깎기(R10.0)의 중심에 만든다.

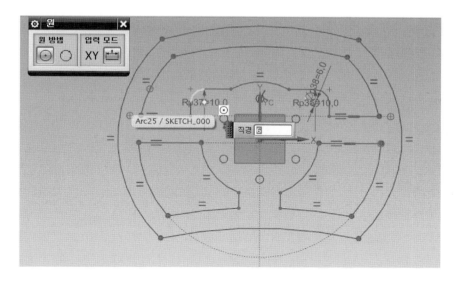

■ 모두 8개의 6.0 mm 원호가 만들어졌다.

※ (참고) 도형의 좌표계 중심(원점)에는 임의의 구멍(약 20.0 mm)을 작업 전에 드릴링 (Drilling)한다. 그 이유는 작업을 하기 위한 공작물의 고정 부분(원호부분)이기 때문 이다. 실제가공 장면(오른쪽)의 고정부위의 사진이다.

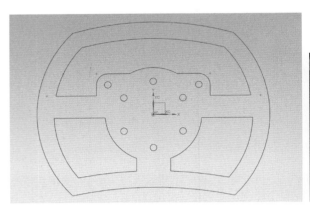

⑳ 필렛(⌐) 아이콘을 이용하여 모두 22개의 모서리에 대하여 모깎기 R5.0을 실행한다.

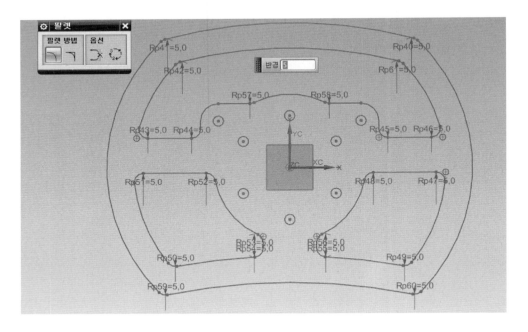

■ 최종 완성된 도형으로 스케치를 종료한다.

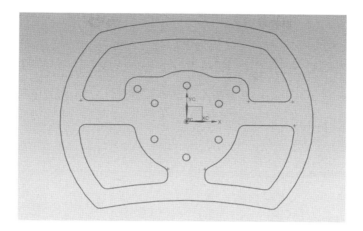

■ 뷰(View) 방향을 트리메트릭(Trimetric)으로 아래 그림처럼 선택하여 변경시킨다.

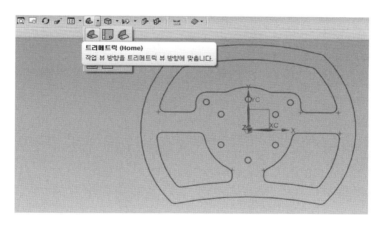

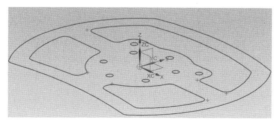

㉑ 돌출(두께 5.0 mm)시키기

'메뉴/삽입/특징형상설계/돌출'을 선택하거나 툴바에서 돌출(▥) 아이콘을 선택하여 솔리드 도형을 생성한다.

돌출 대화상자의 단면에서는 외곽곡선을 선택하고, 한계에서는 시작 거리 값(0), 끝 거리 값(5)을 입력하고 솔리드 도형의 돌출방향은 아래로 향하게 하여 확인(확인) 버튼을 누르면 그림과 같다.

방향반전(✖) 아이콘을 이용하여 위 또는 아래 방향으로 변경할 수 있다.

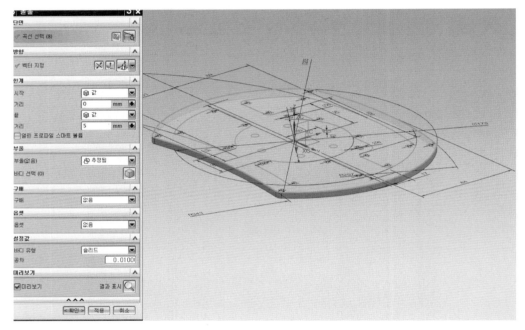

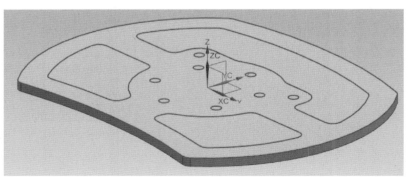

㉒ 부울(Boolean) 작업하기

'메뉴/삽입/특징형상설계/돌출'을 선택하거나 툴바에서 돌출(▥) 아이콘을 선택하여 솔리드 도형 생성(번호 1번 스케치 커브 도형)과 동시에 부울(빼기-번호 2번 솔리드 도형)을 선택하여 확인(확인) 버튼을 누른다.

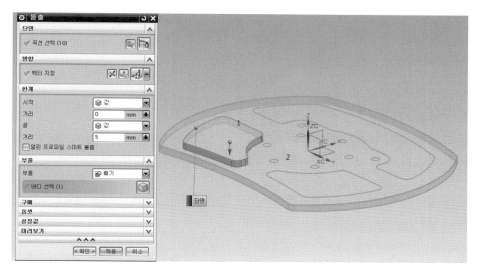

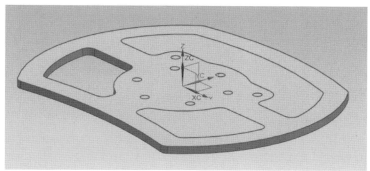

㉓ 나머지 도형에 대한 부울 작업도 ㉑ 과 같은 방법으로 도형을 완성하면 다음과 같다.

※ (드릴링(Drilling) 작업을 하기 위한 원호(6.0 mm)는 돌출시켜 부울작업(빼기)을 하지 않는다. 그 이유는 드릴링 데이터 작업은 원호의 중심점 위치만 생성되어 있으면 프로그램 작업이 가능하기 때문이다.

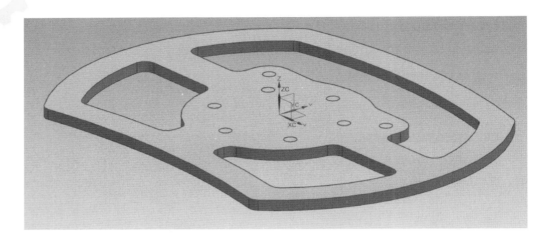

■ 표시 및 숨기기(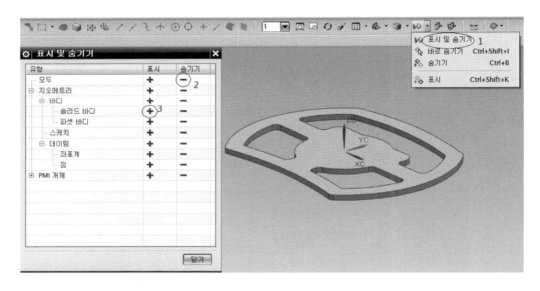)를 이용하여 스케치 커브를 작업화면의 도형에서 보이지 않게 하기 위하여 그림처럼 번호(원호부분) 1 → 2 → 3의 순서로 한다.

(5) CAM 프로그래밍

① CAM 프로그래밍 시작하기

모델링된 형상을 기계가공하기 위한 여러 방법 중의 하나로 CAM(NX 9.0) Software를 이용한 프로그래밍을 하기 위하여 프로그램에서 '파일/제조'를 선택하거나 키보드에서 직접 'Ctrl+Alt+M'을 누른다.

② 가공환경에서 'CAM 세션구성은 cam_general'과 '생성할 CAM 설정은 mill_planer'를 선택하고 확인버튼을 누른다.

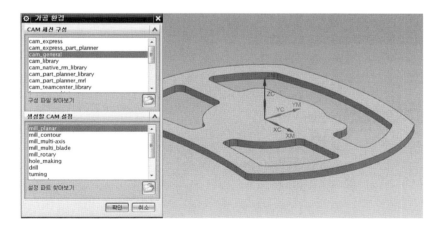

※ Planer Mill은 주로 평면가공에 사용되며 구배가 없는 측벽 및 평면바닥의 포켓가공에 사용된다.

③ 리소스 바에서 오퍼레이션 탐색기(왼쪽 원호부분)를 열어서 마우스를 위치시킨 상태에서 MB3을 클릭하면 아래와 같은 메뉴가 나타나는데, 여기서 '지오메트리 뷰'를 선택한다.

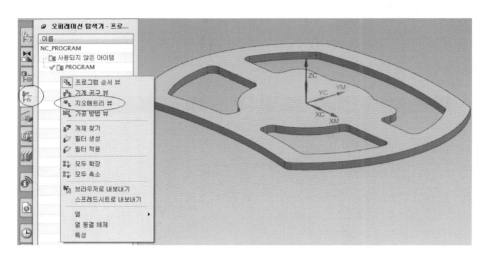

④ MCS_MILL에 마우스를 위치시킨 상태(활성화 상태)에서 MB3을 누르거나 또는 MCS_MILL을 더블클릭한다.

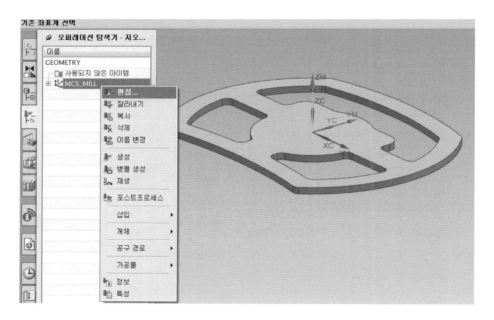

⑤ 솔리드 도형생성의 원점(가공 원점)과 기계좌표계를 일치시키려면(그림 참조) 확인
( ) 버튼을 누른다(교재는 이 기준으로 프로그래밍한다).

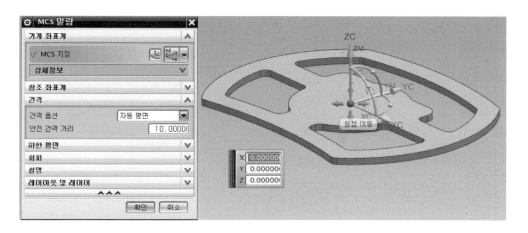

■ (참고 1) 가공원점 변경은 기계좌표계의 원점에 마우스(화살표)를 위치시킨 후 마우스를 누른(MB1) 상태를 유지한 채 필요한 곳으로 이동시켜 마우스 버튼(MB1)을 해제하면 된다.

아래 그림은 이동완료된 가공원점(기계좌표계와 일치)의 X, Y, Z값을 보여주고 있다.

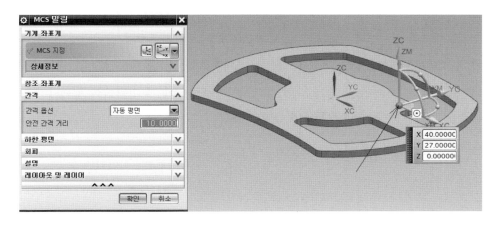

04
프로그래밍의 자동화

■ (참고 2) 가공원점 변경은 기계좌표계의 입력란에 직접 수치값을 입력하는 방법으로 그림은 가공 원점으로부터 X:50.0, Y−50.0, Z0값만큼 떨어진 위치(원호부분)에 입력된 값을 나타내고 있다.

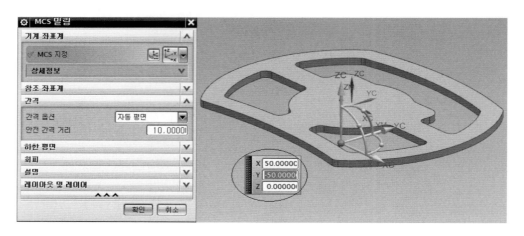

■ MCS(Machine Coordinate System)

기계좌표계 시스템을 설정하는 기능으로 가공을 하기 위해 필요한 가공원점을 지정하는 과정이다. 모델링에서는 WCS(Work Coordinate System)가 중심이 되었지만 MCS를 사용하게 되면 WCS 좌표를 무시하고 가공원점으로 지정한 MCS 좌표를 사용한다는 의미이다.

MCS 좌표를 사용하지 않았을 경우에는 WCS 좌표를 기준으로 가공원점이 지정되는데, 여기서 중요한 것은 WCS 좌표는 초기의 절대좌표를 인식한다는 점이다. 따라서 가공좌표를 변경하기 위해서는 모델링 형상을 이동시켜야 하는 문제가 발생하게 된다. 이와 같은 문제를 피하기 위해 MCS 좌표를 사용하게 된다.

⑥ 확인버튼 선택 후 공작물의 원점과 기계좌표계가 일치된 상태(아래 그림)를 보여주고 있다.

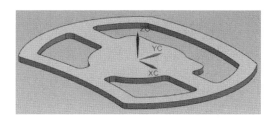

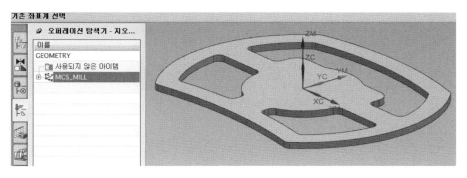

⑦ MCS_MILL의 앞부분의 '⊕'를 누른 후 WORKPIECE를 선택(활성화)하고 마우스를 위치시킨 상태에서 MB3을 누르면 아래와 같은 메뉴가 나타나는데, 여기서 '편집'을 선택하거나 또는 'WORKPIECE'를 더블클릭한다.

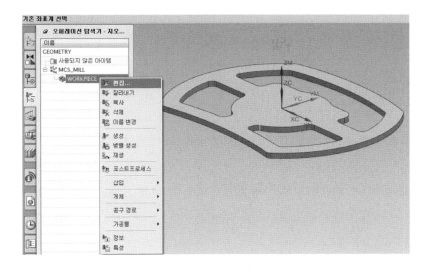

⑧ 가공물 대화상자의 지오메트리에서 파트(Part) 지정(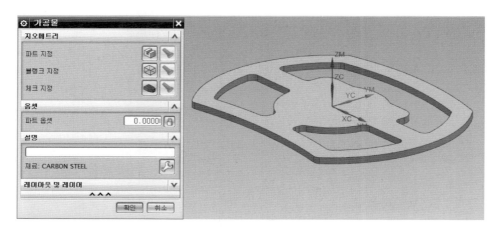) 아이콘을 선택한다. 파트는 현재의 Operation이 끝나도 유지되는 Geometry이다.

⑨ 파트 지오메트리(Part Geometry)에서 모델링 형상(객체 선택)을 모두 선택하고 확인(확인)을 선택한다.

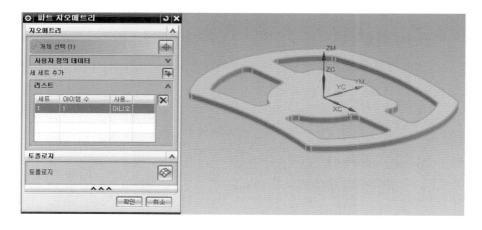

■ 파트 지오메트리는 가공하고자 하는 형상(재료)이며, 기본적으로 파트는 선택해 주도록 한다.

　　Geometry가 설정되지 않는다면 가공하고자 하는 형상 자체가 없다는 것을 의미하며 Geometry로 선택된 형상에 따라 가공 데이터에 영향을 줄 수 있다.

⑩ 가공물 대화상자의 지오메트리에서 블랭크(Blank) 지정(⬡) 아이콘을 선택한다.

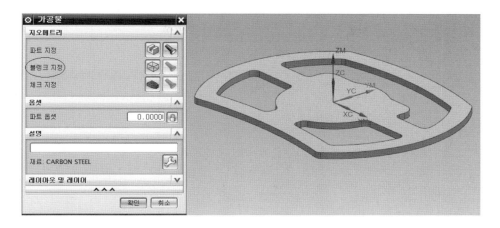

■ 블랭크 지정은 절삭가공을 위한 초기의 피삭재(Cut Material 또는 Workpiece)를 설정하여 주는 과정으로 Blank는 모델링한 형상을 감싸고 있는 기계가공 전의 피삭재의 초기 형상이다. 절삭은 Part로 선택된 영역과 Blank 영역의 사이에서 이루어진다.

⑪ 블랭크 지오메트리 대화상자의 유형에서 라디오 버튼(▼) 선택 후 '경계 블록'을 선택한다.

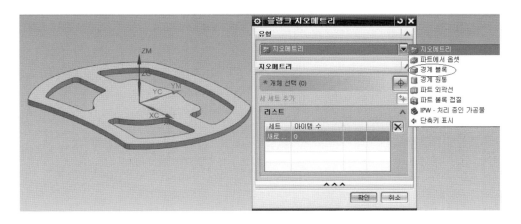

⑫ 파트 지오메트리에 대하여 풀 사이즈 치수로 표시되고, 대화상자의 입력란에 외형 치수 값을 입력함으로써 크게(+) 또는 작게(−) 설정 가능하도록 되어 있다.

기본값을 확인하고 블랭크 지오메트리 대화상자에서 확인을 선택한다.

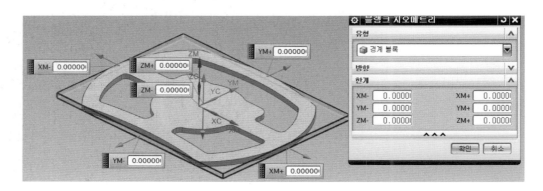

가공물 대화상자가 다시 나타나며 가공물 대화상자에서 확인을 선택하여 빠져나온다.

■ 화면표시(🔍) 아이콘은 선택된 도형을 표시하고 체크 지정(●) 아이콘은 절삭가공 중 가공을 피해야 하거나 간섭을 받을 수 있는 부위, 가공 영역을 조정해야 하는 경우 등 가공이 적합하게 이루어 질 수 있도록 할 때 선택적으로 사용할 수 있다.

※ 체크 지정의 예를 들면 공작물을 고정하기 위한 고정구(Clamp)가 체크 대상이 된다.

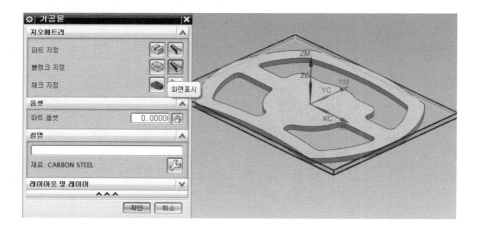

(6) 공구 설정과 등록하기

① 공구 설정하기(FEM_10.0)

제조에서 '홈/공구생성(🔧) 아이콘'을 또는 '메뉴/삽입/공구'를 선택한다.

공구생성 대화상자에서 유형은 'mill_planer', 공구 하위 유형은 mill, 이름은 FEM_10.0 (Flat End Mill 10.0 mm)을 입력하고 확인을 선택한다.

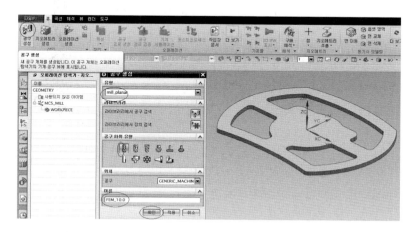

② 대화상자의 공구에서 공구직경 10.0, 공구번호(T02) 2번, 공구보정 (D02) 2번과 절삭날 2날(4날)을 입력하고 확인(확인)을 선택한다.

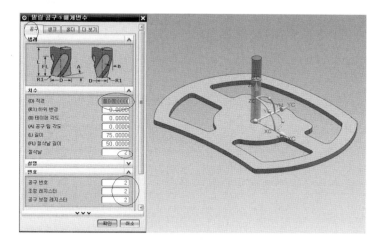

③ 공구 설정하기(DRILL_6.0)

'홈/공구생성(🔧) 아이콘'을 선택하고 공구생성 대화상자에서 유형은 'drill', 공구 하위
유형은 drilling_tool, 이름은 drill_6.0을 입력하고 확인을 선택한다.

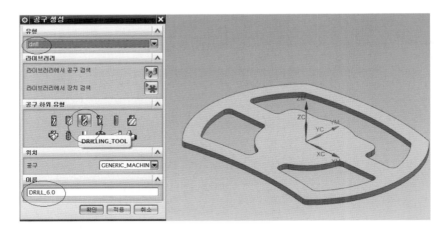

④ 대화상자의 공구에서 공구직경 6.0, 공구번호(T07) 7번, 공구보정 (D07)7번과 절삭
날 2날(4날)을 입력하고 확인(확인)을 선택한다.

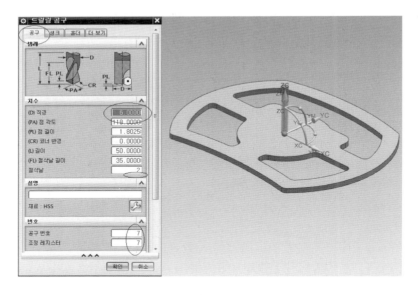

(7) 가공경로 생성과 가공(안쪽 부분)

① '홈/오퍼레이션 생성( ) 아이콘'을 또는'메뉴/삽입/오퍼레이션'을 선택하고 아래와 같이 설정 '프로그램/PROGRAM, 공구/FEM_10.0, 지오메트리/WORKPIECE, 방법/METHOD'한 후 확인(확인) 버튼을 선택한다.

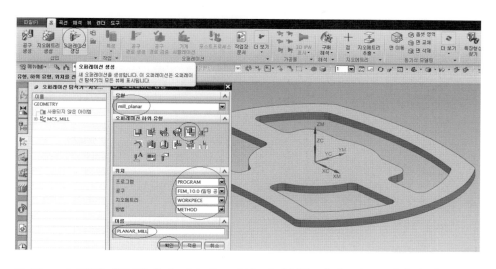

② Planer Mill(평면밀링)에서 지오메트리의 편집( ) 아이콘을 클릭하여 가공물의 대화상자에서 파트(Part)와 블랭크(Blank)가 설정( )되어 있지 않으면 설정(원호부분)하고, 되어 있으면 확인(확인) 버튼을 선택한다.

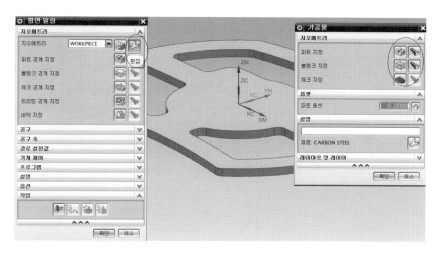

③ 대화상자 지오메트리에서 '파트 경계 지정(⬢) 아이콘'을 선택한다.
이어 '경계 지오메트리' 대화상자의 모드를 '곡선/모서리'로 선택한다.

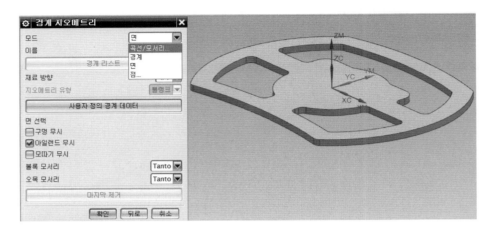

④ '경계 생성' 대화상자의 유형/닫힘, 재료방향/외부를 사용하며 그림처럼 '접하는 곡선'
으로 변경하고 내부의 곡선커브를 숫자 1이 있는 위치에서 선택하면 선택된 경계의 '직선/모
서리'를 보여주고 있다.

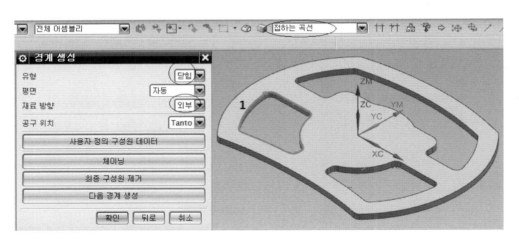

■ 재료 방향(Material Side): 절삭 가공 시 남아야 할 부분을 선택한다.

　　• 내부(Inside)는 외벽을 가공하고 내측부가 남아있게 된다.

　　• 외부(Outside)는 주로 포켓을 가공할 경우 사용되며 내측면을 가공할 때 지정한다.

⑤ '경계 지오메트리' 대화상자가 나타나며 확인(확인) 버튼을 선택한다.

'다음 경계 생성'을 선택하고 숫자 솔리드 도형 2의 위치에서 선택한다.

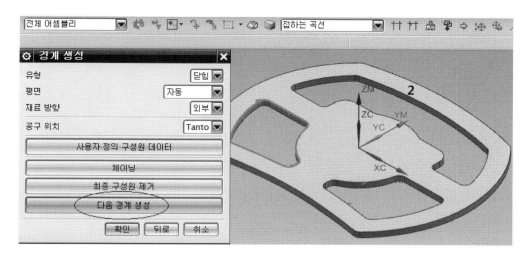

⑥ 2번째로 선택된 경계의 '직선/모서리'를 보여주고 있다.

계속해서 '다음 경계 생성'을 선택한다.

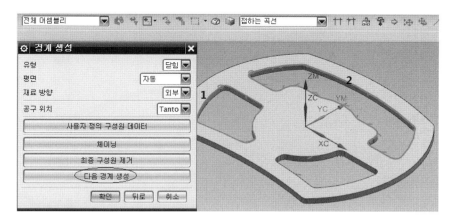

⑦ '다음 경계 생성'을 선택하고 솔리드 도형 숫자 3의 위치에서 선택한다. 3번째로 선택된 경계의 '직선/모서리'를 보여주고 있다.

대화상자에서 확인을 선택하고 '경계 지오메트리' 대화상자에서 다시 한번 확인(확인) 버튼을 누른다.

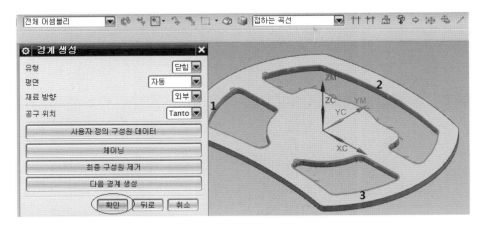

■ (참고) 평면밀링 대화상자가 나타난다. 이때 생성( ) 아이콘은 선택하면 아래 그림처럼 가공경로(Tool Path)가 생성된다.

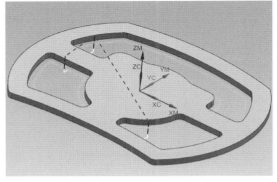

⑧ 평면밀링 대화상자에서 '경로 설정값'에서 방법의 편집(🔧) 아이콘을 선택하여 파트 스톡(Part Stock:가공 여유량)을 0.00의 기본값으로 설정하고 확인을 선택한다.

■ 파트 스톡(Part Stock): 가공할 형상에 여분의 절삭량을 남겨 놓는 것

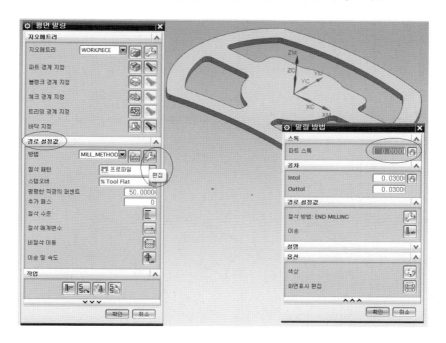

⑨ 경로 설정값에서의 절삭패턴은 프로파일(Profile)을, 스텝오버(Step Over)는 공구직경(% Tool Flat)을 선택하고 평평한 직경의 퍼센트는 기본값 50.0을 확인, 추가패스는 1을 입력하고 확인을 선택한다.

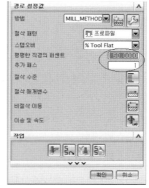

■ 프로파일은 Tool의 측면을 사용하여 가공하는 것으로, 이 방법의 경우 Tool은 경계의 방향을 따라 절삭하게 된다.

　• 경계(Boundary)는 제거할 재질의 정의에 사용되며 '경계 지오메트리' 대화상의 모드에서 곡선/모서리, 경계, 면, 점 등으로 경계를 정의할 수 있다.

　아래 그림은 경계표시를 나타내며, 경계가 시작되는 지점에는 작은 원이 표시되고 화살표는 경계 방향을 나타나는데, 반 화살표는 'Tanto'를, 완전 화살표는 'On'을, 닫힌 화살표는 'Contact'를 나타낸다.

　– Tanto : Boundary로 설정된 대상물과 공구의 외곽을 접하도록 공구를 위치시킨다.

　– On : Boundary로 설정된 대상물과 공구의 중심을 일치시킨다.

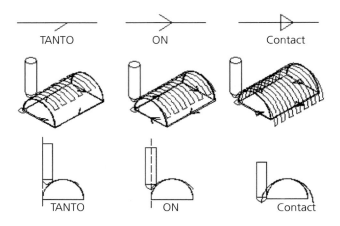

■ 스텝오버(StepOver)는 공구 중심센터에서 생성(공구지름의 %값)되는 Tool Path 간의 간격(Distance 또는 Pitch)이다.

　스텝오버가 조밀한 경우(값이 작은 경우)는 툴 패스(Tool path) 간격이 좁아지므로 절삭가공 시 공구가 겹쳐지게 되는 부위가 많아지게 된다. 따라서 정밀한 가공이 이루어지나 그만큼 가공시간이 연장된다. 따라서 절삭되는 절입량에 맞춰 스텝오버의 간격을 조절할 필요가 있다.

■ 추가 패스(Additional Passes)는 절삭패턴이 프로파일(▥)로 설정되면 활성화되며, 추가패스 항목이 0(ZERO)일 때는 1회전, '1'일 경우는 2회전(2회 가공)하여 절삭을 실행한다.

⑩ 절삭수준을 선택하여 '절삭당 깊이'의 공통값은 0(기본값)을 확인하고 확인을 선택한다.

'0'값이면 바닥깊이(바닥지정 깊이)까지 공구가 진입하여 가공을 실행하고 '2'이면 깊이가공을 2.0 mm씩 3회를 가공(교재 바닥깊이: 6.0 mm)한다.

교재는 1회의 깊이(Z: 6.0 mm)로 가공하므로 설정값은 '0'으로 입력한다.

⑪ 절삭 매개변수(Cut Parameters)를 선택하여 절삭방향/하향(Climb), 절삭순서/깊이를 우선(Depth First)으로 설정하고 확인(확인) 을 선택한다.

 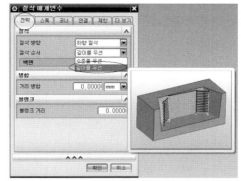

■ 절삭방향(Cut Direction)
　　• 하향절삭(Climb Cut)은 절삭이송방향과 반대방향으로 공구회전하면서 절삭을 진행한다. 즉 주축이 시계방향으로 돌 때 윤곽의 왼쪽에 공구가 위치한다(G41).

- 상향절삭(Conventional)은 절삭이송방향과 같은 방향으로 공구회전하면서 절삭을 진행한다.
■ 절삭순서(Cut Order)는 절삭순서를 설정하는 것으로
- 수준을 우선(Level First)은 같은 깊이로 균일하게 골고루 가공한 후 다음 경로로 이동 후 가공을 진행하는 방식이다.
- 깊이를 우선(Depth First)은 전체 가공 중 한 부분을 완전히 다 가공한 후 다음 경로로 이동하여 가공을 진행하는 방식이다.
※ 교재는 '깊이를 우선'으로 가공하는 방식으로 한다.

⑫ 비절삭 이동을 선택하고 대화상자의 닫힌 영역에서의 진입 유형은 '나선'으로 나머지는 기본값을 그대로 설정한다.
열린 유형에서는 '닫힌 영역과 동일'로 설정한다.
진출에서는 진출 유형은 '진입과 동일'로 설정한다.

■ 진입과 진출
절삭이 이루어지기 전과 후에 대한 공구경로(Tool Path)를 의미한다.
- 진입: 첫 절삭을 시작하는 툴 패스의 바로 전 단계의 진입 경로이다.
- 진출: 절삭이 이루어진 후 다음 절삭을 위해 이동하기 전의 단계이다.

⑬ '시작/드릴 점(Pre-Drill Engage Point)'은 공구가 절삭을 위해 진입하기 위한 시작점을 작점을 지정하는 것으로 '점 선택'에서 커서(Cursor)로 사전 드릴(Pre-Drill) 위치를 설정할 수도 있다.

'겹침 거리(Overlap)'는 그림처럼 입력된 값(3.0 mm 또는 10.0 mm) 만큼 겹쳐서 가공을 더 진행한다. 교재는 3.0의 값을 입력한다.

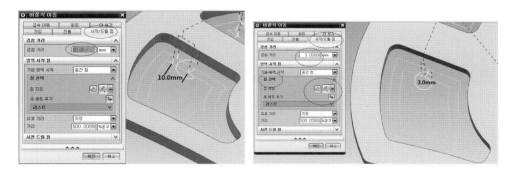

■ (참고) '시작/드릴 점(Pre-Drill Engage Point)'을 이용한 사용자의 변경 후의 가공경로(Tool Path)이다. 이 옵션은 오목한 형상을 가공해야 하는 경우 미리 Drilling 작업을 한 후에 엔드밀(E/M)로 가공하면 절삭량과 가공시간을 단축할 수 있다.

⑭ '비절삭 이동' 대화상자에서 확인(확인) 을 선택한다.

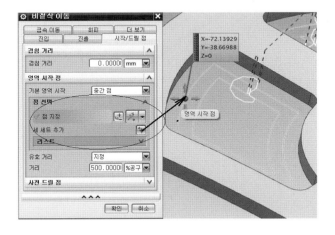

⑮ '이송 및 속도' 대화상자에서 회전수(RPM) 및 이송속도(Feed)값을 입력하고 확인
(확인)을 선택한다.

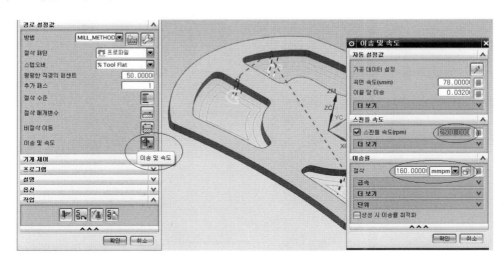

⑯ 작업에서 '생성( )' 아이콘을 선택하면 가공경로가 생성된다.

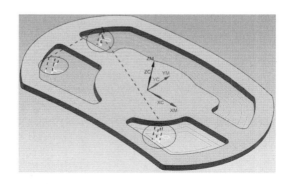

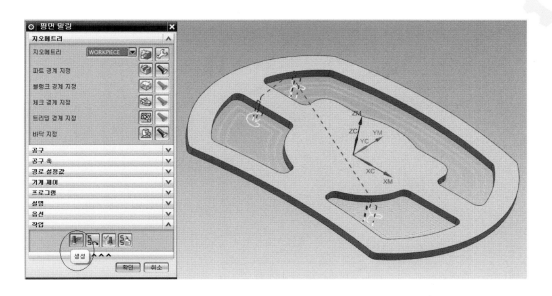

⑰ 다시 작업에서'검증(   )' 아이콘을 선택하면 '공구경로 시각화' 대화상자가 나타난다. 여기서 '재생'을 선택하고 '단계(   )' 아이콘을 마우스로 클릭할 때마다 절삭공구의 이동경로가 화면상에 나타난다.

이어서 '2D 동적'을 선택하고 '단계(   )' 아이콘을 또는 '재생(   )' 아이콘을 선택하여 가공검증(Verify)을 실시한다.

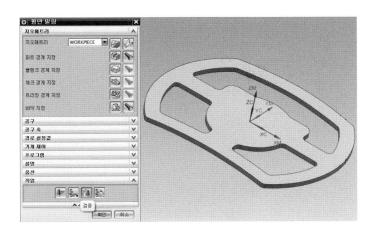

CL Data(활성화된 부분)의 위치에 따라 이송(좌표값 X, Y, Z)값을 보여준다.

안쪽 부분 가공에 대한 가공경로(Tool path)는 완성되었다.

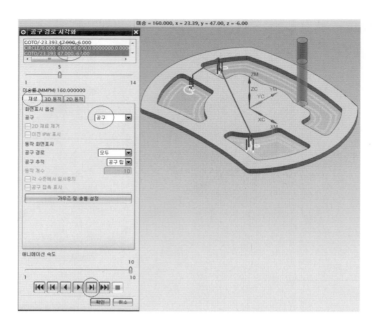

아래 그림은 공구경로 시각화에서 가공검증(Verity)으로 재생 실시 후의 그림이다.

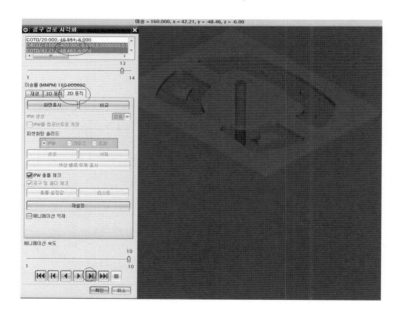

■ NC Data 생성 전 그래픽상에서 가공을 시뮬레이션하여 가공검증을 실시하는데 이것은 불량방지와 생산성 향상 그리고 가공 시간 및 코스트를 줄이고 공구 사용을 최적화하기 위함이다.

■ CL File(Cutter Location File)

공구위치정보, 즉 공구경로 등 후처리를 위한 모든 정보가 들어 있는 파일이다.

- CL은 공구 위치를 의미한다.
- 메모장(Notepad), 워드패드(Wordpad)에서 파일을 Open 할 수 있다.

■ 후처리(Postprocessing)

모델링된 부품 형상을 가공하여 만든 CL Data를 NC 공작기계가 이해할 수 있는 Code 로 변환시키는 것이다.

■ PTP(Paper Tape Punch)

File을 Post Builder에서 *.nc로 확장자 변경이 가능하다. 출력단위는 Metric/PART를 적용한다.

⑱ 다시 대화상자에서 '확인', '확인'을 눌러서 빠져나온다.

그림처럼 'PLANAR_MILL'에 마우스로 위치시켜 활성화한 후 MB3를 누른다.

'포스트 프로세스'에서 MB1(마우스 버튼 1번)으로 선택한다.

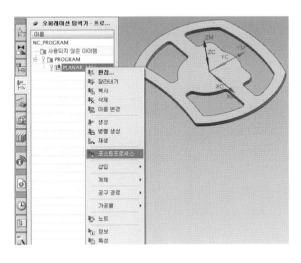

⑲ 대화상자에서 그림처럼 포스트 프로세스 창에서 3축(고정 3축)가공에 해당되는 Mill_3_Axis를 선택하고 출력파일에서는 'PTP →NC'로 변경, 단위는 미터법으로 설정 후 '확인(확인)'을 선택한다.

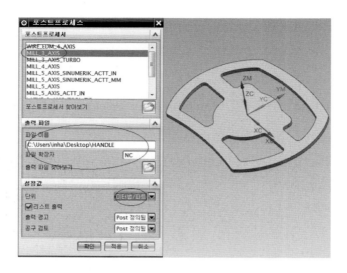

⑳ NC Data를 생성한다. 여기서 왼쪽은 수정 전, 오른쪽의 NC Data는 기계(Vision 380M)에 맞게 수정된 NC Data이며, 이것은 각각 제조업체별로 다르므로 기계에 맞게 수정해야만 한다.

㉑ 머시닝센터를 이용하여 안쪽 부분에 대한 가공이 완료되었다.

(8) 가공경로 생성과 가공(6.0 mm 구멍 뚫기)

① '표시 및 숨기기()' 아이콘을 선택한 후 나타난 대화상자에서 그림처럼 스케치를 활성화한 후 '+(표시 스케치)'를 MB1으로 선택(원호 8개)하면 그림과 같다.

'닫기'를 선택하여 빠져나온다.

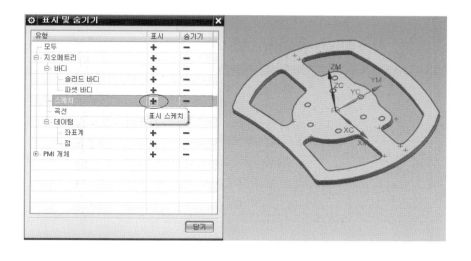

■ 드릴링(Drilling_6.0 mm)을 하기 위하여 원호의 중심점이 필요하다.
- 드릴의 선단각은 118° 이며, 재질은 일반적으로 고속도강을 사용한다.

■ 센터드릴링은 구멍 뚫기 작업 전에 중심을 정확하게 잡아주는 작업이다.
- 작업공정 및 재질에 따라 생략할 수도 있다.
- 센터드릴의 지름은 3, 4, 5 mm 등이 많이 사용된다(센터각도: 60°).
- 교재는 재질은 알루미늄(Al)이며, 두께(5.0 mm)가 얇으므로 생략한다.
 - 센터드릴링 작업은 일반 드릴링 작업과 비슷한 공정이다.

■ 드릴링(Drilling) 작업
- 표준 드릴링: 얇은 재료의 구멍을 한 번에 뚫을 때 이용된다.
- 펙 드릴링: 두꺼운 재료의 구멍을 뚫을 때 일정깊이(−Z값)만큼 드릴링 후 재료 표면 밖으로 퇴각한 후 다시 드릴링을 실행하는 방법으로, 구멍이 뚫릴 때까지 반복 실행한다.

② '메뉴/삽입/오퍼레이션/드릴'을 선택하거나 홈/오퍼레이션을 선택한다.
그림의 원호부분처럼 PROGRAM/DRILL_6.0/WORKPIECE/METHOD을 입력한 후 확인(확인)을 선택한다.

③ 대화상자에서 '구멍 지오메트리 선택 및 편집(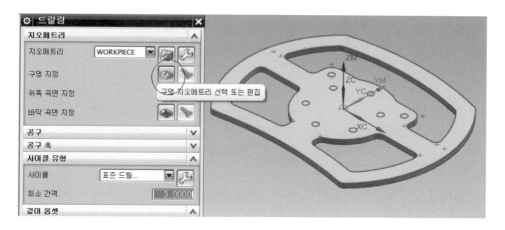)' 아이콘을 선택한다.

④ 대화상자에서 '선택'을 클릭(MB1)한다.

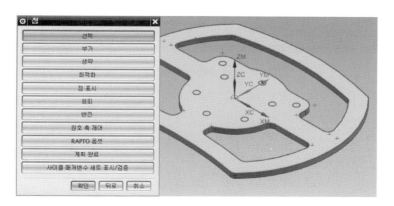

⑤ '점/원호/구멍' 선택에 있어서 원호(8개)를 선택하고 확인을 선택한다.

다시 나타난 '점' 대화상자에서 확인을 선택한다.

화면표시( ) 아이콘이 활성화된 것을 볼 수 있다.

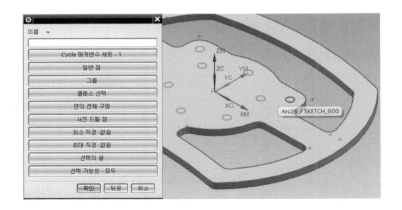

⑥ 드릴링 대화상자의 지오메트리에서 '위쪽 곡면 지정()' 아이콘을 선택하면 나타
난 '윗쪽 곡면' 대화상자에서 옵션을 '면'으로 변경한 후 모델링의 윗면을 선택한다. 윗면
이 선택된 모델링을 확인하고 대화상자에서 확인(확인)을 선택하고 빠져나온다.

화면표시(✎) 아이콘이 활성화된 것을 볼 수 있다.

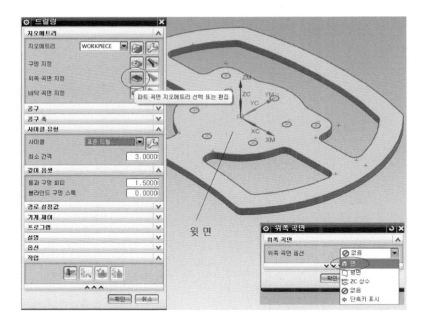

⑦ 드릴링 대화상자의 지오메트리에서 '바닥 곡면 지오메트리 또는 편집(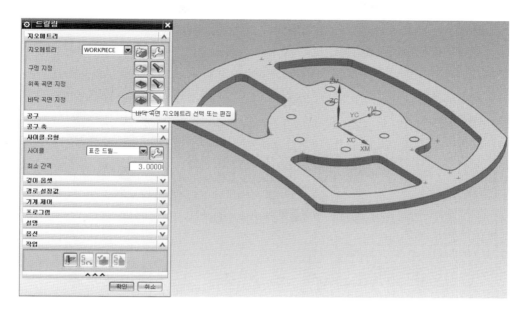)' 아이콘을 선택한다.

⑧ '바닥 곡면' 대화상자에서 옵션을 '면'으로 변경한 후 모델링의 바닥면을 선택한 후 확인을 선택한다.

화면표시(🔧) 아이콘이 활성화된 것을 볼 수 있다.

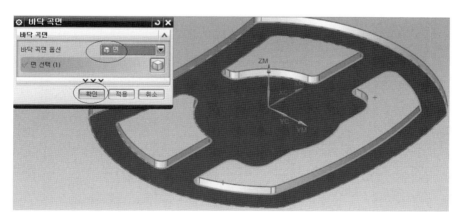

⑨ 드릴링 대화상자의 '사이클 유형'에서 사이클을 '표준드릴'을 선택한다.

■ '최소간격'은 R점(복귀) 위치 지정값으로 교재(원호 부분)에서는 3.0을 입력한다.

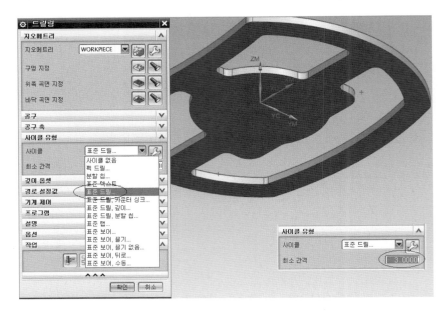

⑩ 드릴링 대화상자의 '사이클 유형'에서 사이클을 '매개변수 편집(🔧)' 아이콘을 선택하고, 그림처럼(오른쪽 아래 부분) 개수 지정 대화상자에서는 기본값 그대로 하고 확인버튼을 선택한다.

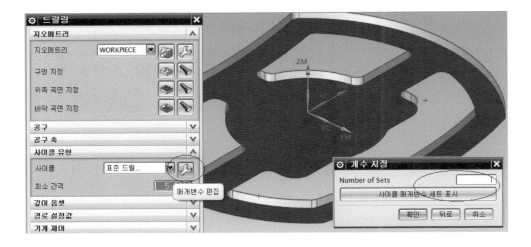

⑪ Cycle 매개변수 대화상자에서 '모델 깊이'를 선택, 이어서 나타난 Cycle 깊이 대화상자에서 '바닥 곡면을 통해'를 선택 후 확인(확인)을 선택한다.

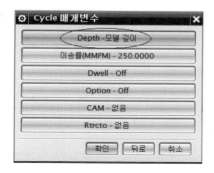

■ (참고) Cycle의 '공구 팁 깊이'에서는 센터드릴링 시 이 값을 선택하고 공구 팁의 깊이를 지정(교재 기준 시 깊이: 5.0)해 주면 된다.

⑫ Cycle 매개변수 대화상자에서 '이송률(MMPM)'을 선택, 이어서 나타난 Cycle 이송률 대화상자에서 'MMPM 120'으로 변경한 후 확인을 선택한다.

이어 나타난 Cycle 매개변수 대화상자에서 변경된 이송률 값을 확인하고, 확인(확인) 버튼을 누르고 빠져나온다.

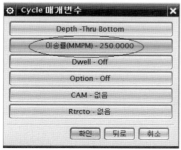

⑬ 경로설정 값에서 '회피(⬛)' 아이콘을 선택, 이어서 나타난 대화상자에서 'Clearance Plane-없음' 선택한다.

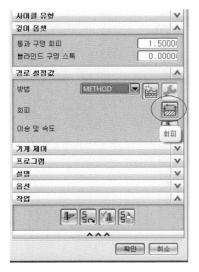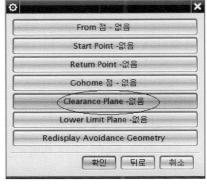

⑭ 회피 평면 대화상자에서 '지정'을 선택한다.

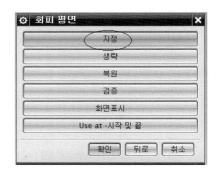

⑮ 지정할 평면을 정의할 객체를 그림처럼 선택(윗면)한다.

거리값 대화상자에는 그림처럼 10.0을 입력하고 확인을 선택한다.

다시 한번 확인(확인) 버튼을 선택한다.

'Clearance Plane-없음'에서 'Clearance Plane-활성'으로 변경된다.

다시 한번 확인(확인) 버튼을 선택한다.

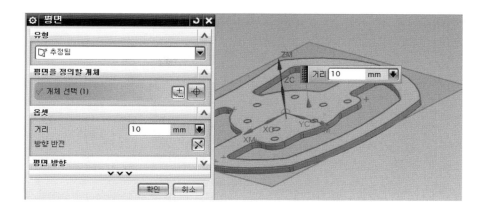

⑯ 경로설정 값에서 '이송 및 속도(⊕)' 아이콘을 선택, 이어서 나타난 대화상자의 스핀들 속도(RPM)값만 2000으로 변경시키고 확인을 선택한다.

■ (참고) 사용자 정의에 따라서 '이송 및 속도'의 대화상자에서 스핀들 속도 및 절삭 이송률(Feed)을 변경해도 무방하다.

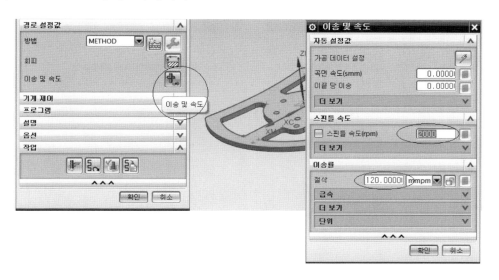

⑰ 기계제어에서 '편집(🔧)' 아이콘을 선택한다.

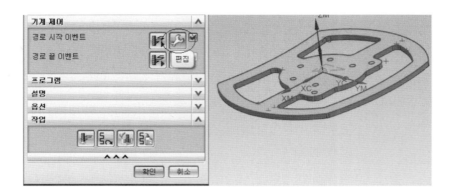

⑱ 기계제어에서 '편집(🔧)' 아이콘을 선택하여 보조기능(M 기능)을 조정한다. 대화상자에서 'Coolant On'을 더블클릭하면, '냉각수 설정' 대화상자에서 기본값을 그대로 확인하면 그림처럼 냉각수(Coolant On)가 등록(M08)됨을 알 수 있다. 대화상자에서 확인(확인) 버튼을 선택한다.

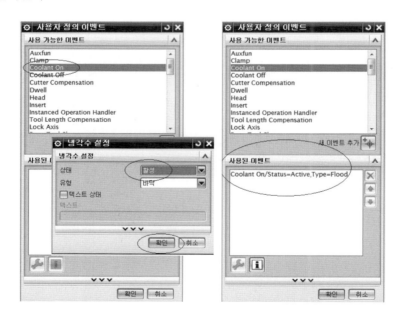

⑲ 작업에서 '생성(🔧)' 아이콘을 선택하면 가공경로가 생성된다.
그래픽상에서 안전높이, 이동경로, 가공깊이 등을 볼 수 있다.

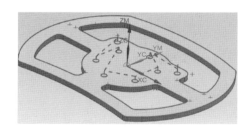 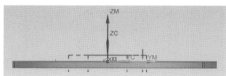

⑳ 다시 작업에서 '검증( )' 아이콘을 선택하면 '공구경로 시각화' 대화상자가 나타난다. 여기서 '재생'을 선택하고 '단계( )' 아이콘을 마우스로 클릭할 때마다 절삭공구의 이동경로가 화면상에 나타난다.

이어서 '2D 동적'을 선택하고 '단계( )' 아이콘을 또는 '재생( )' 아이콘을 선택하여 가공검증을 실시한다.

구멍 뚫기(드릴링) 가공에 대한 가공경로는 완성(확인)되었다.

드릴링 대화상자에서 확인(확인) 버튼을 선택하여 빠져나온다.

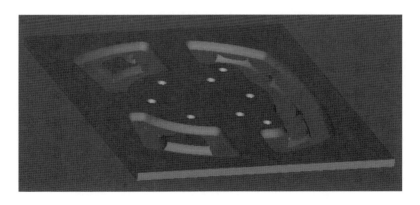

㉑ 그림처럼 'Drill'에 마우스로 위치시켜 활성화한 후 MB3을 누른다.

'포스트 프로세스'에서 MB1(마우스 버튼 1번)으로 선택한다.

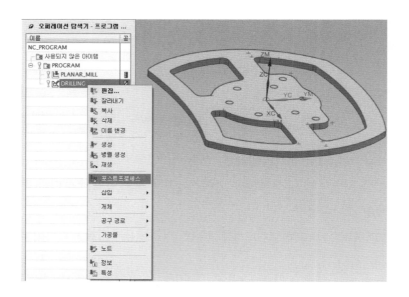

㉒ 대화상자에서 그림처럼 포스트 프로세스 창에서 3축(고정 3축)가공에 해당되는 Mill_3_Axis를 선택하고 출력파일에서는 'PTP → NC'로 변경, 단위는 미터법으로 설정 후 '확인'을 선택한다.

파일이름은 사용자가 정의하거나 저장위치를 변경해도 무방하다.

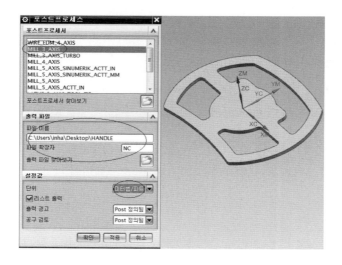

㉓ NC Data를 생성한다. 여기서 왼쪽은 수정 전, 오른쪽의 NC Data는 기계(Vision 380M)에 맞게 수정된 NC Data이며, 이것은 각각 제조업체별로 다르므로 기계에 맞게 수정해야만 한다.

정보 리스트가 생성되었습니다 : inha
날짜   : 2015-04-22 오후 5:30:24
현재 작업 파트   : C:\Users\inha\Desktop\HANDLE.prt
노드 이름   : lee

```
N0010 G40 G17 G90 G71
N0020 G91 G28 Z0.0
N0030 T07 M06
N0040 G00 G90 X-40. Y27. S2000 M03
N0050 G43 Z10. H07
N0060 G81 X-40. Y27. Z-8.3026 R5. F120.
N0070 X-25.9808 Y-15.
N0080 Y15.
N0090 X0.0 Y-30.
N0100 X25.9808 Y-15.
N0110 Y15.
N0120 X0.0 Y30.
N0130 X40. Y27.
N0140 G80
N0150 G00 Z10.
N0160 M02
%
```

정보 리스트가 생성되었습니다 : inha
날짜   : 2015-04-22 오후 5:30:24
현재 작업 파트   : C:\Users\inha\Desktop\HANDLE.prt
노드 이름   : lee

```
N0010 G40 G00 G90 G80 G44
N0020 T07 M06
N0030 G54
N0040 G00 G90 X-40. Y27. S2000 M03
N0050 G43 Z10. H07 M08
N0060 G81 X-40. Y27. Z-8.3026 R5. F120.
N0070 X-25.9808 Y-15.
N0080 Y15.
N0090 X0.0 Y-30.
N0100 X25.9808 Y-15.
N0110 Y15.
N0120 X0.0 Y30.
N0130 X40. Y27.M09
N0140 G80
N0150 G00 Z10.
N0160 M30
%
```

㉔ 머시닝센터를 이용하여 구멍 뚫기(드릴링)에 대한 가공이 완료되었다.

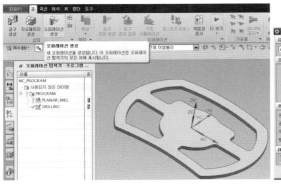

(9) 가공경로 생성과 가공(바깥쪽 부분)

① 그림처럼 '홈/오퍼레이션 생성(▦)'을 선택하거나 '메뉴/삽입/오퍼레이션/mill_planar' 에서 벽면정삭(▦) 아이콘을 선택한 후, 프로그램은 PROGRAM, 공구는 FEM_10, 지오메 트리는 WORKPIECE, 방법은 METHOD로 변경한 후 확인을 선택한다.

※ FINISH_WALLS(벽면 정삭)에서 지오메트리의 편집(🔧) 아이콘을 클릭하여 가공물의 대화상자에서 파트(Part)와 블랭크(Blank)가 설정(🔨)되어 있지 않으면 설정하고 되어 있으면 확인 버튼을 선택한다.

■ 파트 스톡(Part Stock): 가공할 형상에 여분의 절삭량을 남겨두는 것으로, FINISH_WALLS(벽면 정삭)에서는 정삭작업에 해당되므로 파트 스톡(Part Stock:가공 여유량)의 기본값은 0.00이다. 기본값을 확인한다.

② 대화상자의 지오메트리에서 '파트경계지정(🧊)'을 선택한다.

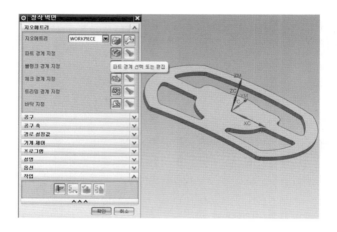

③ '경계 지오메트리' 대화상자의 모드를 '곡선/모서리'로 변경한다.
   재료방향은 '내부' 기본값을 그대로 유지한다.

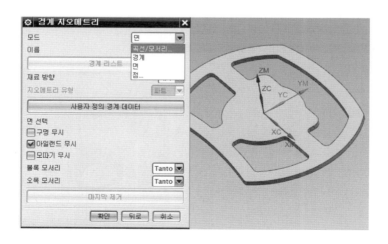

■ (참고) 재료방향(Material Side): 선택한 파트(Part) 재료의 내부와 외부에 대한 영역을 설정하는 것으로 내부(Inside)는 외벽을 가공하고 내측부가 남아있게 되고, 외부(Outside)는 주로 포켓을 가공할 경우 사용되며 내측면을 가공할 때 지정한다.

④ '경계 생성' 대화상자의 유형/닫힘, 재료방향/내부를 사용하며 그림처럼 '접하는 곡선'으로 변경하고 솔리드 도형의 바깥쪽(외곽)의 곡선커브(원 표시 부분)가 있는 위치에서 선택한다.

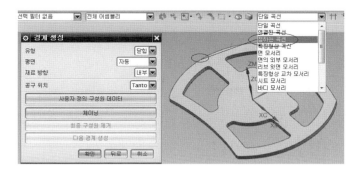

⑤ '경계 생성' 대화상자에서 선택된 경계의 '직선/모서리'를 보여주고 있다. 확인을 선택하고 다시 경계 지오메트리 대화상자가 나타나면 기본값을 변경하지 않고 '확인'을 선택한다.

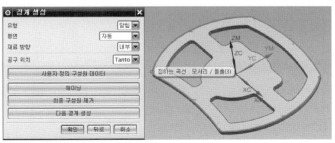

⑥ 정삭 벽면 대화상자가 다시 나타나며 지오메트리에서 '바닥 평면 지오메트리(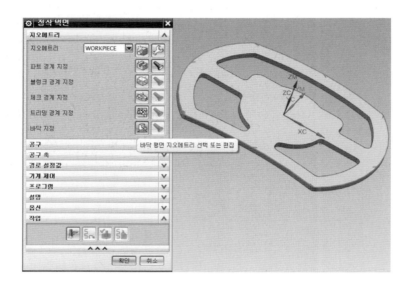)
선택/편집'을 선택한 후 바닥면을 정의한다.

솔리드 도형을 회전시켜 바닥면을 선택하도록 하며, 선택된 평면의 거리값은 1을 입력
하고 확인한다.

■ (참고) 선택된 평면 방향벡터의 화살표 방향은 아래 방향으로 향하므로 1의 값으로
입력하면 총 깊이는 6.0 mm이다(재료두께: 5.0 / 바닥깊이: 1.0).

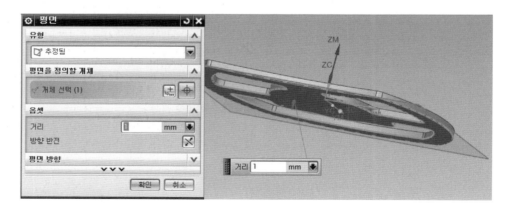

⑦ 정삭 벽면 대화상자가 다시 나타나며 '경로 설정값' 매개변수를 그림처럼 변경한다. 절삭수준(바닥만), 절삭매개변수(하향 절삭/깊이를 우선), 비절삭 이동(겹침 거리 2.0), 이송 및 속도(회전 1500/이송 130)로 정의한다.

※ 비절삭 이동(시작/드릴 점)은 사용자 정의에 의해 절삭공구가 처음 위치해서 절삭을 시작하는 점을 지정할 때 유용하게 이용된다.

■ 프로파일(Profile)은 Tool의 측면을 사용하여 가공하는 것으로, 공구직경(% Tool Flat)을 선택하고 평평한 직경의 퍼센트는 기본값 50.0을, 추가패스는 0을 입력하고 확인을 선택한다.

 - 추가 패스(Additional Passes)는 절삭패턴이 프로파일(🔟)로 설정되면 활성화되며, 추가패스 항목이 0(ZERO)일 때는 1회전, '1'일 경우는 2회전(2회 가공)하여 절삭을 실행한다.

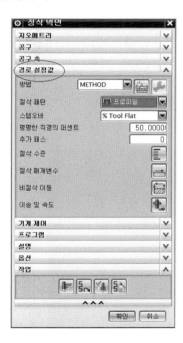

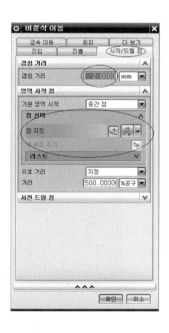

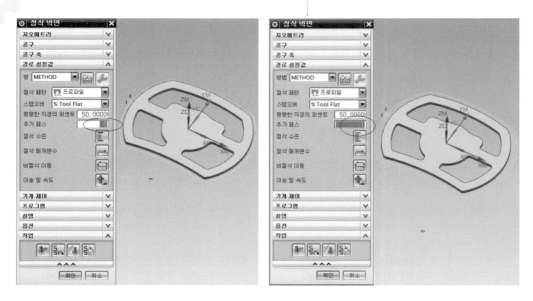

⑧ 위의 대화상자의 작업에서 '생성( )' 아이콘을 선택하면 가공경로가 생성을 확인하고 다시 작업에서 '검증( )' 아이콘을 선택하면 '공구경로 시각화' 대화상자가 나타난다. 여기서 '재생'을 선택하고 '단계( )' 아이콘을 마우스로 클릭할 때마다 절삭공구의 이동경로가 화면상에 나타난다.

이어서 '2D 동적'을 선택하고 '단계( )' 아이콘을 또는 '재생( )' 아이콘을 선택하여 가공검증을 실시한다.

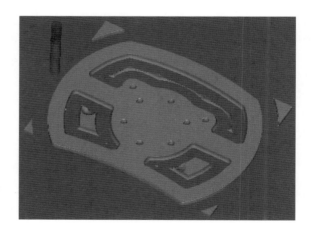

다시 대화상자에서 '확인', '확인'을 선택하여 빠져나온다.

⑨ 그림처럼 'FINISH_WALLS'에 마우스로 위치시켜 활성화한 후 MB3를 누른다. '포스트 프로세스'에서 MB1(마우스 버튼 1번)으로 선택한다.

⑩ 대화상자에서 그림처럼 포스트 프로세스 창에서 3축(고정 3축)가공에 해당되는 Mill_3_Axis을 선택하고 출력파일에서는 'PTP → NC'로 변경, 단위는 미터법으로 설정 후 '확인'을 선택한다.

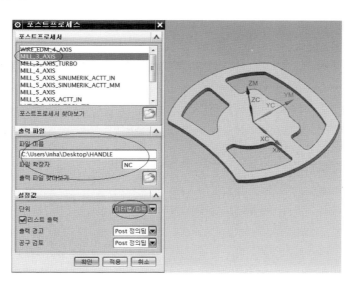

⑪ NC Data를 생성한다. 여기서 왼쪽은 수정 전, 오른쪽의 NC Data는 기계(Vision 380M)에 맞게 수정된 NC Data이며, 이것은 각각 제조업체별로 다르므로 기계에 맞게 수정해야만 한다.

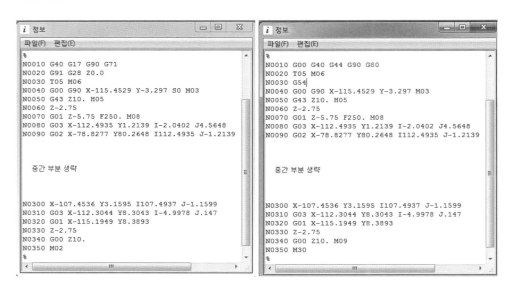

⑫ 머시닝센터를 이용하여 바깥(외곽)쪽 부분에 대한 가공이 완료되었다.

4.3.3. 모델링과 CAM-2(3차원 가공)

(1) 도면 및 작업공구 준비하기

도면을 확인한다. 치수 및 공차와 관련된 내용을 주의 깊게 살펴본다.

① 도면 준비하기

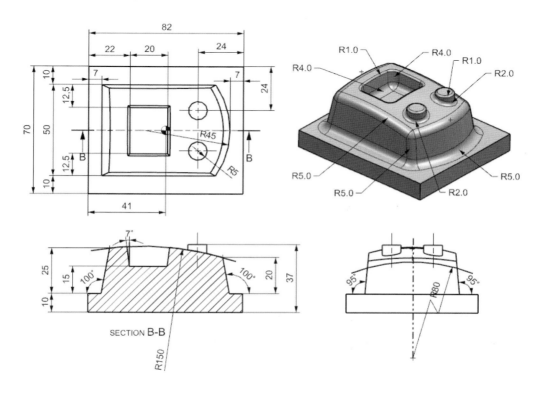

② 공구 준비하기

가공에 사용할 공구와 공작물은 가공하기 전에 미리 기계에 장착해 놓는다.

사용 공구명		주축회전수 (RPM)	이송속도 (mm/min)	비고
R2.0 엔드밀	정삭가공/ 잔삭가공	2500	200	사용(Tin 코팅)
R3.5 엔드밀	중삭가공	2500	200	사용(HSS)
R5.0 엔드밀	황삭가공	2500	200	사용(HSS)
평줄, 방청유 종이걸래	수기가공			기타/ 마무리사용

(2) 모델링 작업

NX 9.0을 처음 실행하면 보이는 초기화면에서 새로 만들기 아이콘(☐ : Ctrl+N)을 실행한다.

작업을 위해서는 새로운 파트 파일을 생성해야 하므로 새로 만들기 선택 이후에 모델을 선택하고 파일이름과 저장할 폴더를 입력한 다음 확인한다.

① 삽입 / 🔳 타스크 환경의 스케치(Ⅴ)... 선택하거나 타스크 환경의 스케치(🔳) 아이콘을 선택한다. 그림처럼 스케치 유형은 평면상에서 기존평면에 XY평면을 선택 확인하고 스케치 모드로 들어간다.

② 도면을 참조하여 아래 그림과 같이 스케치(스케치 순서 관계없음)한다.

직사각형, 선, 원과 호, 필렛, 치수, 트림, 곡선이동 옵셋 등 아이콘을 이용하여 스케치하고, 스케치를 구속(◢)시킨다.

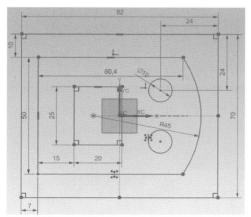

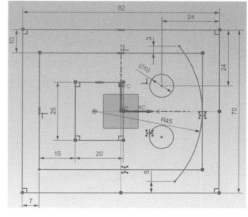

③ 스케치를 종료(🏁)하면 아래 그림과 같으며, 3차원 도형을 만들기 위한 2차원의 스케치가 완성되었다.

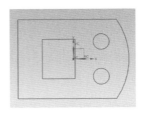

④ 돌출(📦) 아이콘을 선택하고 단면에서 곡선 선택(4)을 바깥쪽 스케치 커브(원호부분)를 '연결된 곡선'으로 하여 그림처럼 설정(두께: 10.0 mm, 돌출방향: 아래, 나머지 기본값 유지)하고 확인하면 그림과 같다.

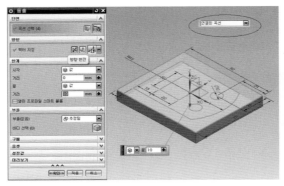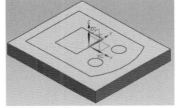

⑤ 다시 돌출(📦) 아이콘을 선택한다. 단면에서 곡선 선택(4)를 선택하고 안쪽 스케치커브를 '연결된 곡선'으로 하여 그림처럼 설정(두께: 40.0 mm, 부울: 결합)하고 구배를 선택(오른쪽 그림)해서 각각의 면(4곳) 구배(draft: 경사)를 조정한다. 그림에서 현재 선택된 면(각도1)은 5도를 보여주고 있다.

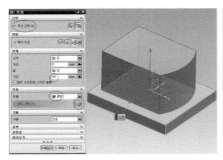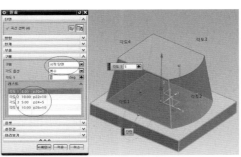

⑥ 확인을 선택하여 돌출 완성된 그림(가운데: 앞쪽(front) 방향)을 확인한다.

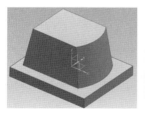

⑦ 곡선/타스크 환경의 스케치(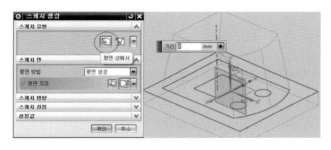)를 선택하여 그림처럼 스케치 유형은 평면상에 XZ평면을 선택하고 스케치 모드로 들어간다. 또는 홈/스케치(◨) 아이콘을 선택하고 유형에서 XZ평면을 선택한 후 확인을 선택할 수도 있다.

왼쪽 그림 방향은 트리메트릭이고, 오른쪽 그림은 앞쪽(front) 방향에서 본 그림이다. 생성된 스케치 작업평면은 앞쪽(front) 방향으로 설정한다.

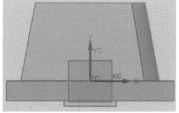

⑧ 홈/교차곡선(✎) 아이콘을 선택하고 1의 위치를 선택하고 적용하면 XZ평면과 교차된(선택활성화된 부분) 곳에 선이 그려진다.

이어서 2의 부분도 선택하고 적용한 후 확인을 누른다.

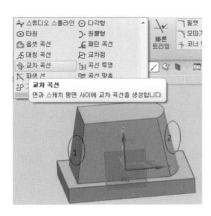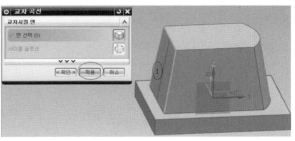

⑨ 솔리드 도형의 위치를 회전시켜 보면서 양면에 '교차 커브'가 만들어진 것을 확인한다.

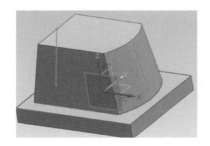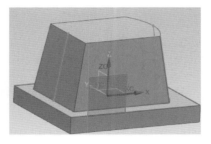

⑩ 그림과 같이 앞쪽(front) 방향으로 하여 점(＋)과 원호(◠) 아이콘과 치수를 이용하여 스케치한다. 원호가 지나야 하는 두 점의 위치(높이 25.0과 20.0)이며, 원호의 크기는 R150.0이다. 도형을 확인하고 스케치를 종료(🏁)한다.

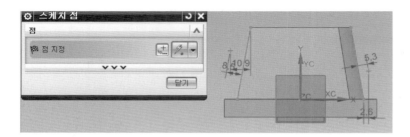

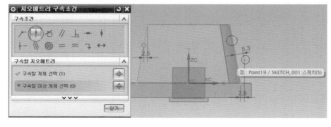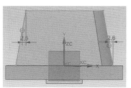

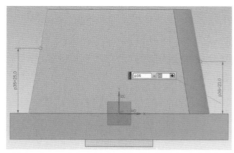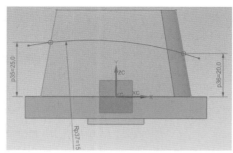

⑪ 이와 같은 도형을 회전시키면서 원호(R150.0)를 확인하여 본다.

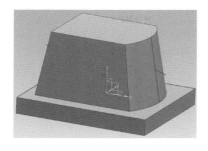 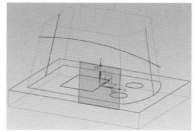

⑫ 곡선/타스크 환경의 스케치()를 선택하여 그림처럼 스케치 유형은 경로상()에서, 경로는 원호 R150.0의 오른쪽 끝부분을 선택한다.

이어서 스케치 평면과 작업좌표계가 나타나는데, 좌표계의 방향(Z 방향 축 3번)을 더블클릭하여 변경시키고, 스케치 방향에서 수평참조 선택(원호부분)은 오른쪽 방향 3번 위치의 커브를 선택하고 확인을 선택한다.

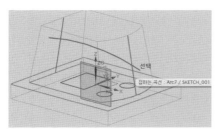 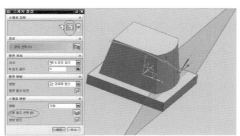

다음과 같이 선택된 스케치 커브(원호)에 대한 법선방향으로 스케치 평면(가운데 그림)이 생성되며 다음과 같다.

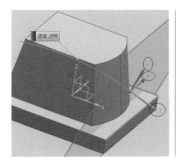 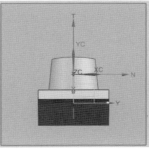 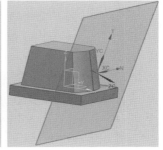

⑬ 원호(◝ : 3점에 의한 원호) 아이콘을 이용하여 순서 1과 2, 3번은 그림처럼 원호의 끝점과 일치시켜 원호를 생성하고 치수를 입력한다.

R80.0과 원호 중심을 좌표계에 일치시켜 구속(◢)시키며 치수를 기입하고 스케치를 종료(▩)한다.

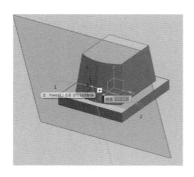
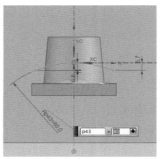

⑭ 메뉴/삽입/스위핑/가이드를 따라 스위핑(🍠)을 선택하거나 곡면/가이드를 따라 스위핑(🍠) 아이콘을 선택한다.

단면 곡선선택(1)과 가이드 곡선선택(2)을 선택하고 확인(확인) 버튼을 누르면 다음과 (오른쪽 맨 아래) 같다.

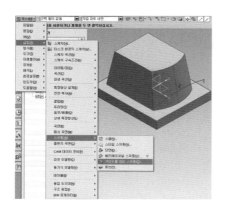
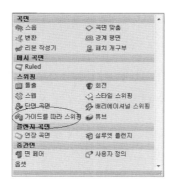

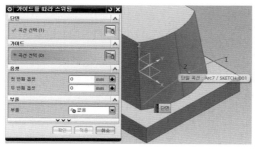
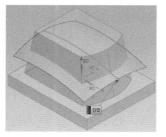

⑮ 솔리드의 윗부분을 자르기 위하여 바디 트리밍(▥) 아이콘을 선택한다.
타겟 선택에서 솔리드 도형(1번)을, 툴 선택은 면(2)을 선택한다.

화살표 방향이 잘려나갈 부분이므로 방향반전(원호부분)을 누르거나 화살표를 더블
클릭하면 그림과(오른쪽) 같이 변경된다. 확인(확인) 버튼을 선택하면 도형이 트리밍된다.

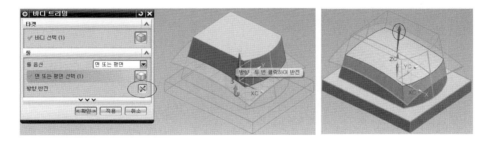

■ 필요 없는 스케치 커브를 화면에서 잠시 보이지 않도록 한다.

블랭크시키려는 도형에 마우스를 위치시키고 MB3을 누르면 드롭다운 메뉴가 나타나
며 숨기기를 선택하면 선택된 도형만 화면에서 보이지 않는다.

이와 같은 방법으로 1과 2 스케치 커브를 선택하여 블랭크(Ctrl+B: 화면에서 보이지 않
게)시켜놓으면 아래와 같다.

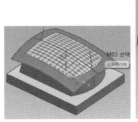
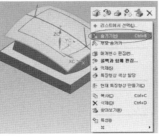

⑯ 모델링을 '와이어 프레임(🔲)'으로 변경시킨 후 돌출(🔳) 아이콘을 선택한다.

단면선택은 사각형(1번)을 연결된 곡선으로 한 후 선택하며, 한계에서 시작(15), 거리는 (선택까지)로 설정한다. 객체 선택 시 모델링의 윗면(2)을 선택, 부울은 빼기로 하며 바닥선택은 솔리드 도형(기본값)으로 한다.

구배값은 시작 한계로부터 7도로 설정한다. 바깥쪽으로 구배되는 모델링으로 하며 방향벡터(화살표 방향)에 주의하고, 확인(🔲) 버튼을 선택한다.

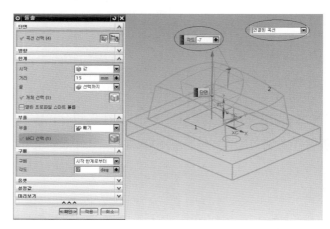
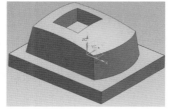

⑰ 다시 모델링을 '와이어 프레임(🔲)'으로 변경시킨 후 돌출(🔳) 아이콘을 선택한 후 돌출 단면은 두 개의 원호(1)를 선택하고, 한계에서 시작은 연장까지(객체 선택 윗면 2를), 끝은 거리값은 27로 입력한다.

부울은 결합으로 하고 바다선택은 솔리드 도형(기본값)으로 한다.

확인(🔲) 버튼을 선택하면 다음과 같은 도형이 완성된다.

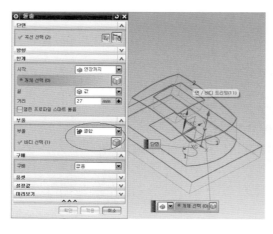
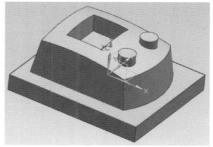

⑱ 모서리 부분에 대한 처리를 하기 위하여 홈/삽입/상세특징형상/모서리 블랜드를 선택하거나 모서리 블랜드(◈) 아이콘을 선택한다.

반경값은 5를 입력하고 그림처럼 4곳을 선택한 후 적용(적용)을 선택한다.

솔리드 도형 바깥쪽 부분은 '접하는 곡선'으로 하여 도형의 윗부분과 아랫부분에 대해서도 같은 작업을 반복한다.

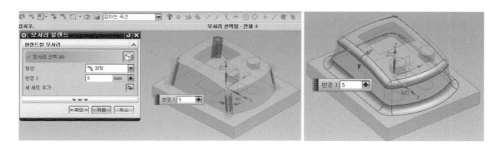

안쪽 부분도 반경값은 4를 입력하고 그림처럼 4곳을 선택한 후 적용(적용)을 선택한다.

솔리드 도형 안쪽 부분은 '접하는 곡선'으로 하여 도형의 바닥 부분에 대해서도 같은 작 업을 반복한다. 확인(확인) 버튼을 선택하면 그림과 같다.

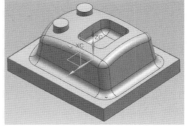

⑲ 돌출 부분에 대한 반경값은 2를 입력하고 그림처럼 2곳을 선택한 후 적용(적용)을 선택한다.

⑳ 나머지 부분에 대한 모서리 블랜드 값은 모두 1로 입력 후 객체를 선택하고 확인(확인) 버튼을 선택하면 최종 완성된 모델링은 그림과 같다.

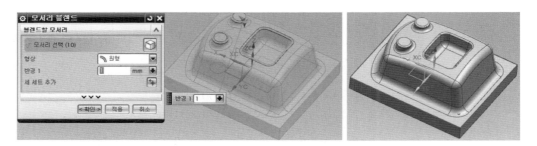

■ 모델링에 남아 있는 스케치 커브와 좌표계는 숨기기(Ctrl+B)를 이용하여 화면에서 보이지 않게 한다.

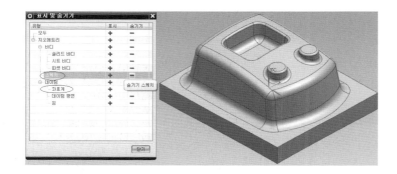

(3) CAM 프로그래밍

① CAM 프로그래밍 시작하기

모델링된 형상을 CAM 프로그래밍을 하기 위하여 프로그램에서 '파일/제조'를 선택하거나 키보드에서 직접 'Ctrl+Alt+M'을 선택한다.

② 가공환경에서 'CAM 세션구성은 cam_general'과 '생성할 CAM 설정은 mill_contour'을 선택하고 확인(확인) 버튼을 누른다.

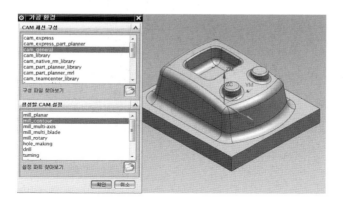

■ Cavity Mill: 황삭 및 중삭을 위한 가공방법으로 Z Level Cutting이라고 하며 자동 Data 값을 산출할 수 있으며, X, Y, Z값이 동시에 3축이 이동하면서 가공이 불가능하다(예: X, Y가 움직이고 나서 Z값이 움직이는 형태).

■ Fixed Contour: 주로 중삭 및 정삭, 잔삭에 사용되며 모델의 윤곽(Cont-tour)을 따라가며 가공이 가능하도록 되어 있으며, 펜슬가공, 포켓형상 가공, Boundary 가공 등이 포함된다(예: X, Y, Z값이 동시에 이동가능).

■ 3차원(3D) 가공방법 네 가지

ⓐ 황삭(Roughing)가공

소재가 완전히 모형을 갖추기 위해 정삭(마무리)작업에서 가공할 최소한의 부분만을 남기고 대충 쳐주는 작업으로 여유량은 0.5~1.0 mm 정도 남겨놓는다.

ⓑ 중삭(Semi-Finishing)가공

황삭 공구로 절삭하여 절삭 여유량이 0.5 mm가 훨씬 남거나 이 상태에서 직접 정삭 가공을 하면 가공부하가 많아 정상이송을 내기 어려울 때 사용하며, 여유량은 0.3~0.5 mm이다.

ⓒ 정삭(Finishing)가공

황삭가공에서 대충 쳐내고 남은 최소한의 부분을 마무리로 실제 형상과 똑같은 모양으로 만드는 작업으로 여유량은 0 mm이다.

ⓓ 잔삭가공

가공의 효율성을 좋게 하기 위하여 큰 직경의 엔드밀로 가공 후 작은 직경의 엔드밀로
남은 영역(코너 부위에 존재하는 미절삭부분)을 자동으로 찾아 가공하는 방법이다.

※ Ball E/M을 이용한 3D(곡면) 가공 시: 가공방향은 아래쪽에서 위로 올라오도록 한
다. 주축회전수가 빨라도 공구중심부의 절삭속도는 아주 느리며, 중심축선에서는 거의
영(Zero)에 가깝다. 따라서 공구중심부는 가능한 공작물과 접촉하지 않도록 하는 것이
좋으며, 그러기 위해서는 아래에서 위로 가공해 오는 것이 유리하다. 또 위로 가공해 올
라오면 가공 중 발생한 칩에 대한 영향도 줄일 수 있는 장점도 있다.

③ 리소스 바의 오퍼레이션 탐색기를 열어서 마우스를 위치시킨 상태에서 MB3을 클릭
한 후 나타난 메뉴에서 '지오메트리 뷰'를 선택한다.

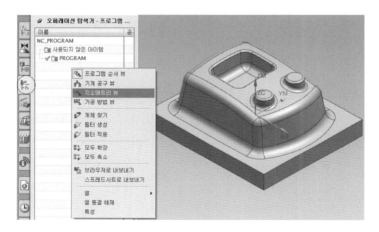

④ MCS_MILL에 마우스를 위치시킨 상태(활성화)에서 MB3을 누른 후 '편집'을 선택하
거나 또는 MCS_MILL을 더블클릭하면 아래 그림과 같다.

⑤ 솔리드 도형생성의 원점과 기계좌표계(MCS)를 일치(가공원점)시키며, 모델링 최상단 위치의 Z값을 직접입력(28.0)한다.

안전간격 거리값(10.0)은 공구가 다음경로로 이동할 때 위치해야 할 Z값으로 기본값(사용자 변경가능)을 그대로 유지한다. 확인(확인) 버튼을 누른다.

오른쪽 맨 아래 그림은 기계좌표계가 설정된 상태를 보여주고 있다.

■ 참고: Z축을 마우스(MB1)로 누른 상태를 유지한 후 필요한 위치에서 마우스를 놓으면 그 위치에 Z값을 설정할 수도 있다.

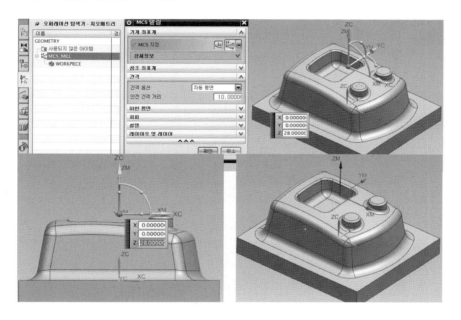

■ MCS(Machine Coordinate System: 기계좌표계)

기계좌표계 시스템을 설정하는 기능으로, 가공을 하기 위해 필요한 가공원점을 지정하는 과정이다.

⑥ MCS_MILL의 앞부분의 '⊕'를 누른 후 WORKPIECE를 선택(활성화)하고 마우스를 위치시킨 상태에서 MB3을 누르면 아래와 같은 메뉴가 나타나며 여기서 '편집'을 선택하거나 또는 'WORKPIECE'를 더블클릭한다.

가공물 대화상자의 지오메트리에서 파트(Part) 지정(⬢) 아이콘을 선택한다.

⑦ 파트 지오메트리(Part Geometry) 대화상자에서 모델링 형상(객체 선택) 모두를 선택하고 확인을 선택한다.

파트 지정이 완료되면 우측에 화면표시(⬛) 가 나타난다.

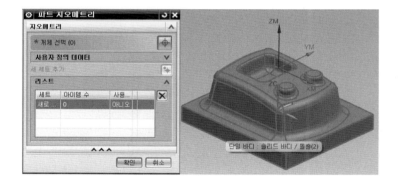

■ 파트 지오메트리(Part Geometry)는 가공하고자 하는 형상(재료)이다.

⑧ 가공물 대화상자의 지오메트리에서 블랭크(Blank) 지정(⬢) 아이콘을 선택한다. 유형에서 라디오 버튼(▼)을 선택 후 '경계 블럭'으로 설정한다.

파트 지오메트리(Part Geometry)에 대하여 최 외곽의 경계블록으로 표시되고, 대화상자의 한계 입력란에 값을 입력함으로써 크게(+) 또는 작게(−) 설정 가능하도록 되어있다.

기본값을 확인하고 블랭크 지오메트리 대화상자에서 확인을 선택한다.

블랭크 지정이 완료되면 우측에 화면표시(⬛)가 나타난다.

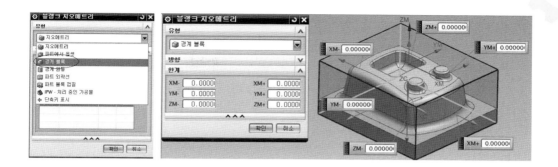

■ 블랭크(Blank) 지정은 절삭가공을 위한 초기의 피삭재를 설정해 주는 과정으로 모델링한 형상을 감싸고 있는 가공 전 피삭재의 초기형상이다.

절삭은 Part로 선택된 영역과 Blank 영역 사이에서 이루어진다.

⑨ 가공물 대화상자가 다시 나타나며 가공물 대화상자에서 확인을 선택하여 빠져나온다.

■ 화면표시(🔧) 아이콘은 선택된 도형을 표시하고 체크(Check) 지정(🔲) 아이콘은 절삭가공 중 가공을 피해야 하거나 간섭을 받을 수 있는 부위, 가공 영역을 조정해야 하는 경우 등 가공이 적합하게 이루어 질 수 있도록 할 때 선택적으로 사용할 수 있다.

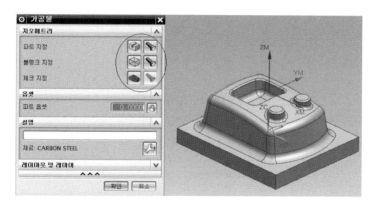

(4) 공구 설정과 등록하기

① 공구 설정하기(Ball_R5.0)

제조(Manufacturing)에서 '홈/공구생성(🔧) 아이콘'을 또는 '메뉴/삽입/공구'를 선택한다.

공구생성 대화상자에서 유형은 mill_contour, 공구 하위 유형은 BALL_MILL, 이름은 Ball_R5.0을 입력하고 확인(확인) 버튼을 누른다.

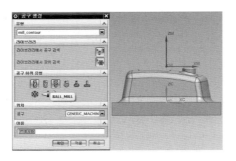

② 대화상자의 공구에서 공구(볼)직경 10.0, 공구번호(T05)5번, 공구보정 (D05)5번, 나머지는 기본값을 확인하고 확인(■확인■) 버튼을 누른다.

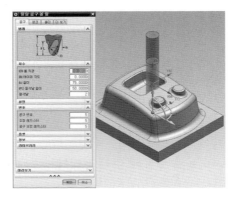

③ 공구 설정하기(Ball_R3.5와 Ball_R2.0): 위의 Ball_R5.0 입력과 같은 방법으로 R3.5와 R2.0을 입력한다.

공구에서 공구(볼)직경 R7.0은 공구번호(T06)6번, 공구보정 (D06)6번과 공구(볼)직경 R2.0은 공구번호(T07)7번, 공구보정 (D07)7번을 입력하고, 나머지는 기본값을 확인하고 확인(■확인■) 버튼을 누르면 아래와 같다.

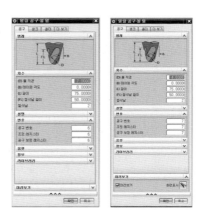

(5) 황삭(Roughing)가공 경로생성

① '메뉴/삽입/오퍼레이션/캐비티 밀링'을 선택하거나 홈/오퍼레이션 생성(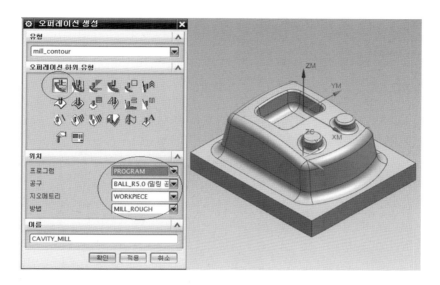)을 선택한
후 캐비티 밀링(   )을 선택하고 그림처럼 설정한 후 확인을 누른다.

② 대화상자에서 경로 설정값의 편집(   ) 아이콘을 선택하여 파트스톡(Part Stock)을
0.5로 입력하고 확인 버튼을 선택한다.

나머지는 그림(원호부분)처럼 입력하고 절삭수준을 선택한다.

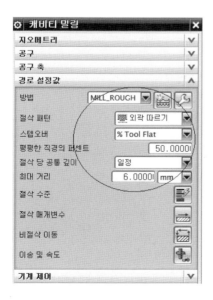

04
프로그래밍의 자동화

③ '절삭수준'에서는 깊이가공을 총 2단계로 나누어 가공(1단계 깊이 12 mm를 2.0 mm 씩 가공, 2단계는 깊이 27.0까지 4.0 mm씩) 깊이를 조정한다.

먼저 1단계의 절삭당 깊이는 그림처럼 가공깊이를 마우스로 면을 선택하거나 직접 입력 한다.

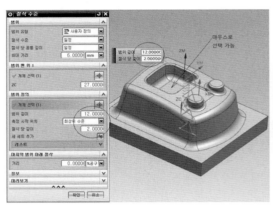
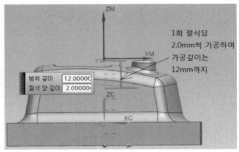

이어서 2단계의 절삭당 깊이는 '세 세트 추가'에서 활성화된 바닥부분(깊이 27.0)을 마우스로 선택하고 나서 오른쪽 그림처럼 범위 깊이(마우스로 선택된 기본값)와 절삭당 깊이(4.0)를 입력하고 확인(확인) 버튼을 누른다.

절삭 가공량이 다른 2단계의 가공경로가 생성된다.

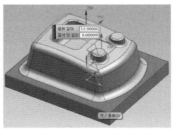

④ 절삭 매개변수를 선택하고 전략에서 그림처럼 입력하고 절삭각도는 45°로 입력하고 나머지는 기본값을 유지하고 확인(확인) 버튼을 누른다.

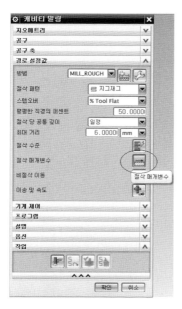

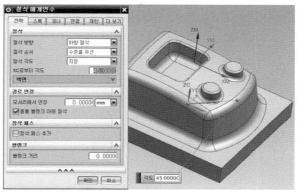

■ Intol과 Outol

3차원 NC 가공에서는 항상 직선보간에 의하여 곡면을 가공하므로 직선보간 오차가 생기게 된다.

실제 곡면을 깎아먹는 양을 내부공차(inside tolerance: intol), 덜 깎고 남기는 양을 외부공차(outside tolerance: outtol)로 지정한다.

⑤ 비절삭 이동()은 기본값을 그대로 유지하고 이송 및 속도()를 선택하고 그림처럼 입력하고 확인(확인) 버튼을 누른다.

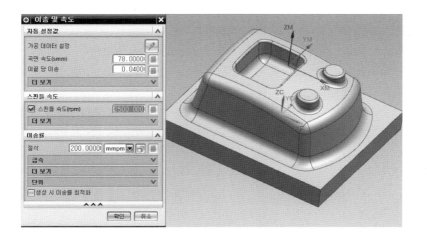

⑥ 작업에서 '생성()' 아이콘을 선택하면 가공경로가 생성된다.

그래픽상에서 안전높이, 이동경로, 가공깊이 등을 볼 수 있다.

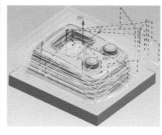
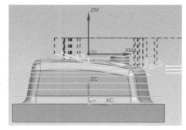

⑦ 다시 작업에서 검증() 아이콘을 선택하면 '공구 경로 시각화' 대화상자가 나타난다. 여기서 '2D 동적'을 선택하고 재생(▶) 아이콘을 선택하여 가공검증을 실시한다.

최외곽에 대한 황삭 가공경로는 완성되었다. 확인을 선택하여 빠져나온다.

⑧ 리소스 바에 그림과 같이 CAVITY_MILL이 생성된 것을 볼 수 있다.

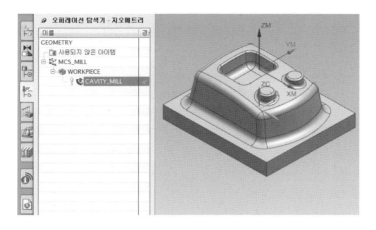

⑨ 황삭가공(Roughing) - 머시닝센터를 이용한 기계가공(Machining)이 완료되었다.

(6) 중삭(Semi-Finishing)가공 경로생성

① '메뉴/삽입/오퍼레이션/고정 윤곽(Fixed_Contour)'을 선택하거나 홈/오퍼레이션 생성 (📑)을 선택한 후 고정윤곽(⬇)을 선택하고 그림처럼 설정한 후 확인을 누른다.

② 대화상자의 드라이브 방법에서 '경계'의 편집(🔧) 아이콘을 선택한다.

오른쪽 그림처럼 경계 드라이브 방법의 대화상자에서 드라이브 지오메트리 지정(🗺) 아이콘을 선택한다.

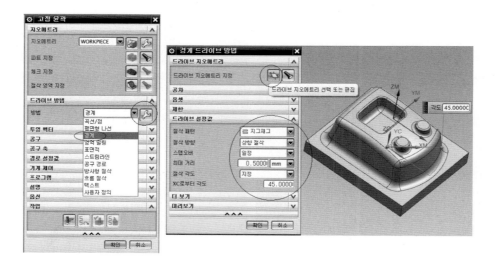

③ 경계 지오메트리의 모드에서 '곡선/모서리'를 선택하고 나타난 경계생성 대화상자에서 그림처럼 공구위치는 'ON'으로 설정하고 도형의 외곽 직선부분(순서와 위치 1, 2, 3, 4)을 순차적으로 선택하면 그림과 같다.

경계생성 대화상자의 확인(확인) 버튼을, 경계 지오메트리의 대화상자에서 확인(확인) 아이콘버튼을, 경계 드라이브 방법의 대화상자에서 확인(확인) 버튼을 누르면 경계곡선의 선택이 모두 완료된다.

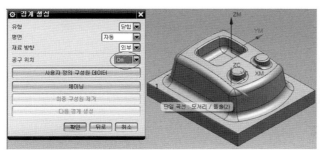

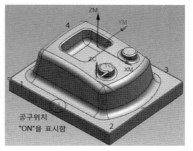

④ 대화상자에서 경로 설정값의 편집(🔧) 아이콘을 선택하여 파트스톡(Part Stock) 0.25(기본값)와 공차 입력값을 확인하고 확인 버튼을 선택한다.

⑤ 절삭 매개변수() 아이콘을 선택한 후 절삭 매개변수 대화상자의 '전략'에서 절삭 방향을 그림처럼 설정하고 확인(확인) 버튼을 누른다.

여기에서 스톡(가공 여유량)도 0.25값을 가지고 있다.

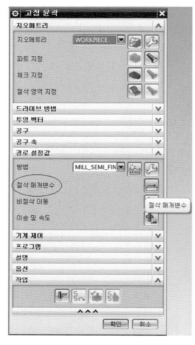
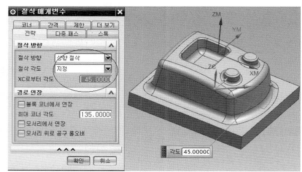

⑥ 비절삭 이동()은 기본값을 그대로 유지하고 이송 및 속도()를 선택하고 그림 처럼 입력하고 확인(확인) 버튼을 누른다.

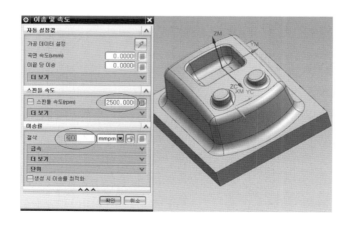

⑦ 대화상자의 맨 아래 왼쪽부분의 작업에서 생성() 아이콘을 선택하면 가공경로가 생성된다. 가공방향은 XY와 각도로부터 (45°)로 절삭이 이루어지며 그래픽상에서 안전높이, 이동경로, 가공깊이 등을 볼 수 있다.

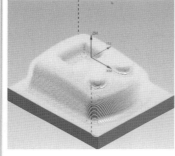
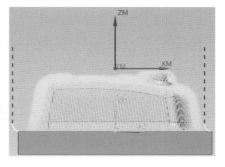

⑧ 다시 작업에서 검증() 아이콘을 선택하면 '공구 경로 시각화' 대화상자가 나타난다. 여기서 '2D 동적'을 선택하고 재생() 아이콘을 선택하여 가공검증(Verify)을 실시한후 확인을 선택하여 빠져나온다.

⑨ 리소스 바에 그림과 같이 FIXED_CONTOUR이 생성된 것을 볼 수 있다.

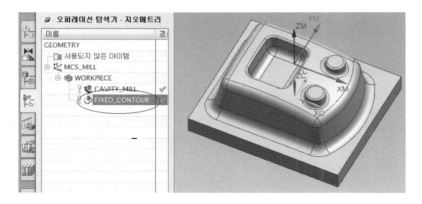

⑩ 중삭가공(Semi-Finishing)-머시닝센터를 이용한 기계가공(Machining)이 완료되었다.

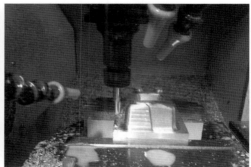

(7) 잔삭가공(FlowCut) 경로생성

FlowCut 작업은 Single, Multiple, Ref_Tool, Smooth로 구분되며 자동으로 절삭이 필요한 부위에 가공경로(Tool Path)가 생성된다.

절삭가공이 진행된 앞전의 Tool을 인식함으로 자동으로 남은 가공영역을 생성하여 절삭할 수 있도록 가공경로를 생성한다.

① '메뉴/삽입/오퍼레이션/플로우 컷 다중'을 선택하거나 홈/오퍼레이션 생성( )을 선택한 후 플로우 컷 다중( )을 선택하고 그림처럼 설정한 후 확인을 누른다.

② 대화상자의 지오메트리에서 '절삭영역지정( )' 아이콘을 선택한다.

그림처럼 절삭영역을 지정하기 위해 그림처럼 객체를 선택하고 확인을 누른다.

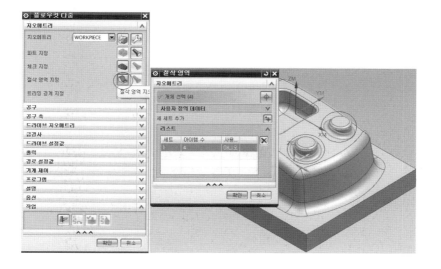

③ 플로우 컷 다중 대화상자에서 그림처럼 입력한다.

사용공구는 Ball_R2.0, 스텝오버 0.2, 측면당 스텝오버 수 2, 순서지정은 외부에서 안으로 지정한다.

오른쪽 그림의 경로 설정값 방법에서는 MILL_FINISH로 하고 가공 여유량은 0(Zero)으로 설정한다. 이송(Feed) 및 속도(RPM)에서 이송률은 200, 스핀들 속도는 2000으로 설정한다.

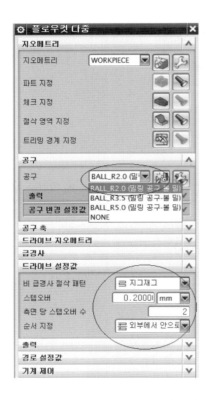 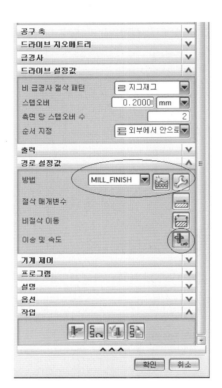

④ 작업에서 생성(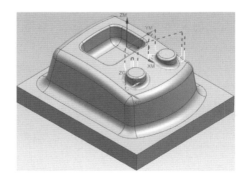) 아이콘을 선택하면 가공경로가 생성된다.

⑤ 작업에서 검증(🔳) 아이콘을 선택하면 '공구 경로 시각화' 대화상자가 나타난다. 여기서 '2D 동적'을 선택하고 재생(▶) 아이콘을 선택하여 가공검증(Verify)을 실시한다. 확인을 선택하여 빠져나온다.

⑥ 리소스 바에 오른쪽 그림과 같이 FLOWCUT_MULTIPLE이 생성된 것을 볼 수 있다.

⑦ 잔삭가공(FlowCut)-머시닝센터를 이용한 기계가공(Machining)이 완료되었다.

(8) 정삭(Finishing)가공 경로생성

이 정삭작업은 중삭작업과 같은 방법으로 실행하므로 간단히 중삭 가공경로를 복사(COPY)하여 몇 개의 가공데이터만 수정한 후 가공경로를 생성한다.

① 리소스 바에서 'FIXED_CONTOUR(고정 윤곽가공)'을 그림처럼 활성화한 후 MB3을 누른 후 나타난 드롭 메뉴에서 '복사'하고 이어서 같은 방법으로 다시 나타난 드롭 메뉴에서 '붙여넣기'를 선택하면 리소스 바에 그림과 같이 'FIXED_CONTOUR COPY'가 생성된 것을 볼 수 있다.

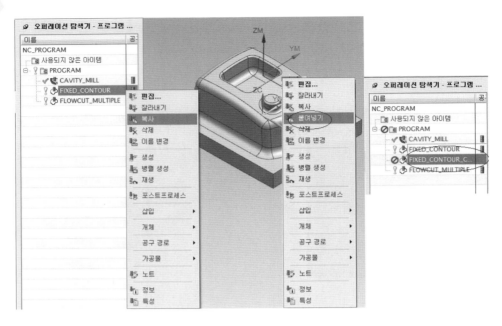

② 리소스 바에 복사된 'FIXED_CONTOUR_C'를 더블클릭하고 나타난 고정윤곽 대화
상자에서 절삭영역지정(🍴) 아이콘을 선택한다.

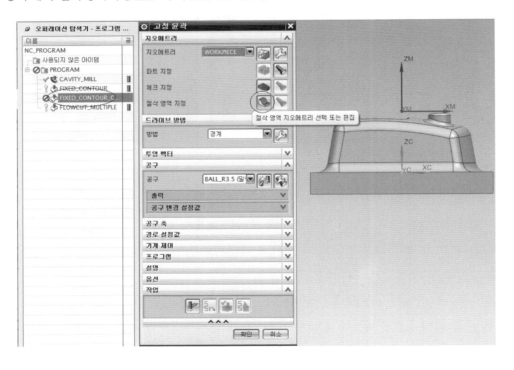

③ 절삭영역의 대화상자에서 선택방법은 '면'을 설정하고 객체 선택은 마우스로 그림의 1번 위치에서 마우스(MB1)를 누른 상태를 유지한 후 2의 위치에서 마우스를 놓으면 아래 그림과 같으며 확인(확인) 버튼을 눌러 절삭영역 지정을 완료한다. 우측에 화면표시(🖐) 아이콘이 활성화된다.

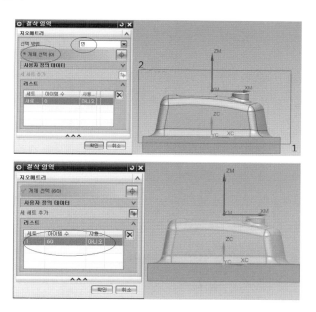

④ 고정윤곽 대화상자의 드라이브 방법에서 그림처럼 편집(🔧) 아이콘을 선택하면 나타난 경계 드라이브 방법의 대화상자에서 그림처럼 입력한다.

최대거리 0.1, 절삭각도의 지정은 −45로 하고 확인(확인) 버튼을 누른다.

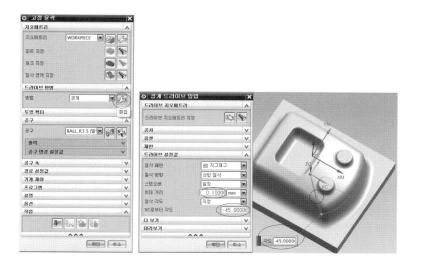

■ (참고) 중삭작업에서는 최대거리 0.5, 절삭각도 지정 45로 지정된 그림이다.

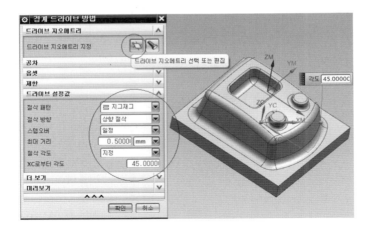

⑤ 공구에서 공구 BALL_2.0을 선택하고, 경로 설정값에서 방법 MILL_FINISH로 설정하고 편집(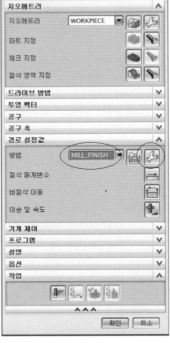) 아이콘을 눌러 밀링 정삭 대화상자의 파트스톡(가공여유량) 값을 0(Zero)로 설정하고 확인(확인), 확인(확인) 버튼을 누른다.

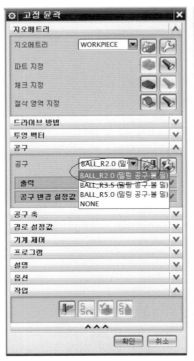

⑥ 절삭 매개변수(▧) 아이콘을 선택한 후 절삭 매개변수 대화상자의 '전략'에서 절삭 방향을 그림처럼 설정하고 확인(확인) 버튼을 누른다.

여기에서 스톡(Stock: 가공 여유량)도 0.00값을 가지고 있다.

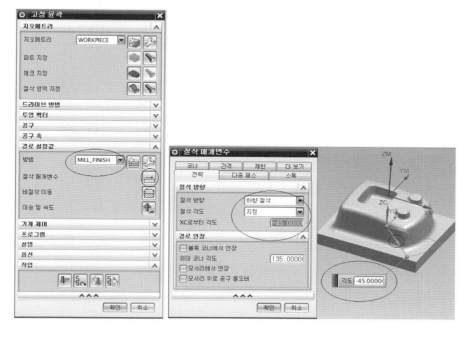

⑦ 비절삭 이동(▧)은 기본값을 그대로 유지하고 이송 및 속도(▧)를 선택하고 그림 처럼 입력하고 확인(확인) 버튼을 누른다.

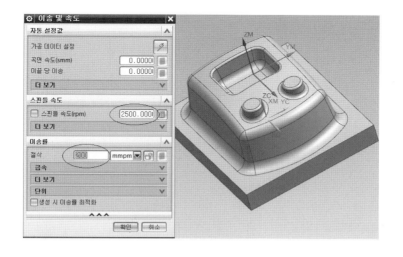

⑧ 고정윤곽 대화상자의 작업에서 생성(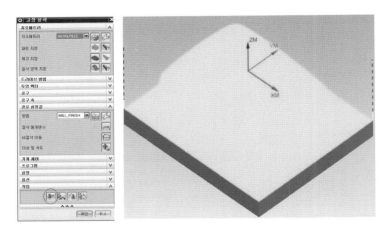) 아이콘을 선택하면 가공경로가 생성된다. 가공방향은 XY와 각도로부터 (−45°)로 절삭이 이루어지며 가공간격이 0.1 mm이므로 조밀하게 가공경로가 생성됨을 알 수 있다.

⑨ 다시 작업에서 검증() 아이콘을 선택하면 '공구 경로 시각화' 대화상자가 나타난다. 여기서 '2D 동적'을 선택하고 재생(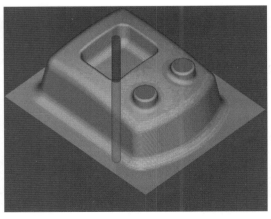) 아이콘을 선택하여 가공검증(Verify)을 실시한다. 확인을 선택하여 빠져나온다.

⑩ 리소스 바에 그림과 같이 정삭가공인 FIXED_CONTOUR_C가 생성된 것을 볼 수 있다.

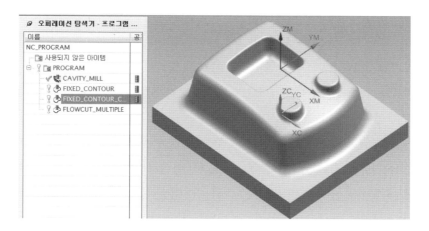

⑪ 정삭가공(Finishing)-머시닝센터를 이용한 기계가공(Machining)이 완료되었다.

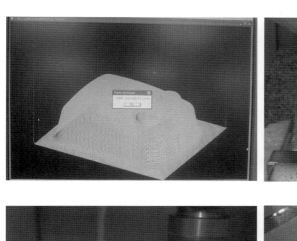

4.4 5축 가공

현재 국내에 많은 CAD/CAM 통합 Software가 보급되어 있으나 기본적인 작업개념 및 원리는 동일함을 알 수 있다.

CAD/CAM Software의 기능이 좋고 CNC 공작기계의 성능이 뛰어나더라도 원하는 형상의 모델링작업이 이루어지지 않으면 안 된다.

그러므로 CAM 작업을 하기 위해서는 무엇보다도 원하는 형상의 모델링을 완벽하게 처리할 수 있어야 함은 물론이고 반대로 Modeling이 완벽하더라도 CAM을 능숙하게 다룰 수 없다면 역시 무용지물이 될 수밖에 없다.

경사주축(Tilting spindle)과 NC Rotary table에 의한 다각도의 공구 접근으로 복잡한 3차원 곡면의 금형이나 Impeller, Blade 등 항공기 및 선박용 부품을 고속으로 가공할 수 있다.

5축 전용 NC 가공용 CAM Software 사용으로 프로그램을 간편하게 사용할 수 있다.

5-Axis Machining Center

4.4.1 5축 가공의 개요

먼저 5축 가공기 형식에 대해서 알아보자. 5축 가공기는 회전축을 잡는 방법에 따라 주로 테이블 2축형, 테이블 1축 헤드 1축형, 헤드 2축형이 있고, 이것을 x, y, z 직선축을 조합함으로써 여러 가지 사양의 5축 가공기가 공작기계 제조업체에서 제품화되고 있다.

공작물의 형상 및 가공 목적에 따라 효율적인 형식이 선정된다.

일반적으로 NC 밀링(고정 3축)은 서로 직교하는 3개의 자유도(선형 운동축)를 갖는 기계이다. 5축 NC 기계는 공구가 움직이는 자유도가 5인 기계이다. 다시 말하면 2개의 회전운동축을 더 갖고 있다. 이것은 기계 움직임이 자유롭다는 의미이기도 하다.

3축 기계에서는 곡면상의 접촉점이 주어지면 공구 위치가 유일하게 결정되는 반면, 5축 NC 기계에서는 공구가 여러 가지 자세(위치 및 축 방향)를 취할 수 있다. 이것이 고정 3축 NC 기계로 가공할 수 없는 형상을 가공할 수 있기 때문이다.

그림 4-9는 5축 가공의 실례를 보여 준다.

5축 기계로 가공할 수 있는 제품의 대표적인 것은 항공기 부품, 터빈 블레이드(Turbine blade), 선박의 스크루, 자동차 외판 등의 프레스 금형, 자동차의 타이어 금형 등 플라스틱 사출 금형에도 도입이 증가되고 있다.

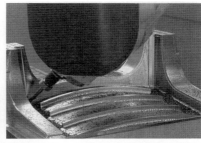

5면 / 5축 가공(Header 스핀들)

그림 4-9 5축 가공의 실례

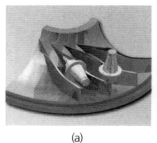  

(a)　　　　　　　　　　　　　　　　　　　　　(b)

그림 4-10 5축 가공의 장점

(a) 공구 간섭 때문에 가공할 수 없는 영역을 가공할 수 있다.

(b) 공구를 기울여 가공할 수 있으므로 절삭이 공구의 바깥쪽에서 일어나서 절삭력이 좋다.

그림 4-11 5축 가공

5축 기계가 가질 수 있는 이점을 살펴보면 다음과 같다.

① 공구 원통면을 이용한 윤곽가공: 단 한 번의 공구경로로 cusp 없이 가공이 완료될 수 있다.

② 효율적 공구 자세

　ⓐ 평 엔드밀 사용 시 공구 자세를 잘 조정함으로써 cusp양을 최소화할 수 있다.

ⓑ 볼 엔드밀 사용 시 절삭성이 좋은 공구 자세를 취할 수 있다.

ⓒ 공구 중심날(Center-Cut)이 없는 황삭용 평 엔드밀을 이용한 하향절삭(Down Cutting)이 가능하다.

③ 고정 3축의 경우 접근 불가능한 곡면의 가공

그림 4-12는 5축 가공의 분류를 보여 준다.

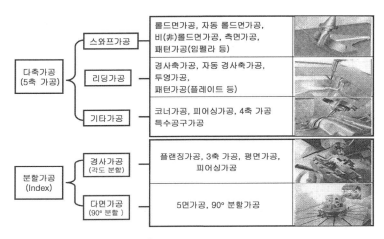

그림 4-12 5축 가공의 분류

4.4.2 5축 NC 기계가공의 분류

5축 기계는 기계의 기구학적 자유도가 5인 기계를 말한다.

5개 자유도는 공구 위치를 결정하는 데 3개가 사용되고 2개는 공구의 방향벡터를 결정하는 데 사용된다.

공구의 방향벡터란 공구의 회전중심축이 가리키는 방향을 말한다.

수평형 고정 3축 NC 밀링인 경우는 공구의 방향벡터(Z축)는 지면과 수평이고, 수직형 고정 3축 NC 밀링인 경우는 공구의 방향벡터(Z축)가 지면과 수직이다.

5축 NC 기계는 공구의 중심 벡터가 임의의 방향을 가리키고 있으므로 언더컷이 있는 부분도 가공을 할 수 있게 된다.

5축 NC 기계를 기계적으로 구현하는 대표적인 세 종류의 방법을 살펴보면

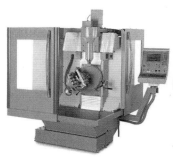
(a) 테이블이 회전되고
틸팅되는 기계

(b) 테이블이 회전되고 틸팅되는
주축이 틸팅되는 기계

(c) 주축이 회전되고
틸팅되는 기계

그림 4-13 5축 기계의 분류

(a) NC 밀링과 2축 로터리 테이블을 사용하는 방법이다. 그림 (a)와 같이 로터리 테이블은 틸팅(Tilting)이 되고 회전(Rotating)된다. 로터리 테이블은 NC 기계의 테이블 위에 올려 놓으면 간단하게 5축 기계를 구현할 수 있다. 테이블 2축 수직형으로 소형의 공작물가공에 적합하다. 물론 NC Controller는 동시 5축을 지원할 수 있어야 한다.

(b) 1축 로터리 테이블과 공구가 틸팅되는 4축 기계를 사용하는 방법이다. 그림 (b)와 같이 회전하는 로터리 테이블이 있고 기계의 주축이 틸팅이 된다면 5축 기계가 되는 것이다. 대형 공작물가공에 적합하다.

(c) 그림 (c)와 같이 NC 기계의 주축이 틸팅될 뿐만 아니라 수직 또는 수평축을 중심으로 회전하는 기계를 이용하는 방법이 있다. 대형 공작물가공에 적합하다.

5축 기계의 사용을 위해서는 그림 4-15처럼 기계 구조에 맞게 NC 코드를 생성해 주어야 한다. 5축 기계의 사용을 저해하는 요인 중의 하나는 5축 기계는 그 기계의 구조가 다르면 기구학적인 특성이 달라진다는 것이다.

따라서 어느 기계를 사용하느냐에 따라 그에 대한 기구학 또는 역기구학(Inverse Kinematics)을 구해 주어야만 한다.

기본축	X	Y	Z
원호 중심 지령	I	J	K
선회(회전)축	A	B	C
공분 지령	U	V	W

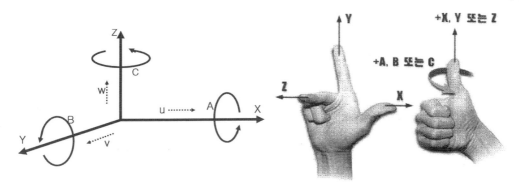

그림 4-14 좌표축과 운동의 기호

그림 4-15 회전과 틸팅 테이블에 의한 5축 기계의 기구학적 구

CNC Rotary Table은 기존 3축의 CNC 공작기계에서 4축 또는 5축 가공을 가능케 하는 장비이다.

4.5 가공검증

가공할 NC Code를 확인하는 가장 좋은 방법은 실제로 가공을 해 보는 것이다. 그러나 실제 가공을 통하여 오류가 없는 경우는 문제가 없으나 만약 오류가 발생하게 되면 가공된 재료를 버려야 할 뿐만 아니라 가공시간, 공구 및 기계 등의 손실을 초래한다. 가공할 원재료를 보호하기 위하여 가공성이 좋은 인공수지를 사용하기도 하지만 시간, 기계장비공수 등의 손해를 피할 수 없다.

CAD/CAM의 형상 모델링을 이용하여 부품의 가공을 위한 절삭공구의 운동을 시뮬레이션하여 모니터에 표시함으로써 가공 전의 모든 에러를 미리 체크하여 생산성을 향상시키고 있다.

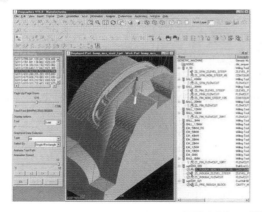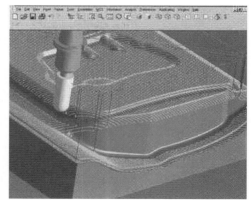

그림 4-16 NC 공구 경로의 대화식

이 모듈(그림 4-16)은 NC 공구 경로를 대화식으로 시뮬레이팅, 검증, 표시한다. 내장된 CAD/CAM 소프트웨어 패키지(검증용 프로그램)는 공작기계를 사용하지 않고 NC 기계 가공 응용프로그램들을 테스트하기 위한 비싸지도 않으면서 매우 생산적인 수단을 제공한다. 프로토타이프를 없애 주며, 설치 시간이 단축되고 도구 마모와 정리가 최소화된다. 공구 경로를 불러들이고, 가공여유의 모양을 정리하여 NC 공구 경로 데이터를 검색함으로써 CAD/CAM 데이터로부터 공구 경로를 시험할 수 있다. 이것은 2축 및 5축 동시 동작을 가진 밀링 등등 여러 공정들을 표현한다.

사용자는 어디서 부적절한 기계 가공 상태가 발생하는지 쉽게 식별할 수 있다.

Verify란 컴퓨터를 이용하여 실제 가공한 것과 비슷하게 시뮬레이션하는 방법을 말한다.

CAD/CAM Software 자체도 Verify Module이 포함되고 있으며, 별도의 전용 가공검증용 프로그램(또는 Optimize)도 제조업체에서 출시 판매되고 있다. 이러한 프로그램을 이용하면 가공된 물건을 만져 볼 수는 없지만 컴퓨터 그래픽을 이용하여 가공된 형상을 렌더링(Rendering) 또는 쉐이딩(Shading)하여 볼 수 있다. 또 오류가 발생할 만한 위치를 더 쉽게 발견할 수 있다. 이러한 이유로 많은 유저(User)들이 이 가공검증 프로그램을 이용하고 있다.

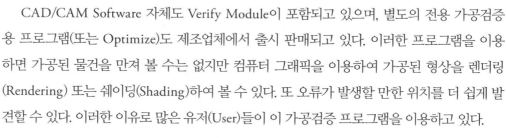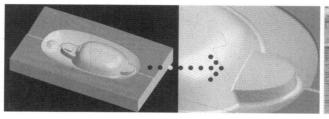

그림 4-17 공구경로와 가공검증

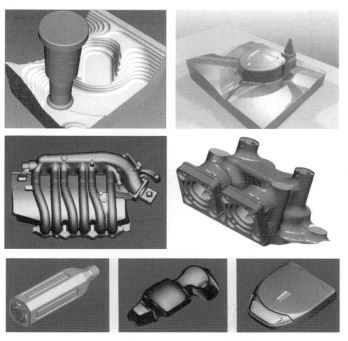

그림 4-18 렌더링과 쉐이딩

다른 방법은 그림 4-19와 같이 컴퓨터 화면에 공구가 지나가는 경로를 그려보는 것이다. 화면에 경로를 그리고 확인하고자 하는 위치를 지정하여 치수를 확인할 수 있다.

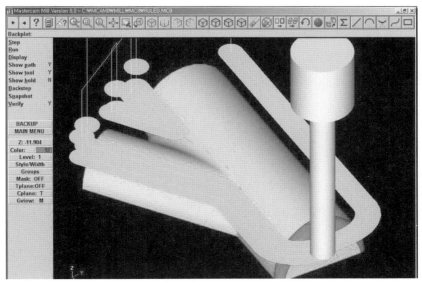

그림 4-19 가공검증(Master CAM의 예)

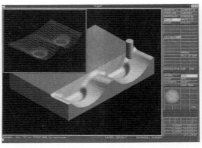

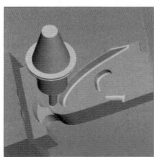
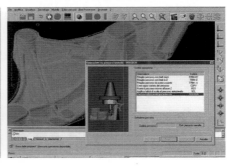

그림 4-20 가공검증 및 충돌확인

4.6 POST PROCESSOR

여러 가지 가공방법과 가공조건을 습득하여 포스트 프로세싱을 이용하여 효과적인 NC Code를 생성하는 과정이다.

후처리(Post Processing)는 모델링된 형상를 가공하여 만든 CL 데이터를 NC 공작기계가 이해할 수 있는 코드로 변환시키는 것을 말하며, 이 NC Code는 가공 종류마다, 그리고 공작기계 제어기(Controller)마다 조금씩 다르다. 따라서 후처리할 때는 제어기의 종류나, 가공 종류에 주의해야 한다.

CAD/CAM Software는 일반적인 Modul로서 가공 종류로 3축 밀링, 선반, 와이어 커팅, 5축 밀링을 지원하고, 제어기(Controller)는 fanuc, heidenhein, maho, tongil, bridge, deckel 등을 지원하고 있다.

▶ 공구경로(Tool path) 정보출력(Output)

통합 CAM 시스템은 가능한 한 모든 NC 데이터 생성 요구를 만족하면서, 최종 공구경로에는 과절삭, 과부하가 없어야 한다. 또 NC-Code는 가능한 자동적으로 생성되도록 해야 할 것이다.

작업자의 설계방법에 따라, 작업자의 기술수준과 경험에 따라 CAM에 의한 NC Data는 다양해질 수 있으며, 아울러 이것들은 공작기계의 능력, 작업자의 수준과 기타 등등에 의해 다양화될 수 있으므로 회사의 방침에 따르는 작업을 하는 것이 바람직하다.

Tool 경로를 직접 후처리(Postprocessor)할 수 있는 방법은 네 종류가 있다.

① 점 데이터(Point Data)
② X, Y 평면에서의 원호지령 데이터(I, J) 또는 (R)
③ Y, Z 또는 Z, X 평면에서의 원호지령 데이터(J, K 또는 K, I) 또는 (R)
④ NURBS

(1) 점 데이터(Point Data)

일반적으로 해석한 데이터, 즉 Point data라 일컬으며, 또 Laser scan 시 나오는 데이터 역시 Point data로 생성된다.

(2) X, Y 평면에서의 원호지령(I, J 또는 R)

X, Y 평면(G17)에서 원호가공 시 I, J값으로 출력하거나 R값으로 출력된다. 과거의 NC 공작기계들의 Controller는 원호가공 시 I, J, K라는 어드레스를 이용하여 원호가공을 할 수가 없었다(당시 원호가공 시 R 어드레스만 이용).

(3) Y, Z 또는 Z, X 평면에서의 원호지령[J, K 또는 K, I 또는 (R)]

Y, Z 평면(G18) 또는 Z, X 평면(G19)에서 원호가공 시 J, K값 또는 K, I값으로 출력하거나 R값으로 출력된다.

(4) NURBS*

Spline data로 나온다. 고속가공기용 데이터로 사용된다.

---

* NURBS(Non-Uniform Rational B-Spline): 조각되거나(Sculptured) 자유로운 형태(Free-form)의 Surface를 만들기 위한 Design tool이다.

4.7 기계로 전송(DNC)

4.7.1 개요

이제 원하는 가공 프로그램을 완성하였다면 CNC 공작기계로 프로그램을 전송하여 가공을 해야 한다. 이때 또 하나의 문제점이 있다. 일반적으로 3차원 가공을 할 경우 대용량의 가공데이터가 필요하게 된다. CNC 공작기계가 읽어 들일 수 있는 Bubble Memory 용량은 매우 제한적이므로 가공 프로그램을 CNC Memory에 넣는다는 것은 생각할 수도 없다.

어떻게 하면 비싼 CNC의 Memory를 증설하지도 않고 간단히 대용량(가공물에 따라 10MB 이상의 용량도 필요함)의 가공 프로그램을 저장하고 가공할 수 있을까라는 질문의 해답으로 DNC가 있다.

범용 PC를 CNC Controller와 연결하여 데이터 전송과 동시에 가공을 진행하면 모든 것이 해결되는 것이다.

4.7.2 DNC System

그림 4-21처럼 여러 대의 NC 공작기계를 한 대의 컴퓨터(PC)에 연결하여 NC Program의 관리, 편집 및 송·수신과 기계의 운전상태 감시, 생산계획에 따른 기계 운전조작 등을 컴퓨터에서 집중 관리하는 시스템이다. 작은 의미로는 NC Program을 관리하고 데이터의 편집과 송·수신을 수행하는 System을 DNC(Direct Numerical Control) System이라 한다. 다른 의미로의 DNC(Distribute Numerical Control)는 NC Program을 CNC Controller에 있는 Buffer Memory를 이용하지 않고 Computer를 이용하여 직접 전송함으로써 간편하게 가공할 수 있다는 이점이 있어서 많이 사용되고 있다.

그러나 더 나은 DNC라면 작업공정에 따라 한 대의 DNC Host에서 여러 대의 CNC 공작기계를 동시 구동함으로써 반 무인화 가공을 실현하는 이점이 더 크다. 이것이 Distribute 개념의 DNC이다.

DNC System에 이용되는 전송방식은 메모리 방식, RS232C 전송방식, LAN 방식 등이 있다. DNC 기능으로 네트워크 지역에서 가공기의 조작을 원격 제어할 수 있다.

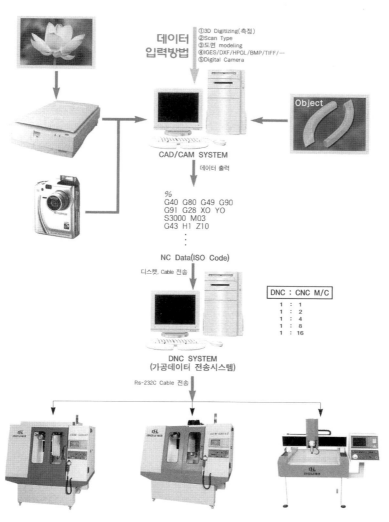

데이터
입력방법
① 3D Digitizing(측점)
② Scan Type
③ 도면 modeling
④ IGES/DXF/HPGL/BMP/TIFF/…
⑤ Digital Camera

Object

CAD/CAM SYSTEM

데이터 출력

%
G40 G80 G49 G90
G91 G28 XO YO
S3000 M03
G43 H1 Z10
⋮

NC Data(ISO Code)

디스켓, Cable 전송

DNC : CNC M/C

1 : 1
1 : 2
1 : 4
1 : 8
1 : 16

DNC SYSTEM
(가공데이터 전송시스템)

Rs-232C Cable 전송

그림 4-21 DNC System의 구성

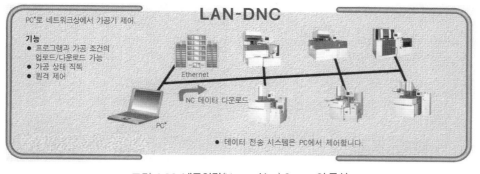

LAN-DNC

PC*로 네트워크상에서 가공기 제어.

기능
● 프로그램과 가공 조건의
  업로드/다운로드 가능
● 가공 상태 직독
● 원격 제어

Ethernet

NC 데이터 다운로드

PC*

● 데이터 전송 시스템은 PC에서 제어합니다.

그림 4-22 네트워킹(Networking) System의 구성

4.7.3 DNC System의 장점

기계 메모리(Memory)를 무제한적으로 사용할 수 있으며, DNC 검증기능을 통한 불량률 최소화, Lan을 이용한 현장 작업 진행현황 모니터링, 재가공 및 스케줄 전송으로 기계가동 효율화, Data 보관 및 Data 편집 작업의 편의성, 한 대의 PC로 다수의 장비를 관리할 수 있으며, 나아가 생산 공정관리, 인건비 절감, 설비 가동률 증가를 가져온다.

DNC System은 메모리 증설이 필요 없으며, Controller와 직접 연결하여 데이터 전송과 동시에 가공이 이루어지므로 NC Tape가 필요치 않다.

DNC 가공 시에는 가공물과 공구 및 원점 설정이 미리 세팅(Setting)되어 있어야 한다.

4.7.4 통신용 Interface

(1) RS232C(Serial Cable)*

CAD/CAM 주변장치들은 컴퓨터 시스템을 중심으로 서로 인접한 곳에 위치하므로 모뎀을 사용하지 않고 바로 각 장비와 직결(Serial)하여 사용한다.

데이터를 서로 주고받을 수 있는 방식으로 데이터가 직렬로 주고받으므로 시간은 걸리나 데이터 손실은 적으므로 CAM에서 각 기기 간의 호환에 RS232C(Recommended Standard number 232 revision C) 통신케이블과 통신포트를 이용하여 CNC 공작기계와 직접 연결하여 이용하고 있다.

그림 4-23 RS232C 케이블

---

* RS232C: EIA(미국전자공업회)에서 정한 표준 Serial Interface 규격, 통신거리 30 m 이내, 통신속도(BPS) 2 x 10⁶ BPS

(2) USB

USB(Universal Serial Bus)의 줄임말로 컴퓨터 본체와 컴퓨터 주변기기를 손쉽게 연결하기 위해 고안된 규격을 말한다.

이 규격을 택한 컴퓨터, 컴퓨터 본체[USB Port(단자)]에 주변기기의 USB를 꽂으면, 컴퓨터에서 해당 주변기기를 곧장 인식한다.

USB는 15년 전에 국제표준으로 지정돼 기업들이 앞다퉈 기술개발에 매달리고 있으며, 프린터, TV, 모니터, DVD 등 주변기기를 컴퓨터와 주변기기를 연결하는 가장 간편한 직렬연결방식이다. DNC용 통신케이블도 현재 RS232C에서 USB로 대체되고 있다.

현재 우리 주위에 USB 대신 40년 전에 나왔던 RS-232C(UART)를 가르치거나 사용하는 것은 외국과 비교하면 부끄러울 정도이다.

· USB 1.1 규격: 컴퓨터와 주변기기 간 데이터 전송속도 12 Mbps 정도이다.
· USB 2.0 규격: 컴퓨터와 주변기기 간 데이터 전송속도 480 Mbps로, USB 1.1에 비해 40배가 빠르다.

그림 4-24 USB

4.7.5 DNC 전송

통신조건 설정
· 전송속도* : 1초에 전송가능한 비트수(일반 가공기 ⇨ 4800~19200, 고속 가공기
⇨ 19200~52000)
· 전송버퍼: 한 번에 보낼 수 있는 전송량

---

* 근래의 CNC 공작기계의 전송속도(BPS): 일반적으로 9600이다.

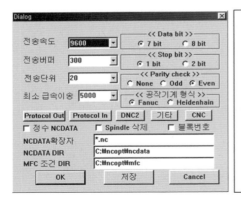

<설명> 기계와 컴퓨터 간의 통신프로토콜
및 Dir의 Setup용 파라미터

1. Protocol_IN_OUT: 통신 프로토콜
2. DNC2: FANUC DNC2 CARD
3. 기타: 초기설정
4. CNC:기계조건설정

· 전송단위: 한 번에 보낼 수 있는 문자수

· 최소급속이송: 공작기계 고속이송 속도

· Data Bit: ASCII 문자 7비트 Binary 8

· Stop Bit: 데이터 끝을 알리는 기능

· Parity Check: 데이터가 정확히 보내졌는지 검사

· None: Parity를 무시

· Even: 8비트에서 1의 개수가 짝수가 되도록 설정

· ODD: 8비트에서 1의 개수가 홀수가 되도록 설정

· 공작기계형식: 사용자의 Controller Type

(1) 전송(Down Load)

컴퓨터에 있는 NC Data를 공작기계로 보내서 가공하는 기능

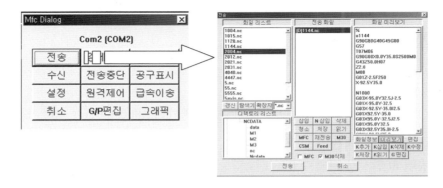

(2) 수신(Up Load)

<설명> 기계로부터 컴퓨터의 데이터를
수신하는 기능

(3) (1)번에서 '전송'을 클릭하여 파일 전송

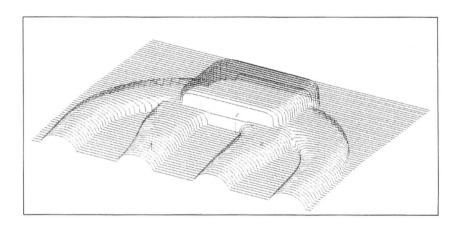

(4) 확인 후 공작기계에서 가공시작(Cycle start)

04
프로그래밍의 자동화

찾아보기

실용 CAM/CNC 가공

2016년 3월 2일 제1판 1쇄 인쇄
2016년 3월 7일 제1판 1쇄 펴냄

지은이 박원규·현동훈·이훈
펴낸이 류원식
펴낸곳 청문각 출판

주소 (10881) 경기도 파주시 문발로 116(문발동 536-2)
전화 1644-0965(대표)
팩스 070-8650-0965
등록 2015. 01. 08. 제406-2015-000005호
홈페이지 www.cmgpg.co.kr
E - mail cmg@cmgpg.co.kr
ISBN 978-89-6364-269-7 (93550)
값 23,000원